TITAN

[D]ein Weg ins Cockpit

TWIN.G.THRUST

Gerald Groß

Motor buch Verlag

Einbandgestaltung: schreiberVIS, Seeheim

Alle Abbildungen © Gerald Groß.

Einstiegsabbildungen
S. 4: © Bundeswehr/Patrik Bransmöller: Eurofighter des Taktischen Luftwaffengeschwaders 31 „Boelcke“ vor dem Start.
S. 45: © Bundeswehr/Jane Schmidt: Eurofighter beim Taktischen Luftwaffengeschwader 31 „Boelcke“ in Nörvenich.
S. 140: © Bundeswehr/Jane Schmidt: Eurofighter vom Taktischen Luftwaffengeschwader 31 „Boelcke“ startet im Rahmen der multinationalen Übung Arctic Challenge 2021 auf der Rovaniemi Air Force Base/Finnland.

ISBN: 978-3-613-04634-4

Sie finden uns im Internet unter:
www.motorbuch-verlag.de

3. Auflage 2025

Lektorat: Redaktion Motorbuch
Layout, Satz und Prepress: schreiberVIS, Seeheim
Druck und Bindung: DZS Grafik d.o.o., 1210 Ljubljana
Printed in Slovenia

Inhalt

KAPITEL I
Geschichte

Einleitung

Ich lasse meinen Blick noch einmal über das Flugzeug vor mir schweifen. Dieser lange Rücken, diese unglaublichen Proportionen. Symmetrisch, kraftvoll und ein jedes erkennbare Detail ist aus einem ganz bestimmten Grund, mit einer ganz bestimmten Funktion dort. Ich stehe auf der Cockpitleiter vor einem Eurofighter der deutschen Luftwaffe. Es ist aber nicht irgendein Flugzeug, es ist die Maschine mit der Kennung 30+48. Das Exemplar, welches Jahre später bei einem tödlichen Absturz tragisch verloren gehen würde. Aber damals, an einem Spätsommertag im Jahr 2014, sollte es der erste einsitzige Eurofighter sein, den ich jemals alleine pilotieren durfte.

Es war ein langer, steiniger und entbehrungsreicher Weg hierher und während ich dort oben auf der Leiter stehe, erinnere ich mich an einen besonderen Moment zurück. Im Jahre 2006 hatte ich den Entschluss gefasst, Kampfpilot bei der Luftwaffe werden zu wollen und mir ausgemalt, wie ich eines Tages auf der Cockpitleiter eines Eurofighters stehen und mich zurück an diesen Moment in der Schule erinnern würde. Damals war das Cockpit als Arbeitsplatz noch schier unendlich weit entfernt und es wirklich dorthin zu schaffen schien fast aussichtslos. So sahen es auch viele meiner Altersgenossen und selbst einige in der Verwandtschaft. Jeder kannte irgendwen der es versucht hatte und gescheitert war. „Kannst du vergessen, sie sieben rigoros aus und stellen sowieso fast niemanden ein!“ Sätze wie diesen durfte ich mir damals beinahe täglich anhören und irgendwann fand ich darauf nur noch eine Antwort: „Das mag schon sein, aber irgendwen müssen sie nun mal einstellen. Und warum sollte das nicht ich sein?“

Jetzt war es endlich soweit, ich hatte das große Ziel direkt vor Augen und meine Emotionen kochten für kurze Zeit hoch. Aber wie gesagt, der Weg dorthin war lang, denn niemand wird als Kampfpilot geboren. Fast alle Menschen kommen relativ normal auf die Welt. So auch ich, am 1. Juni 1988 um 12:12 im Klinikum in Gernsbach, Baden-Württemberg. Kaiserschnitt nach Beckenendlage, aber irgendwas ist ja schließlich immer.

Frühste Kindheit

Als Erstgeborener musste ich zwar, wie für die älteren Geschwister üblich, den Erziehungswellenbrecher für meinen kleinen Bruder spielen, damit enden die frühkindlichen Herausforderungen aber bereits. Ich hatte schließlich das in meinen Augen große Glück, in eine intakte Familie hineingeboren zu werden. Natürlich gab es auch in dieser Zeit Herausforderungen und unschöne, prägende Erlebnisse, aber wem geht das nicht so? Alles in allem erlebte ich also zunächst eine Umgebung, in der meine von meinem Vater in die Wiege gelegte Affinität zu Fortbewegungsmitteln sofort aufblühen konnte. So ist es wenig verwunderlich, dass mein erstes Wort nicht etwa „Mama" oder „Papa" war, sondern „Trakten", eine kindliche Verballhornung des Wortes „Traktor". Schnell fing ich an Automarken an ihren Emblemen zu erkennen und suchte diese mit Vorliebe auf Radkappen und Felgen. Und wehe ein Fahrzeug trug die Schuhe eines Fremdfabrikates! In meiner kleinen Kinderwelt musste es sich dabei um ein Riesendrama gehandelt haben, denn den Erzählungen meiner Eltern nach resultierte diese Diskrepanz grundsätzlich in lautstarkem Protest. Scheinbar hatte ich schon damals meine Prinzipien.

Erste praktische Erfahrungen durfte ich dann auf meinem eigenen Trettraktor sammeln. Sie wissen schon, diese kleinen, zumeist grünen Traktoren mit Pedalantrieb, mit denen kleine Kinder für gewöhnlich Spielgerät im Garten herum transportieren. Der Garten erschien dem kleinen Gerald aber wohl etwas zu knapp und so mussten meine Eltern damit leben, dass ich zunächst Spaziergänge und dann ganze Wanderungen mit meinem „Trecker" begleitete. In der Folge wurde das Gefährt mehrfach neu bereift, denn die Kunststoffräder mit dem Gummilaufstreifen waren für diese Distanzen einfach nicht gemacht. Offensichtlich habe ich dieses kleine Gefährt

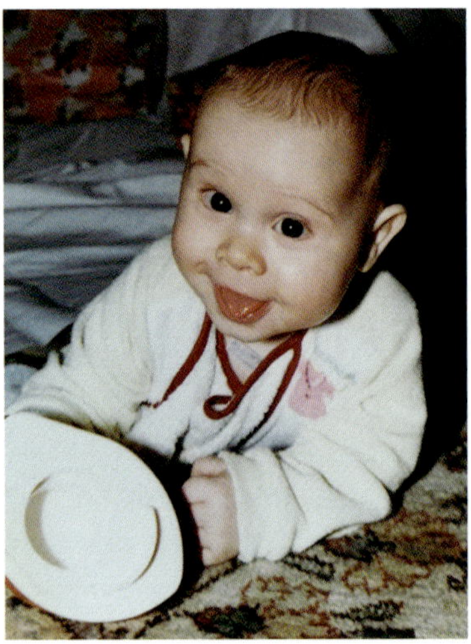

innig geliebt, aber irgendwann in meiner Kindergartenzeit reifte der Wunsch nach mehr Leistung: Ich wollte unbedingt ein Elektroauto! Im Alter von fünf Jahren argumentierte ich eloquent und stichhaltig – jedenfalls aus der Sicht eines kleinen Kindes welches weder das Wort „eloquent" noch „stichhaltig" kennt – gegenüber meinen Eltern, wieso es doch eine riesige Erleichterung wäre, wenn ich damit selbst zum Kindergarten fahren könnte. Eigentlich passend, denn noch heute vertrete ich den Grundsatz: „Ach komm, die paar Meter können wir eben auch fahren." Zum Glück bin ich bei der Beschaffung meiner automobilen Untersätze schon lange nicht mehr auf meine Eltern angewiesen, denn der Wunsch nach dem Bonsai-Tesla blieb mir, glücklicherweise, verwehrt.

Mein Vater hatte andere Pläne für mich. Er war schon immer Motorsport begeistert gewesen, hatte aber nie die Möglichkeit erhalten, diese Begeisterung auch in die Praxis umsetzen zu können. Jetzt wollte er das unbedingt nachholen. Statt einem schwächlichen Elektrospielzeugauto gab es zum 6. Geburtstag also etwas wesentlich Größeres: Ein Kart der Marke Swiss Hutless, homologiert für die Teilnahme in der damaligen „Bambini" Klasse. Im Klartext bedeutete das: Comer K60 Motor, 60 ccm, 6 PS, knapp 100 km/h Höchstgeschwindigkeit. Für den kleinen Gerald ein feuerspeiendes Monster!

Ganz offensichtlich handelt es sich dabei um ein Geschenk von schier gigantischem Ausmaß für einen 6-jährigen, allerdings gehört zur Wahrheit eben auch, dass damit schnell ein großer Leistungsdruck Einkehr halten sollte. Das Mindestalter für die Teilnahme an Rennen der Einstiegsklasse „Bambini B" betrug sieben Jahre, für mich bedeutete das: Nach

Weihnachten 1994.

etwa 6 Monaten war die Schonzeit vorbei. „Willst du Rennen fahren?“ fragte mein Vater eines Abends. Ich kann mich noch dunkel daran erinnern, dass das Ausmaß dieser Frage meiner kindlichen Version nicht im Geringsten bewusst war. Zudem war ich als kleiner Junge ein ausgesprochen ängstlicher und zurückhaltender Charakter. Ich druckste herum und sagte irgendetwas in die Richtung, dass wir es ja mal versuchen könnten. Mein Vater machte aber schon damals klar, dass er keine halben Sachen dulden würde und unterstrich, dass es kein Versuchen geben wird. Entweder man tut es, oder man lässt es eben. Entweder der kleine Junge sagt jetzt „Ja, ich möchte Rennfahrer werden“, oder diese Tür wird von einem bitterlich enttäuschten Vater für alle Ewigkeit verschlossen werden. Ich willigte schließlich ein und hatte in Wirklichkeit keine Ahnung, was diese Entscheidung für mich bedeuten würde. Noch weniger hatte ich eine Ahnung davon, dass dies der Beginn einer Phase sein sollte, der mich für mein weiteres Leben fundamental prägen würde. Es war Frühjahr 1995 und statt wie viele meiner Altersgenossen im örtlichen Fußballverein zu kicken, würde ich Kartrennen fahren.

Die Kartjahre

Von außen betrachtet mag der Kartsport in der Bambini-Klasse irgendwie süß gewirkt haben. Immerhin waren die Karts ein ganzes Stück kleiner und langsamer als ihre großen Brüder und zudem sahen die großen, oft professionell bemalten Rennhelme auf den Kinderkörpern stets ein wenig lustig aus. Die Optik täuscht aber gewaltig und Kenner des Sports

Erste Fahrten im Frühling 1995.

wissen, dass bereits die jüngste Einstiegsklasse ein schwieriges Pflaster darstellte. Sowohl für die jungen Fahrer, als auch für die Teams im Hintergrund. Und auch wir mussten das auf die harte Art lernen.

Dass die Dinge fortan anders laufen würden, merkte ich schon, als ich am Wochenende der ersten Rennveranstaltung in Urloffen zum ersten Mal mein wettbewerbsfähig gemachtes Kart sehen durfte: Ein dem Reglement entsprechender Auspuff, neue Einheitsreifen der Firma Maxxis, aufgebrachte Startnummern und an den Seitenkästen der Schriftzug: G. Groß mit einer kleinen Deutschlandflagge. Auf mich wirkte diese Wandlung schon fast bedrohlich, plötzlich war alles so ernst. Bis dato waren wir einfach zum Spaß an ruhigen Wochenenden auf der Kartbahn gewesen und jetzt war das Fahrerlager zum Bersten gefüllt. Zelte, Wohnmobile, Wohnwägen und einzelne LKWs quetschten sich bis in die letzte Ritze des Geländes. Auf der Bahn war mehr Betrieb als ich es je zuvor gesehen hatte, ganz zu schweigen von den Menschenmassen die sich überall tummelten. Mit unserem kleinen Kartanhänger, gezogen von unserem treuen Ford Escort wirkten wir in diesem Tumult fast schon verloren. Rückblickend war die Veranstaltung, rein objektiv betrachtet, vermutlich gar nicht so groß, aber durch die Augen eines frisch sieben Jahre alt gewordenen Jungen war es eine tosende, laute Hetzveranstaltung von unbeschreiblichem Ausmaß. Und dann durfte ich schließlich zum ersten Mal in diesem Tumult auf die Strecke.

Es gab schon damals einen großen Unterschied zwischen Hobbyfahrern, die Karts zur Füllung ihrer Freizeit nutzten, und Rennfahrern, die sich mit kompromissloser Ernsthaftigkeit um Bestleistungen stritten. Da ich bis dato zur ersten Kategorie gehört und mir die Strecke auch stets mit diesen geteilt hatte, glich das erste Training dem Sprung in einen eiskalten, reißenden Fluss. Zu sagen, dass ich keinen Anschluss fand, wäre eine brutale Untertreibung. Der Rest des Feldes schien in einer völlig anderen Liga zu spielen. Ich wurde nicht überholt, ich wurde auf allen Seiten umfahren. Sehr zum Missfallen meines Vaters, der nicht wirklich glauben konnte, wie weit wir davon entfernt waren auch nur im Ansatz konkurrenzfähig zu sein. Nun, Kompetenz kommt zumeist erst mit Erfahrung und wir hatten beides nicht. So verwundert es mich nicht, dass es dieses ersten Trainings bedurfte, damit wir feststellten, dass mein Motor ab Werk mit einer kleinen Gasanschlagsdrossel versehen war. Eine winzige Metallhülse am Vergasergehäuse begrenzte den Weg des Gaszugs konsequent. Kaum war jene Hülse entfernt, war ich wenigstens nicht länger ein Hindernis auf der Strecke. Ernsthafte Konkurrenz war ich dennoch noch lange nicht.

Mein Verhältnis zu meinem Vater war nicht immer einfach, schon gar nicht in meiner frühen Jugend, aber eine Sache muss ich ihm ohne Wenn und Aber anerkennen: Er ist ein perfektionistischer Autodidakt, der alles was er tut, mit kompromissloser Genauigkeit ausführt. Wenn er etwas nicht weiß, findet er Wege sich Wissen anzueignen und Lösungen zu identifizieren. Kein Wunder also, dass unser kleines Familienrennteam sich rasant entwickelte. Stellten wir anfangs noch völlig erstaunt fest, dass sich die Spurweite der Karts ja verstellen ließe, so waren wir bald soweit,

Die ersten Rennen der Saison 1995.

das treue Swiss Hutles-Gestell mit unterschiedlichen Bodenblechdicken, Schraubenanzugsmomenten, verstellbarem Sturz und millimetergenauer Spureinstellung bis ans absolute Limit zu bringen. Statt mit kleinem Hänger und Zelt reisten wir fortan mit einem eigenen Fiat Ducato-Renntransporter nebst Wohnwagen. Ich erreichte den ersten Rennsieg und die Verkleidungen meines Karts wurden durch Sponsorenaufkleber geziert. Ohne Sponsoring wären die Kosten einer Kart-Saison für meine Eltern niemals zu stemmen gewesen. Das bedeutete aber auch für mich, dass der Rest meiner Kindheit vollkommen durch den Sport geprägt werden sollte. Drei bis viermal pro Woche ging ich zum Zwecke der körperlichen Fitness zum Leistungsturnen im TV Bühl. Schon für sich genommen, ist diese Sportart eine ernst zu nehmende Herausforderung, mir diente sie, sehr zum Argwohn der Trainerschaft, aber lediglich als Vehikel um die notwendige körperliche Leistungsfähigkeit für den Rennsport zu erreichen. Um Wettkämpfe kam ich dennoch nicht herum und so verbrachte ich die Wochentage zumeist im Training oder auf Wettkämpfen und die Wochenenden auf der Rennstrecke. Da die Rennveranstaltungen bereits freitags be-

Im Sommer 1996 auf dem Weg zum ersten Sieg.

gannen, wurde ich alle 14 Tage am Freitag von der Schule befreit, damit wir Donnerstags nach Schulschluss anreisen konnten.

Mir war damals nicht wirklich bewusst wie ungewöhnlich dieses Leben war, ich kannte schließlich nichts anderes. Letztlich hat aber alles im Leben seinen Preis und während meine Mitschüler Freunde trafen, trainierte ich. Entweder meinen Körper, oder meine fahrerischen Fähigkeiten. Als Folge hatte ich stets die Rolle des sozialen Außenseiters. Man könnte meinen, dass ein kleiner Junge der Rennsport betreibt, definitiv zu den „coolen Kids“ gehört, aber in den 90ern bekam ja niemand etwas von dem Sport mit. Keine Handykameras, keine sozialen Medien. Wenn man nicht dabei war, fand es auch nicht statt. Und so war ich einfach nur der Winzling, der nie Zeit hatte und bei jeder Ballsportart gnadenlos versagte. Ja, ich war die Art Kind, welches nahezu nie auf einen Geburtstag eingeladen und fast immer als letztes ins Sportteam gewählt wird. Zudem hatte ich keine Ahnung, dass das alles nur ein winziger Vorgeschmack auf die nächsten Jahre sein sollte.

Kinder sind keine kleinen Erwachsenen, sie nehmen Situationen gänzlich anders wahr. Gleichwohl entspricht ihre wahrgenommene Realität ihrer persönlichen Wirklichkeit. Für ein Kind ist es nicht von Bedeutung, ob eine Situation objektiv bedrohlich ist, es ist nur relevant ob es sich so anfühlt. Unsere Persönlichkeit wird zum größten Teil in unseren jüngsten Jahren geprägt und so musste ich viele Jahre später feststellen, welchen Einfluss einige wenige Erlebnisse auf meine heutige Persönlichkeit und Gefühlswelt hatten. Einige dieser Momente fanden noch in der frühsten Kindheit statt, die meisten aber in den Jahren des Kartsports. Zu ersteren gehörten zumeist einfache Disziplinarmaßnahmen wie im Kinderzimmer eingeschlossen oder auf der Urlaubsreise symbolisch „ausgesetzt" zu werden. Keine dieser Situationen war objektiv bedrohlich oder wirklich problematisch. Aus der Sicht eines kleinen Jungens waren diese Erlebnisse aber traumatisierend. Sie brannten das Gefühl, dass man sich auf niemanden verlassen kann, tief ins Unterbewusstsein. Die Jahre des Kartsports führten diese Prägung fort. So boten sie zwar unglaubliche Möglichkeiten, die den allermeisten Kindern verwehrt bleiben, diese konnte ich aber damals noch gar nicht einordnen. In meiner kindlichen Wahrnehmung waren diese Jahre hauptsächlich von hartem Leistungsdruck geprägt. Erfolge waren das Mindeste und noch lang kein Grund zu feiern. So erinnere ich mich an mein erstes siegreiches Rennen:

Es ist dieser spezielle Moment vor dem Start eines jeden Rennens. Nach der Einführungsrunde wurden die Motoren in der Startaufstellung nochmals abgestellt und alles wurde ganz ruhig. Die vielen Menschen an der Rennstrecke sind nichts mehr als bloße Kulisse, denn unter dem Helm bist du als Fahrer allein. Diese Stille ist nur ein retardierender Moment, die Ruhe vor dem Sturm, die letzte Möglichkeit zur Konzentration. Der Rennleiter hebt die Arme und ruft „Mechaniker an die Karts, Motoren starten!". Mein Vater schlägt mir nochmal auf die Schulter und ruft „Jetzt gilt's!", dann betätigt er den Seilzugstarter des kleinen Comer K60-Triebwerks. Das laute 2-Takt-Pöttern von rund 30 Kettensägenmotoren beendet die Stille abrupt. Ich bin jetzt schon viele Rennen gefahren, aber abgestumpft bin ich nie. Ich bin nervös, denn ich weiß, dass Sieg und Niederlage extrem nah beieinander liegen. Die Ampel schaltet auf Rot, ich stehe gleichzeitig auf Gas und Bremse. Der kleine Motor stemmt seine Fliehkraftkupplung angestrengt, aber ergebnislos gegen den festen Griff der einzelnen Scheibenbremse an der Hinterachse. Dann schaltet die Ampel auf Grün und ich löse die Bremse. Mit ganzem Körpereinsatz versuche ich das kleine Kart schneller auf Geschwindigkeit kommen zu lassen, denn die erste Kurve ist nicht weit entfernt. Ich bin aus der zweiten Reihe gestartet und werde schon in diesem ersten Streckenknick in den Führungskampf verwickelt sein. Falls jemand glaubt, dass kleine Jungs noch nicht so aggressiv wären, so irrt dieser gewaltig. Das Feld schenkt sich keinen Zentimeter, die Seitenkästen, Frontspoiler und Heckstangen reiben aneinander und versehen sich gegenseitig mit Kampfspuren. Die Fahrer zwängen sich durch die erste Kurve und ich verlasse dieser an zweiter Position. Die nächste Kurve auf der alten Kartstrecke in Urloffen, nannten wir immer nur „unter dem Baum Kurve“ ein langgezogener Doppelknick, der in einer Spitzkehre mündet. Tückisch, sowohl für Angreifer als auch Verteidiger. Unter Vollkontakt rutschen wir in die Kehre und verlassen sie ohne Platzänderung. An der Spitze variieren die Rundenzeiten um weniger als eine Zehntelsekunde, es bleibt kein Raum für Fehler. Runde um Runde liefere ich mir mit dem Führenden einen Schlagabtausch. Mehrfach wechseln wir die Positionen. Wir bremsen uns aus, kontern, blocken, schieben und drängen uns um den Kurs. Konstanz ist eine wichtige Fahrerqualität, es gilt auch im Eifer des Gefechts einen kühlen Kopf zu bewahren. Als Kinder hatten wir das vielleicht noch nicht ganz verstanden, aber wir wussten wie wir uns verhalten mussten, um Erfolg zu haben. Ich tue einfach was ich zu leisten vermag und als ich das letzte Mal auf die Zielgrade einbiege, liege ich in Führung. Dann quere ich die Ziellinie zum ersten Mal in meinem Leben als Erster und weiß plötzlich so gar nicht wie ich damit umgehen soll. Irgendwie bin ich freudig und stolz, aber gleichzeitig auch gespannt auf die Reaktion meines Vaters. Als ich die Bahn verlasse sieht er zufrieden aus. Er klopft mir auf die Schulter und sagt: „Glückwunsch, das ist ganz gut gelaufen“. Kurze Zeit später ist die Siegerehrung. Ich stehe ganz oben auf dem Treppchen, bekomme einen viel zu großen Lorbeerkranz umgehangen und beginne erst jetzt zu realisie-

ren, was da eigentlich passiert ist. Plötzlich fühle ich mich unglaublich stolz, ich strahle mit der Sonne um die Wette. Direkt nach der Siegerehrung laufe ich zu meinem Vater, will ihm den Pokal und den Kranz aus der Nähe präsentieren, doch er wiegelt ab. „Kein Grund zu feiern, es gibt einiges was nicht optimal war. Das sollten wir erst mal analysieren, damit es nicht der letzte Sieg bleibt“. Und plötzlich ist er weg, dieser Stolz. So schnell wie er gekommen war, ist er verflogen und ich komme mir dumm vor. Dieser Sieg war kein großartiger Erfolg, er war einfach das, was erwartet wird. Warum sollte man schließlich fahren, wenn nicht um zu gewinnen?

Es gab natürlich mehr als eine Erfahrung in diese Richtung, aber ich möchte Sie nicht mit übermäßigen Details langweilen. Fest steht: Ich habe in dieser Zeit verlernt, stolz auf mich zu sein. Bis heute habe ich dieses Gefühl nie wieder gefunden. Erfolg und erreichte Ziele sind kein Grund für übermäßige Freude, es ist schlicht das, was ich von mir erwarten sollte. Ich halte diese Gefühlsprägung für problematisch. Man sollte wenigstens in einem gewissen Rahmen stolz auf das sein können, was man erreicht hat. Immerhin ist dieses Gefühl die körpereigene Belohnung für die Früchte harter Arbeit. Und doch, ich bin es nicht, nie, kann es einfach nicht sein. Eine Eigenschaft, die mich bis heute prägt.

Die Anstrengungen und der durch den Sport eingenommene Raum wuchsen über die Jahre noch weiter an. Wir fuhren teilweise mit oder für größere Rennteams. Mit TR-Racing (heute TR Motorsport) wechselten wir von Swiss Hutles auf DAP und zuletzt in Zusammenarbeit mit Peter „Pepi" Hantscher auf Mike Wilson. Der Rennsport nahm aber nicht nur in meinem persönlichen Leben extrem viel Raum ein, er umfasste auch das gesamte Familienleben. Je älter ich wurde, desto größer wurde das Konfliktpotential zwischen mir und meinem Vater. Ich konnte dem Privileg des Rennsports immer weniger abgewinnen und litt unter seinem fast schon pedantischen Perfektionismus. Egal wie sehr ich mich auch anstrengte, niemals schien irgendetwas gut genug zu sein. In den ganzen Jahren waren wir durchaus erfolgreich, kämpften stets im vorderen Drittel, aber der wirklich große Durchbruch blieb aus. Einerseits konnten wir nicht die Geldmittel der wirklich großen Teams aufbringen, die durchaus mit dem eigenen LKW anreisten und ein ganzes Sammelsurium an Rennmotoren an die Strecke brachten, während wir mit ein bis zwei Triebwerken haushalten mussten. Andererseits aber denke ich, dass wir es nie geschafft haben, als Team wirklich an einem Strang zu ziehen. Meine Mutter unterstütze uns von Anfang an nach Leibeskräften und das bedeutet keinesfalls, dass sie im Hintergrund agierte oder nur die Verpflegung sicherstellte. Nein, sie war an vorderster Front dabei, machte sich die Hände schmutzig. Aber so wie es zwischen mir und meinem Vater Konflikte gab, erwuchsen diese auch zwischen meinen Eltern. Lautstarke Streitereien waren der stetige Begleiter an nahezu allen Wochenenden. Ich, noch immer ein Junge vor der Pubertät, verkroch mich immer wieder. Im Wohnwagen, im Transporter, bei anderen Teams. Ich begann Blockaden und Ängste zu entwickeln und wurde mehr und mehr zu meinem größten Gegner.

Die Konflikte eskalierten immer mehr, bis eines Tages mein Vater demonstrativ hinschmiss. Der Auslöser dieses Bruchs war vermutlich ein sehr spezielles Rennen in Urloffen gewesen. Die Witterung war seit Tagen ungewöhnlich gut. Keinerlei Niederschlag, hohe Temperaturen und durchgängiger Sonnenschein. Als Folge war der Reifenabrieb der größeren Klassen auf der Rennstrecke so groß, dass die kleinen Bambinis auf ein eigenartiges Problem stießen: Der unfassbare Grip der Strecke machte die Karts beinahe unfahrbar, statt zu rutschen stellten sich die Fahr-

Vorne links als Teamfahrer für TR-Racing auf DAP.

zeuge auf zwei Räder auf und drohten zu kippen. Zudem sammelte sich immer mehr des Abriebs auf den Reifen und konnte durch die überschaubare Performance der kleinen Karts nicht abgefahren werden. Kurzum: Die Bedingungen waren auf einzigartige Art und Weise extrem schwierig. Wir versuchten der Situation Herr zu werden, indem wir das Kart auf minimalen Grip einstellten. Hartes Chassis-Setup, mittlerer Reifendruck und angepasste Spureinstellung. Alle Maßnahmen waren nicht von Erfolg gekrönt. Ich hoppelte viel mehr um den Ring, als dass ich fuhr. Der Zustand war schlicht untragbar und nach etwas Grübelei trat ich mit einem Vorschlag an meinen Vater heran: Wenn es nicht möglich war, das Gripniveau mechanisch weit genug abzusenken, sollten wir eventuell das Gegenteil tun. Das Rational dahinter: Das weich eingestellte Chassis würde das Aufbäumen in den Kurven durch die erhöhte Verwindungsfähigkeit verzögern und die restlichen Maßnahmen die Temperatur der Reifen soweit erhöhen, dass diese überlastet und zu schmieren beginnen würden. Schmieren mit überhitzten Reifen wäre unter diesen einzigartigen Umständen noch immer besser als diese elendige Hoppelei. Zu sagen, dass mein Vater wenig von der Idee hielt, wäre durchaus untertrieben und so kam es abermals zu lautstarkem Streit. Nur diesmal wollte ich von der Idee nicht abrücken. Schlimmer als es schon war, konnte es ohnehin kaum werden, was hatten wir also zu verlieren? Letztlich lies uns mein Vater demonstrativ stehen und ich setzte die Idee zusammen mit meiner Mutter um. Entgegen aller Befürchtungen ging unser Ansatz tatsächlich auf. Das Handling war sicherlich nicht gut, aber zu mindestens fahrbar. An diesem Tag konnte ich meinen letzten Sieg verbuchen.

Leider führte dieser Triumph nicht zur erhofften Anerkennung, sondern besiegelte das Ende des Teams in der bisherigen Form. Mein Vater stellte jegliche Zusammenarbeit ein und meine Mutter musste fortan versuchen, die entstandene Lücke zu füllen. In einem gigantischen Akt versuchte sie sich in der noch völlig männerdominierten Welt zu behaupten und bestritt die kommenden Rennveranstaltungen mit mir allein. Eine Mutter die allein mit ihrem Sohn zu Kartrennen antrat, war damals ein niemals zuvor dagewesenes Novum und bescherte ihr in meinen Augen zu Recht den Preis „Schrauber des Jahres". Leider konnte mein Vater diese Leistungen nicht anerkennen. Er sah nur ihre unterlegene Fachexpertise. In der Tat konnten wir ohne sein Wissen nicht mehr an die vorherigen Erfolge anknüpfen, aber darum ging es nicht mehr. Es ging um Vertrauen, Zusammenhalt und Opferbereitschaft. Es ging darum zu beweisen, dass man im selben Boot für das gleiche Ziel ruderte, statt einfach nur Recht behalten zu wollen. Zur selben Zeit entfremdete ich mich auch vom Kartsport. Die Zeit in der Klasse Bambini A neigte sich dem Ende entgegen und der Umstieg zu den Junioren stand bevor. Es wurde Zeit sich Gedanken zu machen, wohin die Reise führen sollte. Ich musste mir überlegen, ob ich mir ein Leben als professioneller Rennfahrer vorstellen konnte. Ich konnte es nicht. Jegliche Form von Rennsport hat in meinen Augen eine Daseinsberechtigung, sie dient unter anderem als wichtiger Innovationsmotor für den Automobilsektor. Dennoch handelt es sich in der Hauptsache um eine Form von Entertainment. Ein Bereich, in dem ich mein künftiges Leben schon im jungen Alter von 12 Jahren nicht sehen konnte. Ohne jemals in der Klasse der Junioren angetreten zu sein, schied ich aus dem Kartsport aus. Beinahe zeitgleich zerbrach die Ehe meiner Eltern endgültig.

Diese prägenden Jahre hatten sehr großen Einfluss auf meine Entwicklung. Sowohl im positiven als auch im negativen Sinne. Ich bin dankbar, diese große Chance bekommen zu haben. Ich bin meinem Vater dank-

Die letzten Rennen der Saison 2000, gemeinsam mit meiner Mutter auf Mike Wilson.

bar, dass er all seine damalige Energie in mich und den Sport investierte. Ich bin meiner Mutter dankbar, dass sie über sich hinauswuchs, um das Team am Leben zu erhalten. Dennoch muss ich festhalten, dass diese Jahre von uns allen einen hohen Tribut forderten. Von mir, meinen Eltern und auch meinem kleinen Bruder, der in all den Jahren viel zu wenig Beachtung erhielt.

Kellergeist I-4

Wie wahrscheinlich die meisten Kinder, litt ich unter der Trennung der Eltern. Das ohnehin schwierige Verhältnis zu meinem Vater trübte sich zu dieser Zeit weiter ein, denn ich wurde oft zum Dreh- und Angelpunkt ihrer Auseinandersetzungen. Egal ob es sich um Besuchsrecht und -zeiten drehte, oder darum, wer gerade Schuld an der Trennung hatte. Besonders mein Vater konnte oder wollte zu dieser Zeit einfach nicht verstehen, dass ich als Sohn keine Seiten in der Trennung kannte und nicht parteiisch sein wollte. Bei jedem Treffen berichtete er mir unablässig, teilweise bis spät in die Nacht davon, wie falsch und unfair meine Mutter sich doch verhalten würde. Völlig unabhängig davon, ob diese Anschuldigungen zutreffend waren oder nicht, sie auf meine jugendlichen Schultern aufzulasten war ein Problem, mit dem ich nicht gut klar kam. Ich war damals 12 Jahre alt und stand am Anfang der Pubertät. Diese andauernden Streitereien waren das Letzte mit dem ich zu tun haben wollte. Meine Erfahrungen waren sicherlich nicht besonders einzigartig. Abertausende von Trennungskindern allein in Deutschland machen ähnliche oder wesentlich schlimmere Erfahrungen. Dennoch sind sie für mich wichtig, denn eben diese Erfahrungen hatten weiterhin schweren Einfluss auf meine Prägung und Entwicklung. Ich erzähle sie nicht, um meine Geschichte in epischer Breite auszuwalzen, sondern um aufzuzeigen, auf welchen Umwegen ich mich zu dem Menschen entwickelt habe, der ich heute bin.

All diese Erfahrungen aus der Kindheit hatten massiv an meinem Selbstwertgefühl und meinem Selbstbewusstsein genagt und die Konflikte rund um die Scheidung meiner Eltern sollten diese Tendenzen noch verschlimmern. Letztlich führte dieser ganze Cocktail dazu, dass ich mich noch mehr zu einem sozialen Außenseiter entwickelte. In der Schule hatte ich wenig Anschluss oder gar Freunde, meine Freizeit verbrachte ich daher zum größten Teil im Keller an meinem Computer.

Während die meisten Jungs in meinem Alter mit Counterstrike 1.6 über Lan-Partys tobten, konnte ich dem bekannten Ego-Shooter nie etwas abgewinnen. Die relativ simple und schnelle Spielmechanik gefiel mir nicht, ich legte schon damals viel Wert auf Realismus. So landete ich bald bei Operation Flashpoint, einer seinerzeit revolutionär realistischen Kriegssimulation. Dieses Spiel hat in diesem Buch auf jeden Fall eine Erwähnung verdient, denn es weckte mein grundsätzliches Interesse am militärischen Dienst. Ich denke, dass ich ohne Operation Flashpoint und den noch existierenden Grundwehrdienst vermutlich gar nicht auf die Idee gekommen wäre, die Bundeswehr als potentiellen Arbeitgeber zu betrachten. Manchmal sind es eben kleine Dinge im Leben, die langfristig gigantischen Einfluss haben, die Chaostheorie lässt grüßen.

Dass ich die Zeit ausschließlich im Keller verbrachte, stimmt so natürlich auch nicht. Irgendwie hatte ich immer Ziele vor Augen, die Geld voraussetzten. Damals war es selbstverständlich ein Gaming-PC mit respektablen Leistungswerten. Zugegebenermaßen verfügt heute jedes Billig-Smartphone über mehr Rechenleistung, aber im Jahr 2002 war es für den 14-jährigen Gerald ein großes Ziel. Also ging ich eben arbeiten. Ich begann zunächst damit Zeitungen auszutragen. In meinem bergigen Heimatort Bühlertal war das bei Wind und Wetter durchaus eine recht mühselige Angelegenheit. Es reichte aber, um mir nach über einem Jahr schließlich den heiß begehrten Rechenknecht zu konfigurieren und mit Hilfe eines Freundes auch zusammenbauen zu können. Der neue graue Kasten war auch nötig, denn nach Operation Flashpoint hatte ein weiteres Spiel meine Aufmerksamkeit erweckt. Dieses sollte mich über Jahre begleiten und meine spätere Berufswahl maßgeblich beeinflussen. Die Rede ist von der 2. Weltkriegs-Flugsimulation „IL-2 Sturmovik“. Benannt nach einem der wichtigsten Schlachtflugzeuge der sowjetischen Luftstreitkräfte, zeichnete sich die Simulation und ihre Weiterentwicklungen besonders durch die schiere Masse an Flugzeugmodellen, Szenarien und ganz besonders durch damals herausragenden Realismus aus. Ich war immer technikbegeistert gewesen, aber mit der Fliegerei hatte ich bis dato keinerlei Berührungspunkte gehabt. Da dies in der Realität auch so bleiben sollte, stellte die russische Flugsimulation meinen wichtigsten Zugang zur Fliegerei dar. Ich verbrachte Jahre mit dem Grundspiel und den Weiterentwicklungen bzw. Erweiterungen „IL-2: Forgotten Battles“, „Pacific Fighters“, „Ace Expansion Pack“ und letztlich „1946“. Natürlich war ich auch in einer Art „Clan“ aktiv, dem JG109.

Zu der Zeit war dieses Spiel einfach nur ein Hobby, ein spannender Zeitvertreib, über den ich mir keine weiteren Gedanken machte. Ich befasste mich mit den zahlreichen Flugzeugen dieser Zeit, mit der damaligen Taktikentwicklung, Luftkriegsphilosophien und hatte absolut keine Ahnung, wie sehr diese Zeit mein künftiges Leben beeinflussen würde. Manche großen Dinge schleichen sich eben ganz langsam und unbemerkt ein, besonders wenn andere Aspekte davon ablenken. Denn trotz der Konflikte zu Hause, der Familientherapie und dem zurückgezogenen Leben als Computer-Kellergeist hatte mich eine Sache nicht losgelassen: Die Liebe zu Motoren und Geschwindigkeit. Ich war 15 Jahre alt und wusste genau, dass ich mit 16 einen Führerschein haben musste. Mein heutiger Fahrzeugspleen ist im Rückblick wirklich nicht überraschend, denn schon damals hatte ich einen sehr eigenwilligen Geschmack und musste etwas, das ich einmal fest ins Auge gefasst hatte, um jeden Preis haben.

Anno 2003 bedeutete dies, dass mein nächstes Ziel wieder ein mächtiges sein sollte: Der Führerschein konnte nur der „große" 125er-Lappen werden und das Fortbewegungsmittel eines der giftigsten Zweiräder, die damals erhältlich waren. Meine erste große motorisierte Liebe trug den verführerischen Namen „Cagiva Mito 125 Evolution I".

Motorisierte Freiheit

Da sowohl der Erwerb des Führerscheins, als auch der Kauf der heiß begehrten Maschine, eine gigantische finanzielle Herausforderung darstellten, mussten drastische Maßnahmen ergriffen werden: Statt einmal pro Woche Zeitungen auszutragen, arbeitete ich fortan nach der Schule in der Werkstatt eines Fahrradgeschäfts. Mit meiner Mutter ging ich zudem einen Deal ein: Ich würde auf die Monatskarte für den ÖPNV verzichten und künftig bei Wind und Wetter mit dem Fahrrad zu Schule fahren. Dafür durfte ich die 50 € Monatsgebühr, die sonst für die „SCOOL Card" des KVV fällig wurden, in Bar einstecken. Da auch das nicht ganz reichte, bat ich die Familie darum, bei allen Anlässen auf Geschenke zu verzichten und mir stattdessen eine kleine Geldspende zukommen zu lassen. Kurzum: Mein gesamtes jugendliches Finanzmanagement wurde kompromisslos auf die motorisierte Freiheit auf zwei Rädern ausgerichtet. Als Motivator erhielt ich ein kleines Modell der Cagiva Mito – ein feines Detail welches sich in meinem späteren beruflichen Werdegang nochmals wiederholen sollte. Die Führerscheinausbildung begann ich natürlich so früh wie möglich, denn ich wollte unbedingt bereits an meinem 16. Geburtstag den Schein in den Händen halten. Als kleine Hürde auf dem Weg präsentierte sich das Fahrschulmotorrad: Die Yamaha TDR 125 war als Reiseenduro, für meine äußerst bescheidenen Körpermaße, alles andere als das perfekte Lehrmotorrad. Diese Problematik traf mich eines Tages mit voller Wucht, als ich beim Anhalten an einer Kreuzung in ein kleines Schlagloch trat und reichlich unelegant an Ort und Stelle umfiel. Zu allem Überfluss und sehr zur Erheiterung meines damaligen Fahrlehrers Arno, klemmte ich mir dabei auch noch den Fuß zwischen Maschine und Bordstein ein und konnte mich aus eigener Kraft nicht mehr befreien. Nachdem er sich von meiner körperlichen Unversehrtheit überzeugt hatte, nutzte Arno die Gelegenheit erst einmal, um ein paar Fotos von meiner misslichen Lage zu schießen. Nun, es ist eben noch kein Meister vom Himmel gefallen und da sowohl Fahrzeug als auch Fahrer ohne große Blessuren davonkamen, schaffte ich es, dennoch den Führerschein mit einem Mindestmaß an Fahrstunden erfolgreich zu erwerben. Für mehr geführte Rundfahrten hätte das knappe Budget auch kaum gereicht, denn der eigentliche Grund des Scheinerwerbs hatte ein großes Loch in die Kasse gefressen. Im Frühjahr 2004 fand ich eine wunderbar gepflegte Cagiva Mito Evo I in der seltenen Farbkombination Rot-Grau. Die Evo I des Jahrgangs 1995 bot eine Siebengangschaltung, einen Kevlar-Auspuff und satte 30 PS. Um der Verordnung des deutschen A1-Führerscheins zu entsprechen, durfte die Kleine natürlich nur 15 PS leisten und maximal 80 km/h schnell sein. Nun … Drosseln sind ja bekanntlich Vögel und die haben nun wirklich nichts in Motoren zu suchen. Sagen wir einfach: Mit 16 Jahren war ich weniger vernünftig als tierlieb.

Erste Probefahrt, noch ohne Führerschein, im Frühjahr 2004.

Neben dem noch immer unglaublichen Fahrgenuss, die mangelnde Leistung kompensierte die Maschine zu großen Teilen durch radikale Auslegung und Wendigkeit, bot mir die kleine italienische Diva natürlich zum ersten Mal die heiß ersehnte motorisierte Freiheit. Irgendwie wollte ich das schon immer: Als Kleinkind erst mit dem Trettraktor, dann die Fantasie des kleinen Elektroautos und viele Jahre später musste es dann die scharfe 125er sein. Zum ersten Mal konnte ich einfach losfahren. Wohin und wann ich wollte. Dieses hohe Gut der Freiheit schätze ich bis heute. Viel wichtiger als diese erste Freiheitserfahrung ist aber die Tatsache, dass dieses Motorrad das erste große Ziel war, dessen Erreichung mir für damalige Verhältnisse alles abverlangen sollte. Diese Kombination aus einem großen, langfristigen Ziel und dem extrem bereichernden Gefühl

Die Mito nach einigen Modifikationen im Sommer 2005.

nach der Zielerreichung, hat retrospektiv vermutlich den Grundstein dafür gelegt, dass ich mich keine zwei Jahre später in den Berufswunsch „Kampfpilot" verbeißen konnte. Bis dahin musste allerdings noch etwas Zeit vergehen und zu diesem Zeitpunkt ahnte ich noch nicht im geringsten, dass die nächsten Jahre wirklich bitter werden sollten.

Die menschliche Zielscheibe

Es ist kein Geheimnis, dass ich in meiner Jugend wirklich nicht den besten sozialen Stand hatte. Ich war in Relation zu meinen Altersgenossen immer äußerst kompakt gebaut, schüchtern, dem Mainstream abgewandt und zudem wenig integriert. Wirklich gute Freunde hatte ich zu der Zeit kaum, vielmehr gab es ein paar wenige Menschen mit denen ich gut klar kam und die sich nicht gegen mich wandten. Diese sollten aber in der absoluten Unterzahl sein, denn gegen Ende der gymnasialen Mittelstufe wurde ich mehr und mehr zum lohnenden Mobbingopfer. Ich kann mich kaum mehr konkret an die Vorkommnisse erinnern, ebenso wenig weiß ich noch, warum genau die Situation derart eskalierte. Fest steht nur: Ich war generell ein eher unbeliebter Außenseiter, aber ein kleiner, harter Kern trieb die Angelegenheit auf die Spitze. Ein ganzes Internetforum wurde mir gewidmet und brachte mir schulübergreifende Aufmerksamkeit. Diese digitale Begegnungsstätte war übervoll mit Beleidigungen und zum Teil frei erfunden Geschichten über mich, eine absurder als die andere. Die Krönung bildete aber die Aussage, dass man hoffe, dass ich mir eines Tages das Leben nehmen würde, damit man auf meinem Grab eine Party feiern könne. Jedes Mal, wenn ich der Aussage begegne, dass man doch Kindern die Macht überlassen möge, kann ich nur mit dem Kopf schütteln. Kinder sind oftmals nicht unschuldig, sie sind sich zudem häufig den Konsequenzen ihres Handelns noch weniger bewusst, als es viele Erwachsene ohnehin schon sind. Kurzum: Kinder und Jugendliche können durchaus brutal sein. Das musste ich am eigenen Leib erfahren, als ich eines Tages, auf Grund blanker Behauptungen, von einem kräftigen Jungen in einen Busch geworfen und unsanft am Kragen wieder aufgehoben wurde. Mit der Faust im Gesicht erklärte er mir, warum ich diese Abreibung angeblich verdient hätte. Ich musste dabei feststellen, dass „So etwas habe ich nie gesagt" keine gute Verteidigung ist. Wenn jemand dein Gesicht unbedingt kaltverformen möchte, helfen nur zwei Befähigungen: Die zu fliehen, oder die zu kämpfen. Da ich beides nicht hatte, blieb mir nur die reichlich unbequeme Opferrolle und die Erkenntnis, dass es so einfach nicht weiter gehen konnte.

Psychisch war ich zu dieser Zeit absolut am Boden. Irgendwie hatte ich es geschafft, mich derart in die Scheiße zu manövrieren, dass nicht nur die halbe Stadt über mich lachte, sondern auch meine körperliche Unversehrtheit kompromittiert wurde. Mir war klar, dass ich selbst etwas ändern musste. Wer nicht flieht oder kämpft, der stirbt. Weglaufen konnte ich nicht, wohin hätte ich auch gehen sollen? Mit der Aussicht an der Geschichte zu zerbrechen, konnte ich ebenfalls nichts anfangen, daher entschied ich mich bewusst für den Kampf. Das bedeutet allerdings mitnichten, dass ich die offene Konfrontation suchte, körperlich war ich schließlich klar unterlegen, aber ich hatte endlich realisiert, dass ich nicht länger das passive Opfer sein durfte. Ich musste mich mit Verstand erheben und lernen für mich einzustehen. Wenn ich psychisch und körperlich gesund aus der Nummer herauskommen wollte, würde ich konsequent handeln müssen.

Zu diesem Zeitpunkt machte ich zum ersten Mal die Erfahrung was es bedeutet zu beißen. Zu leiden und nur getrieben durch die intrinsische Motivation weiter zu machen. Ohne es wirklich zu verstehen, spürte ich wie es sich anfühlt, resilient zu sein. Einzustecken, zu fallen, aufzustehen und weiter zu gehen. Stur und unaufhaltsam auf ein Ziel zu, Schritt für Schritt. Diese Zeit meiner Jugend war extrem prägend. Ich bin mir sicher, dass ich ohne diese äußerst negativen Erfahrungen niemals den Kampfgeist gefunden hätte, um meinen späteren Beruf erreichen und ausüben zu können. Fast müsste ich den Jungs dafür dankbar sein. Aber auch nur fast. Faktisch fand das notwendige Zurückschlagen auf vielen Ebenen statt. Ich sammelte sämtliches Material aus dem Internetforum, insbesondere ungeschickte Aussagen, mit denen die Mobber ihre Identität für alle einsehbar verrieten – wie aufmerksam von ihnen. Zudem bat ich einen Bekannten um Hilfe. Ein wirklich netter Mensch, der aber als Motorradrocker mit seinem äußeren Erscheinungsbild und seiner Zugehörigkeit zu einem einschlägigen Motorradclub durchaus etwas „psychologische Wirkung ins Ziel" bringen konnte. Den Tätern begann ich in isolierten Situationen betont aggressiv zu begegnen. Dies führte auch zur einzigen Situation in meinem Leben, die ich ausschließlich durch körperliche Gewalt lösen sollte. Ich bin darauf sicher nicht stolz, aber seinerzeit war eine gebrochene Nase im Gesicht meines Widersachers das mildeste mir bekannte und zur Verfügung stehende Mittel. Eindruck hinterließ es auf jeden Fall.

Zu guter Letzt wandte ich mich mit dem gesammelten Beweismaterial an die Schulleitung und noch heute bin ich dem damaligen Direktor, Herrn Schäfer, sehr dankbar für das was dann folgte. Er hätte die Sache abtun und sie als dummen Jungenstreich bezeichnen können. Stattdessen bestellte er die Mobber zusammen mit mir ein und konfrontierte sie mit den Vorwürfen. Auf ihre Ausflüchte konterte er mit den gesammelten Beweisen und machte schließlich kurzen Prozess. An seine Mahnung erinnere ich mich bis heute Wort für Wort: „Wenn ich noch einmal etwas in dieser Richtung höre und sei es noch so eine kleine Belanglosigkeit, dann werde ich mir nicht mehr die Mühe machen euch auf irgendeine Art zu disziplinieren. Dann werdet ihr euch einfach eine neue Schule suchen müssen. Habt ihr das verstanden?"

Ich fand nie die Gelegenheit mich bei meinem damaligen Direktor zu bedanken und denke, dass er bis heute keine Ahnung hat, was er mit seinem harten Durchgreifen ermöglichte. Er hat mir ein Stück weit Vertrauen in Menschen zurückgegeben. Er hat dafür gesorgt, dass ich das Gefühl hatte, mich hilfesuchend an eine Obrigkeit wenden zu können und nicht abgewiesen zu werden. Mit diesem Satz, legte er einen weiteren Grundstein für die Person, die ich heute bin. Das Mobbing endete an diesem Tag wesentlich schneller als es gekommen war. Das Forum wurde gelöscht, die meisten Mitschüler ließen mich zu mindestens in Ruhe und ich machte die Erfahrung, dass man auch eine auf den ersten Blick unüberwindbare Herausforderung meistern kann, wenn man genug Energie aufwendet. Endlich war ich keine menschliche Zielscheibe mehr, für eine kurze Zeit war ich von der Beute zum Jäger geworden. Psychologisch gesehen, lernte ich in dieser Zeit aufzustehen und weiterzugehen. Ich danke meinem damaligen Schuldirektor Schäfer, dass er mit seinem Handeln einen wichtigen Beitrag zu meiner persönlichen Entwicklung geleistet hat.

Auf zu neuen Zielen

Die Welt bleibt natürlich nicht stehen und so wurde auch das Ende meiner Schulzeit langsam aber sicher absehbar. Nach dem tragischen Motortod meiner geliebten Cagiva Mito fasste ich neue Traumziele ins Auge: Neben dem Autoführerschein musste auch unbedingt das erste große Motorrad her. Klar, nach der Mito wäre eine 748er/916er/996er oder gar 998er Ducati die logische Steigerung gewesen, aber die heißblütige Italienerin war für mich als Schüler schlichtweg unerreichbar. Stattdessen hatte es mir eine umfangreich modifizierte Kawasaki ZX-9R angetan. Ein gigantischer, respekteinflößender Sprung von der kleinen 125er. Vier statt einem Zylinder, 900 statt 125 ccm und 143 statt 30 PS. Für mich seinerzeit fast unvorstellbare Werte und reinstes Benzin ins Feuer meiner Motorbeklopptheit. Damit dieser Traum auch Wirklichkeit werden konnte, begann ich neben der Schule bei McDonalds zu arbeiten. Das beidhändige Burgerwenden brachte mich meinem Ziel immerhin in 450 €-Schritten näher. Letztlich wurde die angeschmachtete Japanerin auch wirklich zu meinem ersten großen Motorrad und auch der Autoführerschein wurde mir pünktlich an meinem 18. Geburtstag ausgehändigt.

Frühjahr 2006: Vorfreude auf das erste „Big Bike".

Gleichzeitig wurde es aber Zeit, dass ich mir konkret Gedanken über meinen beruflichen Werdegang nach der Schule machte. Da der Grundwehrdienst noch obligatorisch war, hatte ich die Bundeswehr grob im Blick. Aus technologischer Sicht interessierten mich die Streitkräfte schon seit längerem und ein eher dröges Praktikum als Autoverkäufer hatte mir gezeigt, dass ich später unbedingt einen Beruf mit viel Abwechslung, großen Herausforderungen und der frühen Übernahme von Verantwortung anstreben musste. Kurzum: Die Bundeswehr schwirrte als potentieller Arbeitgeber in meinem Hinterkopf herum. Durch meine virtuelle Fliegerkarriere keimte eines Tages die Frage in mir auf, wer eigentlich heute die Kampfflugzeuge der Luftwaffe steuerte. Wer waren diese Menschen und wie kamen sie zu ihrer Tätigkeit? Da im Jahre 2006 das Internet für mich glücklicherweise kein Neuland mehr war, konnte ich die Antwort auf meine Frage bereits nach einer kurzen Recherche finden. „Offizier im fliegerischen Dienst" stand auf dem Hochglanzprospekt der Streitkräfte. Diese etwas unelegante Bezeichnung bedeutete nicht weniger, als dass „Kampfpilot" wirklich ein richtiger Beruf war, auf den man sich einfach bewerben konnte. Ich war fassungslos. Ich meine, es ist offensichtlich, dass es auch nur Menschen sind, die ihren Dienst in den „fliegenden Kisten" verrichten, aber dass der Weg dorthin eben so einfach beginnen sollte, wie jede andere Ausbildung, überraschte mich dann doch. Für mich war sofort klar: Ich muss mehr darüber erfahren! Ich will wissen, wie es so ist, als „Offizier im fliegerischen Dienst". Kurzerhand vereinbarte ich einen Termin mit dem nächsten Wehrdienstberater und führte mit ihm ein äußerst konstruktives Gespräch darüber, dass ich kein Interesse hatte zur See zu fahren oder im Sanitätsdienst anzutreten. Vielleicht wäre aus mir auch ein guter Kapitän oder Arzt geworden, aber ich wollte nun mal fliegen. Auch der Wehrdienstberater hatte schließlich ein Einsehen und versprach mir, sich um ein Truppenpraktikum in einem Geschwader zu kümmern. Praktikum bei der Bundeswehr, was es nicht alles gibt. Wenige Tage später hielt ich einen Brief des Jagdbombergeschwaders 32 aus Lechfeld in den Händen. Dabei waren zwei Zugtickets und die freundliche Aufforderung mich doch bitte an einem bestimmten Tag zu einer bestimmten Uhrzeit an der Hauptwache in Lager Lechfeld einzufinden. Ich konnte es kaum glauben und zählte die Tage bis zum Besuchstermin.

An dieser Stelle sei gesagt, dass es sich bei einem Truppenpraktikum viel mehr um einen Besuch, als um ein wirkliches Praktikum handelt. Die gebotenen Einblicke sind für potentielle Interessenten aber enorm wertvoll, ich würde daher jedem, der sich für den Dienst in den Streitkräften interessiert, nahelegen, sich um ein solches Praktikum zu bemühen.

Als ich schließlich in Lechfeld eintraf, überforderten mich die Eindrücke beinahe. Flecktarn-Uniformen, getarnte Fahrzeuge, Y-Kennzeichen, scheinbar willkürliche Abkürzungen und ganz offensichtlich eine strenge Geheimsprache fluteten mein Hirn. Und so hatte ich auch keine Ahnung was mir der Mann mit den komischen Symbolen auf der Schulter mitteilen wollte, als er sagte, dass wir jetzt erst einmal mit dem 8-Sitzer zum S1 verlegen müssten, bevor wir verpflegen könnten. Was ich aber sofort verstand war, dass ich dem Technikhimmel ganz nahe sein musste. Ich konnte es kaum erwarten endlich einen Tornado in Echt sehen zu dürfen. Nachdem wir also dem Personaloffizier (S1) von meiner Ankunft berichtet und zu Mittag gegessen (verpflegt) hatten, fuhren wir mit unserem Mercedes Vito (8-Sitzer) zu einer großen Halle. Wir betraten sie durch eine unscheinbare Seitentür und an den Moment, der dann folgte, erinnere ich mich noch ganz genau: Völlig unvorbereitet stand ich nur einen Meter vom Heck eines PA-200 Tornado entfernt und starrte in die Nachbrennersektion der beiden RB-199-Triebwerke. Ich weiß nicht genau was ich erwartet hatte, aber der Anblick bescherte mir Gänsehaut. Dieses Flugzeug hatte einfach eine ganz besondere Aura. Ein unfassbar komplexes Zusammenspiel aus Mechanik, Hydraulik und Elektronik. Ergebnis unzähliger Denk- und Entwicklungsstunden und kompromisslos für den Kampfauftrag gebaut. Diese Maschine bedeutete Ärger. Als Eurofighter-Pilot ist es mir fast ein wenig unangenehm es zuzugeben, aber damals war ich schlagartig verliebt. Noch nie hatte ich so ein Gerät in Echt sehen können, geschweige denn aus nächster Nähe.

Diesen ersten Eindruck vergisst man vermutlich nie. Ich durfte die Maschine im Detail begutachten, mit Schutzausstattung in einen der Triebwerksschächte kriechen und schließlich auch ins Cockpit einsteigen. Die Vorstellung, dass ich eines Tages einmal selbst das Cockpit eines Kampfflugzeugs zu meinem täglichen Arbeitsplatz machen könnte, erschien völlig absurd. Nachdem ich den gesamten Nachmittag im technischen Bereich verbracht hatte, stand der folgende Tag ganz im Zeichen der fliegenden Gruppe. Wir besuchten den Simulator und ich durfte abermals im Cockpit Platz nehmen, nur dieses Mal interaktiv. Und was soll ich sagen? Tausende Stunden „IL-2 Sturmovik“ waren durch rund 40 Jahre Entwicklungsvorsprung nahezu wertlos geworden. Ich konnte überhaupt nicht glauben, wie viel komplexer ein moderner Jagdbomber gegenüber seinen propellergetriebenen Urahnen aus dem 2. Weltkrieg geworden war. Ganz zu schweigen von den Flugleistungen, die sich in völlig eigenständigen Dimensionen abspielten. Mir wurde schlagartig klar, wie umfangreich die Ausbildung sein musste, um dieses Technikwirrwar nicht nur bedienen, sondern auch in einer Kampfsituation beherrschen zu können. Anschließend besuchte ich eine der beiden fliegenden Staffeln und unterhielt mich mit Piloten und Waffensystemoffizieren. Bereits nach kurzer Zeit drängte sich mir ein Gedanke förmlich auf: Irgendwie haben die allesamt einen gehörigen Dachschaden, da muss ich einfach dabei sein! Was mir aber endgültig den Rest gab, war der Abschluss des Besuches am dritten Tag: Aus rund 50 Meter Entfernung durfte ich den Start einer Tornado-Viererformation mit allen Sinnen erleben. Der Anblick der Maschinen in perfekter Symmetrie auf der Startbahn, das Fauchen der Triebwerke beim Hochlaufen in den vollen Trockenschub, die Vibrationen beim Zünden der

Nachbrenner, das bunte Flammenspiel beim Anrollen und natürlich dieser unvergleichliche Kerosingeruch, der noch Minuten nach dem Start in der Luft schwebte. Wer solch einem Spektakel bereits beiwohnen durfte, wird mir vermutlich zustimmen, dass es ein wirklich besonderes Erlebnis ist. Wer noch nicht die Gelegenheit hatte, sollte es unbedingt nachholen.

Nach diesen drei Tagen stand mein Entschluss fest: Ich werde mich als Kampfflugzeugführer bei der Bundeswehr bewerben!

Der lange Weg

Wie ich bereits eingangs erklärte, wurde meine Begeisterung für meinen Berufswunsch nicht unbedingt überall geteilt. Während meine Mutter mich unterstützte, konnte sich ein Großteil der Familie nicht vorstellen, dass ausgerechnet der kleine Gerald zur Bundeswehr gehen und dann auch noch ein Kampfflugzeug fliegen würde. Der Gedanke erschien einigen wohl so abwegig, dass ich mir unzählige Stories über irgendwelchen Menschen anhören musste, die angeblich das gleiche Berufsziel angestrebt und dabei bitterlich versagt hätten. Natürlich stimmt es, dass die statistischen Chancen irgendwann im Cockpit arbeiten zu dürfen für die Masse wirklich nicht gut stehen. Für den Einzelnen sind Statistiken aber meist von nachgeordneter Relevanz. Die Luftwaffe muss neue Piloten ausbilden und wer die Eignungsfeststellung mit sehr guten Leistungen absolviert, wird nahezu sicher eingestellt. Warum in aller Welt, sollte ich das nicht hinbekommen? Und selbst wenn ich am Ende scheitern sollte, dann wollte ich es wenigstens mit ganzer Kraft und aufrichtiger Hingabe versucht haben!

Natürlich lies ich mich von meinem Vorhaben nicht abhalten und machte mich sogleich an den etwas bürokratischen Bewerbungsprozess. Offen gesagt fühle ich mich bereits jetzt etwas alt, wenn ich sagen muss: Zu dieser Zeit wurden die Bewerbungsunterlagen noch handschriftlich ausgefüllt und postalisch oder über den Wehrdienstberater eingereicht. Ich entschied mich für letzteren Weg und saß einige Tage später wieder beim selben Kameraden, den ich schon ein paar Wochen zuvor getroffen hatte. Fast schon erstaunt, musste er anerkennen, dass mich auch das Praktikum beim Jagdbombergeschwader 32 weder von der Seefahrt, noch vom Sanitätsdienst überzeugt hatte und ich noch immer unbedingt Pilot werden wollte. Zielgruppenanalyse war hier offensichtlich ein Fremdwort. Glücklicherweise wurde meine Bewerbung dennoch akzeptiert und die grobe Maschinerie der Eignungsfeststellung lief an.

Wie vermutlich die meisten jungen Bewerber, hatte ich versucht mich im Voraus im Internet zu informieren. Letztlich muss man aber ganz klar sagen: Neben einigen guten Infos platzten die einschlägigen Foren schier vor Blödsinnsgeschichten. Besonders das Interview in Phase I der Eignungsfeststellung wurde schon fast zum Mysterium verklärt. Laut einem ehemaligen Bewerber, stand ein zweiter Psychologe, während des gesamten Gesprächs, in einer Ecke des Raumes und machte nur gelegentlich durch Hundegebell auf sich aufmerksam. Ein anderer berichtete davon, dass ein Soldat mitten während der Interviewsituation aus einem Schrank stieg und anschließend kommentarlos den Raum verließ. Ein weiterer Ex-Bewerber will während des gesamten Gesprächs immer wieder angeschrien worden sein. Ich konnte mir das zwar nur schwerlich vorstellen, lies mich durch das Gelesene aber dennoch verunsichern. Als ich schließlich im Spätsommer des Jahres 2006 an der Offizierbewerber Prüfzentrale (OPZ – heute Assessment Center für Führungskräfte der Bundeswehr) zur ersten Phase der Eignungsfeststellung eintraf, war ich entsprechend nervös.

Da saß ich nun und lauschte den Betreuungsoffizieren während der Einweisung bei ihrer Vorstellung. Dass ich diesen Job Jahre später selbst einmal für einige Wochen übernehmen würde, ahnte ich zu diesem Zeitpunkt natürlich noch nicht. Stattdessen versuchte ich mich während des Deutschtests daran, die Begriffe „sparsam" und „geizig" voneinander abzugrenzen, debattierte mit Mitbewerbern im Gruppensituationstest über die besten Handlungsoptionen nach einer Bushaverie im Tiefschnee und bewies im Multiple Choice-Mathetest herausragende Ratefähigkeiten. Und dann war es schließlich soweit, das sagenumwobene Interview stand an. Ich fragte mich welche schrägen Wirrungen mir wohl begegnen würden? Wie sollte ich darauf reagieren wenn einer der Gutachter in einem Hundekostüm unter dem Tisch schlafen oder ein Soldat im Hintergrund völlig willkürlich Trommel spielen würde? Aufgeregt betrat ich den Raum und es passierte – nichts. Statt mit einer Nebelgranate wurde ich von einer zivilen Psychologin und einem Stabsoffizier freundlich begrüßt und an den Tisch gebeten. Ganz offensichtlich handelte es sich bei einigen der Internetgeschichten um reichlich kreative Replizierungen der wahrgenommenen Realität. Oder anders ausgedrückt: Völliger Nonsens! Das einzig bemerkenswerte an der Unterhaltung war eine etwas unglücklich formulierte Frage des Stabsoffizieres. Er musste etwas verwundert registrieren, dass ich die Frage, ob ich damit leben könne von einer Granate zerfetzt zu werden, selbstbewusst mit „Nein" beantwortete. Seinen Ausführungen, dass mir dies im Auslandseinsatz im ungünstigsten Fall aber passieren könnte, setzte ich entgegnen, dass ich damit dennoch nicht leben könne, da der Zustand „zerfetzt nach Granatenexplosion" nur schwerlich mit dem Leben zu vereinbaren wäre. Er stutzte kurz, musste dann selbst schmunzeln und gab zu: „Da haben Sie wohl einen Punkt…" Phase I erstreckte sich über drei Tage und bestand neben den bereits genannten Prüfungen zusätzlich aus medizinischen Untersuchungen und Computertests. Da ich mich für den fliegerischen Dienst beworben hatte, musste ich zudem die Vortests für Phase II absolvieren: In einem einfach aufgebauten Computertest durfte ich mir wahnsinnig kreative Kurvenabfolgen einprägen. Bis heute kann ich mich an keine Situation entsinnen, auf die mich dieser Test vorbereitet hätte.

Alles in Allem ist Phase I definitiv ein straff organisiertes und anspruchsvolles Auswahlverfahren. Etwaige Geschichten über bösartige Psychotricks gehören aber ins Land der Märchen. Insbesondere weil ich die Eignungsfeststellung 2013 nochmal für einige Wochen als Betreuungsoffizier erleben durfte, kann ich nur sagen: Jeder der Prüfer und Psychologen ist Profi. Niemandem ist daran gelegen, die Bewerber zu verwirren oder sie einzuschüchtern. Man möchte lediglich, so objektiv wie möglich, eine Bestenauslese durchführen. Grundsätzlich kann diese ein jeder meistern, der weiß, warum er als Offizier in den Streitkräften dienen möchte, in der Lage ist, sich unfallfrei auf Deutsch in Wort und Schrift auszudrücken und sich als Teamplayer präsentiert. So stand dann am Ende auch für mich fest, dass ich bestanden hatte und meinen Traum weiter träumen durfte. Die nächste Hürde würde Phase II der fliegerischen Eignungsfeststellung werden. Heute befindet sich diese Prüfung in Köln, damals reiste ich dafür noch nach Fürstenfeldbruck, in die „Wiege der Luftwaffe".

Den ehemaligen Fliegerhorst in der malerischen Kleinstadt westlich von München zu betreten, fühlte sich schon reichlich besonders an. Das große Schild mit der Aufschrift „Luftwaffe" und die zahlreichen in der Kaserne ausgestellten Flugzeuge zeugten ganz deutlich davon, dass ich jetzt die Welt der Fliegerei betrat. Obwohl ich die Eignungsfeststellung noch auf dem alten Testgerät „ICA 90" (Instrument Coordination Analyser

90) durchlief, hat sich Phase II in ihrem Wesen nicht verändert. Die erste Hälfte der Prüfungswoche bestand aus der sogenannten flugpsychologischen Erstuntersuchung. In dieser wurde, durch eine Vielzahl verschiedener Tests und Gespräche, die intellektuellen, charakterlichen und praktisch-fliegerischen Veranlagungen geprüft. Ich erlebte die drei Tage als anspruchsvolle und angespannte Zeit, denn die Reihen meiner Mitstreiter lichteten sich bereits am zweiten Tag. Egal ob kleine Computertests, die flugsimulatorähnliche Überprüfung von Koordination und Mehrfachbelastbarkeit oder weitere Psychologengespräche, alle Prüfungsabschnitte forderten Tribut. Rückblickend denke ich, dass die gefragten Fähigkeiten wie Stressresistenz und Koordinationsfähigkeiten, absolut zielführend abgeprüft wurden. Künftigen Bewerbern sei an dieser Stelle gesagt: Keine Angst, das Testverfahren richtet sich an „Fußgänger" und setzt keinerlei fliegerische Vorerfahrung voraus. Insbesondere seit der Einführung der neue Testanlage „ICA 90 II Mod. 2010" sind die Tests für jeden klar verständlich und bieten ausreichend Eingewöhnungszeit bevor die eigentliche Begutachtung beginnt. Bei einer kurzen Zwischenverwendung als Betreuungsoffizier für Phase II und III konnte ich mich zuletzt im Jahr 2015 von dem modernisierten Prüfungsverfahren überzeugen. Die Vorbereitungsmöglichkeiten sind begrenzt, wer möchte kann sich mit dem Thema „Multitasking" beschäftigen, aber die in meinen Augen wirklich wichtigen Punkte sind: Geben Sie immer volle Leistung, Sie haben nur diesen Versuch. Stress ist das, was man sich selbst macht, die Testung soll Stress auslösen, also lassen Sie sich nicht darauf ein. 100 % geben und die Bewertung abwarten, mehr als Ihr wirklich Bestes können Sie ohnehin nicht leisten.

Nachdem mir der leitende Psychologe das erfolgreiche Bestehen dieses Teilabschnittes eröffnet hatte, begab ich mich zu Fuß zum Flugmedizinischen Institut der Luftwaffe (FMI, heute Zentrum für Luft- und Raumfahrtmedizin der Luftwaffe). Während ich P.149D, RF-84 „Thunderflash", F4F „Phantom II" und PA-200 „Tornado" passierte, hatte ich wieder dieses Gefühl, dass der Arbeitsplatz Kampfflugzeug noch unglaublich weit entfernt war. Faktisch gesehen war er das auch, aber keine große Reise lässt sich mit einem einzelnen Schritt erledigen. Wer den Ausblick vom Gipfel genießen möchte, muss ihn erst erklimmen, Schritt für Schritt. Der Gedanke, dass ich bereits einige davon erfolgreich getätigt hatte, gab mir neuen Mut. Also los, der Weg geht sich schließlich nicht von alleine! Ich betrat die Räumlichkeiten der medizinischen Untersuchungsstätte und stand plötzlich vor einem relativ großen Eurofighter-Modell. Ebenso wie meine kleine Cagiva Mito Jahre zuvor hatte ich dieses Flugzeug noch nie in echt gesehen. Als ich aber das Modell aus der Nähe betrachtete, wusste ich genau, dass ich unbedingt diese Maschine fliegen musste. Das modernste Fluggerät der Luftwaffe, das leistungsfähigste Kampfflugzeug Europas. Ich betrachtete den kleinen Modellpiloten und dachte mir: Eines Tages werde ich wie du sein, nur in der Realität.

Die flugmedizinische Erstuntersuchung ist keine Herausforderung, gleichwohl aber eine hohe Hürde. Mit allen wesentlichen Fachrichtungen wird der Proband komplett auf links gedreht. Dabei geht es nicht um die sportliche Leistungsfähigkeit, sondern schlicht um den gesundheitlichen Zustand und die medizinische Eignung. Für mich war es eigenartig einer derartigen Maschinerie einfach ausgeliefert zu sein. Ich schleppte meinen kleinen Alukoffer, der mich klar als Erstbewerber kennzeichnete, durch schier endlose Gänge, in denen ich vielen aktiven Piloten und Besatzungsangehörigen mit ihren klassischen Lederkoffern begegnete. Unzählige Geräte testeten sämtliche Vitalfunktionen, Ärzte stellten mir Fragen, ich wurde vermessen, gewogen, musste mich zigfach aus- und wieder anziehen. Dazwischen lief ich stets am sogenannten „Verteiler" auf und lies mir neue Wegweiserkärtchen an den Koffer heften. Die Unterschriftenliste, auf der die einzelnen Fachbereiche den Abschluss ihrer Untersuchung dokumentierten, füllte sich zusehends und am Ende stand fest: Ich bin auch medizinisch geeignet strahlgetriebene Kampfflugzeuge zu führen!

Heute werde ich immer wieder von Interessenten gefragt, ob bestimmte gesundheitliche Leiden ein Ausschlusskriterium wären. Darauf kann ich ehrlicherweise keine fundierte Antwort geben. Einerseits bin ich kein Mediziner, andererseits ändern sich die Kriterien immer wieder. Fest steht aber: Man muss kein Übermensch sein, um ins Cockpit steigen zu dürfen. Zahnfüllungen sind ebenso akzeptabel wie eine Sehhilfe. Gleichwohl sind starke Rückenleiden, Farbblindheit, starke Hornhautverkrümmung und hohe Dioptrinwerte leider weiterhin nicht mit dem Dienst im Fluggerät zu vereinen. Mein Ratschlag: Zerdenken Sie es nicht! Die einzig belastbare Antwort erhalten Sie nach der Untersuchung. Einen extrem umfangreichen Gesundheitscheckup gibt es obendrein. Im Einzelfall bleibt auch noch immer der Weg einer Sondergenehmigung, also versuchen Sie es.

Für Phase III musste ich einige Wochen später wieder nach Fürstenfeldbruck zurückkehren. Heute findet dieser Teil des Auswahlverfahrens ebenfalls in Köln statt. Bevor ich aber die letzte Prüfungsphase bestreiten konnte, hatte ich mich zwei Wochen lang intensiv darauf vorbereitet. Durch das Flugmedizinische Institut der Luftwaffe wurden Lernunterlagen zur Verfügung gestellt und daran hat sich, bis auf den Namen der Dienststelle, auch bis heute nichts geändert. Diese Unterlagen gründlichst durchzuarbeiten, sollte das vitalste Interesse eines jeden Bewerbers sein. Der Lernstoff wird direkt zu Beginn der dritten Eignungsfeststellungsphase in schriftlichen Tests abgeprüft und dabei zu versagen, ist der schnellste Weg nach Hause. Zum Glück hatte ich das schon damals begriffen und bereitete mich auf die Testung wesentlich gründlicher vor, als auf die Prüfungen in der Schule. Somit konnte ich alle Examen fehlerfrei bestehen und durfte zu den Simulatortests antreten. Damals geschah dies noch auf dem etwas vorsintflutlich anmutenden Testgerät FPS 80 (Fliegerpsychologisches System 80). Letztlich war es nicht viel mehr als ein rudimentärer „Simulator“ in einer Holzbox. Dieser präsentierte sich grafisch und akustisch auf dem Niveau eines alten Amiga. Nostalgisch, aber im Januar 2007 schon fast unangenehm. Noch heute erinnere ich mich an eine Ausführung in der Gerätebeschreibung: „Ein Motorgeräuscherzeuger erzeugt ein Motorgeräusch.“ Beamtendeutsch par excellence. Heute finden die Testungen auf dem modernen FPS-F (Fliegerpsychologisches System Fläche) statt. Rein systematisch hat sich aber auch hier nichts geändert: In fünf Simulatormissionen wird überprüft, ob der Bewerber die gezeigten fliegerischen Veranlagungen auch im Rahmen einer Lernprobe, in praktische Leistung umwandeln kann. Das Schlechte daran: Phase III ist mit Sicherheit die größte Herausforderung in der Eignungsfeststellung. Dies ist aber auch die einzige Phase, auf die man sich perfekt vorbereiten kann und in der ausschließlich der eigene Leistungswille über Erfolg und Niederlage entscheidet. Dass man die nötigen Fähigkeiten besitzt, hat man schließlich bereits zuvor bewiesen.

Analog zu späteren Ausbildungsflügen, bestehen die Simulatormissionen aus einer Vorflugbesprechung (Briefing), dem eigentlichen Simulatorflug (Mission) und einer Nachbesprechung (Debriefing). Wer beim Wort „Simulator“ direkt nasse Handflächen bekommt, dem sei gesagt: Auch diese Testung richtet sich an Fußgänger. Wie schon im alten FPS 80 ist das Flugmodell, auch im modernen FPS-F, stark vereinfacht. Trimmung, Trägheitsmomente oder andere physikalische Ferkeleien sind nicht vorhanden. Kurzum: Das Flugzeug wird mehr „eingestellt“ als geflogen, jeder der die Steuerung eines Flugzeugs in seinen Grundzügen verstanden hat, kann das Gerät bedienen. In meiner Zeit als Betreuungsoffizier musste ich zudem feststellen, dass Probanden mit Motor- oder Segelflugerfahrung tendenziell mehr Probleme mit dem physikalisch extrem vereinfachten Flugmodell haben, als Menschen ohne Flugerfahrung. Der Schlüssel zum Erfolg liegt also auch hier in der gründlichen Vor- und Nachbereitung.

Die Vorbesprechung wurde stets am Vortag durchgeführt und zusätzlich umfangreiches Vorbereitungsmaterial zur Verfügung gestellt. Mit Hilfe des sogenannten „Chair Flyings“ (siehe Abschnitt III) konnte ich dadurch stets alle notwendigen Abläufe der Prüfungsmission verinnerlichen und automatisieren. Die „Flüge“ sind dabei so simpel gestaltet, dass sie faktisch, inklusive aller Funksprüche und Manöver, auswendig gelernt und automatisiert werden können. Dies ermöglichte mir im Simulator stets ruhig und konzentriert zu bleiben. In der Nachbesprechung gaben die Prüfer Hilfestellung, wie sich die eigene Performance in den Folgemissionen weiter steigern ließe. Ich schrieb stets mit und fokussierte meine Vorbereitung auf die Kritikpunkte. Trotz allem war Phase III definitiv anspruchsvoll. Es war klar, dass eine steile Lernkurve und ein hohes Maß an Präzision erwartet wird. Wer wirklich mit vollem Elan bei der Sache ist, kann hier aber auf jeden Fall ordentliche Erfolge verbuchen.

Bei jeder Mission war ich nervös, es handelt sich schließlich um eine Prüfungssituation. Dieser Leistungsdruck wird einen das gesamte Fliegerleben begleiten, wir sprechen immerhin von militärischer Fliegerei in der es in letzter Konsequenz um Leben und Tod geht. Der Moment beim Schließen des Simulatorcockpits erinnerte mich daher stark an meine Zeit im Kartsport. Im Cockpit bist du allein, du hast nur diese eine Chance. Dieser eine Moment wird entscheiden, ob du Erfolg hast oder das Feld mit einer Niederlage räumen musst. Ruhe, Konzentration, Aufmerksamkeit. Ich konnte aus meinen Erfahrungen aus dem Kartsport zehren und den einzelnen Simulatorflügen meine volle Aufmerksamkeit schenken. Nach dem Verriegeln des Simulators, erinnerte ich mich kurz an die Momente in der Startaufstellung, die Hand auf meiner Schulter und den Spruch „Jetzt gilt's!“

Ich hatte schließlich Erfolg. Als mir am Ende der Eignungsfeststellung mitgeteilt wurde, dass ich bestanden hatte, fiel mir ein riesiger Stein vom Herzen. So ganz war die Messe aber noch nicht gelesen, denn das reine Bestehen der Testung ist noch kein Garant für eine Einstellung. Die

Probanden werden nach Ihren Leistungen mit Noten von A bis D versehen, dabei bedeutet A „Besonders geeignet", B „geeignet", C „bedingt geeignet" und D „nicht geeignet". Mein Ergebnis wurde mir zunächst nicht mitgeteilt, daher musste ich weiter um eine Einstellung zittern. Dass ich die Einstufung A erhalten hatte, erfuhr ich erst während meiner aktiven Dienstzeit.

Ich musste allerdings nicht lange auf die Erlösung warten und kann mich noch genau an den Moment erinnern, indem mir mitgeteilt wurde, wie mein zukünftiges Berufsleben aussehen würde. Es war ein Freitag im Januar 2007. Ich befand mich auf dem Heimweg von der soeben abgeschlossenen Phase III als mein Mobiltelefon klingelte. „Herr Groß, ich wollte Ihnen eben mitteilen, dass wir alle Ergebnisse ausgewertet haben und die dringende Empfehlung geben werden, Sie als angehenden Kampfflugzeugführer einzustellen. Sie können fest damit rechnen zum 01.08.2007 ihren Dienst anzutreten. Die schriftliche Bestätigung sollten Sie in den nächsten Wochen erhalten. Herzlichen Glückwunsch!". Um mich herum schien die Welt stehen zu bleiben. Ich hatte überhaupt nicht damit gerechnet, so unglaublich schnell ein Feedback und eine Zusage zu erhalten. In mir brach ein Vulkan aus. Der kleine Gerald, der schüchterne Kellergeist, dem kaum jemand etwas zutrauen wollte, hatte es geschafft. Ich würde Kampfpilot werden: Einer der extremsten Berufe, die es in diesem Land gibt. Es bedurfte einiger Zeit, bis ich diese Information überhaupt verarbeiten konnte und ich gebe zu, dass ich so einige Mühe hatte, mir ein paar Tränchen zu verkneifen. Seit über zwei Jahren hatte ich auf diesen Moment hin gefiebert, in diesem jungen Alter eine absolute Ewigkeit.

Die Bundeswehr hielt ihr Versprechen und so hatte ich schon wenige Wochen später den Einberufungsbescheid in den Händen. Dienstantritt am 01.08.2007 an der OSLw (Offizierschule der Luftwaffe) in Fürstenfeldbruck. Interessanterweise war der Brief bereits an „Flieger OA (Offizieranwärter) Groß" adressiert, ein erster Vorbote der kommenden Zeit. Das restliche halbe Jahr bis zur Einstellung zog sich etwas, denn noch ging ich zur Schule und hatte die kleine Hürde namens „Abitur" vor mir. Glücklicherweise konnte ich auch dieses letzte Hindernis aus dem Weg räumen und bestieg am 1. August, nur knappe zwei Wochen nach Schulschluss, als frisch gebackener Abiturient, den Zug nach Bayern. Meine Kindheit war endgültig vorbei. Zeit für ein neues Kapitel, Zeit für das Abenteuer Bundeswehr.

Die neue grüne Welt

Als ich zum Dienstantritt den ehemaligen Fliegerhorst Fürstenfeldbruck, zum mittlerweile dritten Mal, betrat, hatte ich das eigenartige Gefühl „nach Hause" zu kommen. Natürlich würde ich meine Mutter auch weiterhin an einigen Wochenenden besuchen, aber das änderte nichts daran, dass dies meine neue Heimat werden würde. Wie auch beim Truppenpraktikum fast zwei Jahre zuvor, bot die Bundeswehr noch immer eine eigene Welt, nur jetzt sollte ich selbst Bestandteil dieser werden. Ich hatte mich gründlich auf den Dienstantritt vorbereitet, Dienstgrade und gängige Abkürzungen gelernt und dennoch traf mich eine Eigenart wie ein Güterzug: Der überbordende Bürokratismus unserer lieben Verteidigungsbehörde. Gefühlt musste ich bereits im Zuge der Einschleusung hunderte Formblätter ausfüllen. Auch wenn die reelle Anzahl mit Sicherheit deutlich bescheidener ausfiel, so war es dennoch ein sehr befremdliches Erlebnis über Stunden, teilweise unter Anleitung, Formulare zu befüllen, die auf den ersten Blick, wenigstens teilweise, völlig unverständlich waren. Reisekostenrelevanter Wohnsitz, Verpflegungssätze, Belehrungen, Anträge und die Abrechnung der Dienstantrittsreise. An diesem Tag unterschrieb ich mehr Unterlagen als in meinem gesamten Leben zuvor. Willkommen in der deutschen Wehrbürokratie!

Der Einstieg ging dennoch sehr zügig von statten. Bereits am ersten Nachmittag tauschten wir unsere zivile Kleidung gegen den einheitlichen Sportanzug der Bundeswehr, liebevoll „Schlumpftarn" genannt und bis zum Ende der Woche, versahen wir unseren Dienst bereits im bestens bekannten Flecktarn.

Die ersten Diensttage in Grün im Sommer 2007. Das Namensschild ist noch handbeschriftet.

Ich wurde dem Hörsaal Echo der ersten Inspektion zugeteilt. Das bedeutet, dass die folgenden 11 Monate in einer rund 20 Mann starken Gemeinschaft durchlaufen wurden. Obwohl ich in dieser Zeit, durch eine äußerst hartnäckige Knochenhautentzündung, immer wieder mit meinen gesundheitlichen Grenzen zu kämpfen hatte, erinnere ich mich gerne daran zurück. An die integrierte Grundausbildung, die uns mit den soldatischen Grundbefähigungen vertraut machte, die feucht fröhlichen Hörsaalabende, die Reise nach Decimomannu, die offiziell als „Überleben See" bezeichnet, aber von allen nur liebevoll „Überleben Rotwein" genannt wurde und die kalten Tage und Nächte auf diversen Truppenübungsplätzen. Die Luftwaffe mag nicht ganz so waldaffin wie unsere lieben Kameraden vom Heer sein, aber von dem Klischee „Biwak in der Sporthalle" waren wir doch sehr weit entfernt. So erinnere ich mich auch noch an eine nächtliche Patrouille im strömenden Regen, die ich zusammen mit einem weiteren Pilotenanwärter bestreiten durfte. Völlig durchnässt, murmelte ich irgendwann vor mich hin: „Geh zur Luftwaffe hamse gesagt … kannste Jet fliegen hamse gesagt … siehste den Wald nieee von innen, hamse gesagt … die Arschlöcher.". Der Kamerad stellte daraufhin sein G36 an einen Baum und sagte: „Junge, wofür mache ich die Scheiße eigentlich? Aufsitzen! Absitzen! Marsch! Stellung! Da hat doch jeder einen Nagel im Kopf, der diesen Blödsinn freiwillig macht!" Ja, die objektschutzlastige Geländeausbildung bot uns angehenden Fliegern wenig Perspektive. Letztlich war man aber nun mal primär angehender Offizier, künftig eben im fliegerischen Dienst. Und so zäh und stupide diese Ausbildungsinhalte auch manchmal gewirkt haben mögen, es war genau dort, wo man etwas zum ersten Mal erfuhr, was sich den meisten Zivilisten verschließt: Kameradschaft! Als Soldat ist man, unabhängig vom persönlichen Verhältnis, sehr schnell auf seinen Nebenmann oder seine Nebenfrau angewiesen. Zusammenhalt über jegliche Differenzen hinweg, ist daher oberstes Gebot. Kameradschaft ist also mitnichten das gleiche wie Freundschaft, viel mehr ist es das Versprechen, stets für jeden Kameraden in Grün einzustehen.

In diesen 11 Monaten haben wir gemeinsam gelacht, geweint, gestritten und gefeiert. Der Hörsaal 1E hatte sicherlich seine Momente. Reibereien und Differenzen waren auch bei uns keine Seltenheit. Dennoch bestritten wir das Abenteuer Offizierausbildung gemeinsam. Als wir dann zum 01.07.2008 unseren Versetzungen folgen mussten, ging für die meisten von uns ein sehr schönes Auftaktkapitel zu Ende.

Im Sommer 2008 kurz vor dem Abschluss des Offizierlehrganges.

Kerosingeruch

Die nächsten drei Monate sollten mich zum ersten Mal in einen fliegenden Verband führen. Mein studienvorbereitendes Grundpraktikum fand gute 900 km von München entfernt statt. Direkt an der Nordseeküste gelegen, wartete das Jagdgeschwader 71 „Richthofen" (heute Taktisches Luftwaffengeschwader 71 „Richthofen") auf meine Ankunft. Okay, zugegebenermaßen wartete niemand ernsthaft auf die Ankunft eines Obergefreiten, aber nach der langen Anreise, fühlte sich die Zuschleusung irgendwie ein wenig danach an. Da es sich um ein technisches Praktikum handelte, wurde ich mit einem weiteren Kameraden in die Technische Gruppe des Verbandes versetzt und durfte bald den Feldanzug gegen eine neue Technikerkombi tauschen. Dass uns die mechanischen Grundfertigkeiten wie Bohren, Sägen, Feilen, Drehen und Schweißen wesentlich weniger interessierten als die Flugzeuge und der Simulator, verstand auch irgendwann der uns betreuende Werkstattleiter und netterweise interpretierte er den Forderungskatalog des Praktikumplans so frei und kreativ, dass wir die F-4 Phantom en détail erleben durften. Dem Bann des „Luftverteidigungsdiesel", benannt nach der prominenten Rauchfahne seiner beiden J-79-Triebwerke, konnte ich mich unmöglich entziehen. Er wurde in den 1950er-Jahren durch die USA entwickelt und in den 70ern von der Luftwaffe als „Übergangslösung" beschafft. Dass solche Übergangslösungen dann rund 50 Jahre lang ihren Dienst verrichten, zeugt nur von der historischen Effizienz unseres Beschaffungsprozesses. Trotz ihres Alters war die F-4 einfach eine stattliche Erscheinung. Im Gegensatz zum Tornado, der bei seiner Einführung gerne als Computer mit Flügeln betitelt wurde, war die Phantom II noch ein Flugzeug ohne viel Rechnerunterstützung. Die Steuerflächen wurden hydraulisch bewegt und über Schubstangen gesteuert, die Triebwerke wurden nicht durch eine FADEC (Full Authority Digital Engine Control), sondern über Bowdenzüge kontrolliert und statt Bildschirmen gab es in beiden Cockpits nur eine beeindruckende Sammlung an klassischen „Eieruhren". Irgendwie wirkte das ganze Flugzeug einfach gusseisern. Eine Kriegsmaschine, der man zutraute, auch mit mehr Loch- als Flügelfläche noch nach Hause zu finden. Für mich als Praktikant war diese Rustikalität von großem Vorteil, brachte sie doch zugleich eine immense Instandsetzungstiefe mit sich. Wo beim Eurofighter im wesentlichen nur noch Baugruppen und Rechner getauscht werden, kümmerten sich sich bei der alten Dame noch zahlreiche Handwerksfachgruppen um den Fortbestand der Flotte. Der Elektriker legte ganze Kabelstränge neu an, die Metallerei fertigte Bauteile neu und im Triebwerksshop wurden die J-79 noch von Hand zerlegt. So früh in meiner Laufbahn, so nah an ein geschichtsträchtiges Kampfflugzeug kommen zu können, war für mich ein unglaubliches Abenteuer. Nach dem dreimonatigen Praktikum, hatte ich gefühlt jede Schraube der Maschine wenigstens einmal in der Hand gehabt, fast 30 Stunden im reichlich anachronistischen Simulator gesammelt und viele Gespräche mit den fliegenden Besatzungen in den Staffeln geführt. Einer davon, „Smoothie", sollte mir einige Jahre später wieder als Fluglehrer auf meinem künftigen Waffensystem Eurofighter begegnen. Vor mir lag noch immer ein unendlich lang erscheinender Weg und dieser sollte mich zu allem Überfluss zunächst an die Universität der Bundeswehr in München führen.

Ich wollte eigentlich nicht studieren und schon gar keine naturwissenschaftliche Disziplin belegen, aber trotz meines ausgeprägten Mathematikminimalismusses wurde mir, auf Grund meiner in Köln während des Mathetests gezeigten Ratekompetenz, das Studium Luft- und Raumfahrttechnik „nahegelegt“. Mit der Aussage „entweder Sie studieren LRT oder sie fliegen nicht“ hatte mir der damalige Einplaner eine große Motivationshilfe geboten. Bei einer sauberen Zielgruppenanalyse unter Zuhilfenahme meiner vorgelegten Zeugnisse und unter Berücksichtigung meines Studienwunsches „Psychologie“, hätte der Mann mir und der Bundeswehr sicher einiges an Aufwand ersparen können. Das hatte er aber nun mal nicht getan und so erschien ich pflichtbewusst am 01.10.2008, mit dem Ziel Ingenieur zu werden, in München. An dieser Stelle erlaube ich mir, die reichlich unrühmliche Geschichte einfach ein wenig vorzuspulen. Nach 9 Monaten physikalischer Koexistenz mit dem Studiengang, verließ ich die Militäruniversität ohne Abschluss und durfte mich glücklicherweise, nach zähem Ringen, im Sommer 2009 zur fliegerischen Ausbildung in Fürstenfeldbruck melden. Der kurze Umzug vom Universitätsgelände zurück in den ehemaligen Fliegerhorst fühlte sich wie ein Befreiungsschlag an und durch einen gigantischen Zufall spielte TOP FM just in dem Moment, in dem sich die Schranke der Hauptwache öffnete, das Lied „Danger Zone“ von Kenny Loggins. Endlich war ich angekommen und es wurde Zeit meinen Traum mit ganzem Einsatz in die Realität zu holen.

KAPITEL II

Dienst in der Luftwaffe

Vorbereitungen

Mit vollster Motivation in der fliegerischen Ausbildung angekommen, wollte ich lieber gestern als morgen loslegen, nur um mit zunehmender Frustration festzustellen, dass nicht nur das Beschaffungswesen etwas gemütlich ist. Da die „Papierlage“ zu meiner Versetzung an die 9. Inspektion der Offizierschule der Luftwaffe (heute Studentenfachbereich Aero an der UniBw München) erst mit einiger Verzögerung nachgereicht werden konnte, kam es auch bei der Einplanung in die Ausbildung zu langwierigen Verschiebungen. Als Folge hatte ich zunächst 9 Monate Zeit um, nun ja, Dinge zu tun.

Die Wartezeit als solche war zu ertragen, aber zu sehen wie Kameraden, die nach mir in die Einheit gekommen waren, lange vor mir die Fliegerkombi verliehen bekamen und in die praktische Ausbildung weiterzogen, erforderte ein zusehends wachsendes Maß an Frustrationstoleranz. Im Frühjahr 2009 war es dann aber auch für mich endlich soweit und ich durfte meine Reise in die Fliegerei mit der theoretischen Vorausbildung beginnen. Der „US Qualification Course“ sollte uns mit dem notwendigen Fachvokabular versorgen, um die Ausbildung in den USA nicht an einer Sprachbarriere scheitern zu lassen. Im Anschluss wartete mit dem „Academics“ ein Ausbildungsabschnitt, der uns mit dem notwendigen Grundlagenwissen versah. Wetter, Navigation, Technik, Luftrecht. In wenigen Wochen bewältigten wir einen Parforceritt durch die akademische Grundlagenwelt der Luftfahrt, an dessen Ende ein ganz besonderes, traditionsreiches Event stand: Die Kombitaufe! In der deutschen Luftwaffe tragen fliegende Besatzungsangehörige grundsätzlich den Flugdienstanzug als Tagesdienstanzug, während zuvor zumeist der Feldanzug zu tragen war. Dieser Wechsel des Tagesdienstanzuges wurde im Rahmen einer Veranstaltung feierlich vollzogen und markierte den Wechsel in die praktische Welt der Fliegerei.

Nach dem Absolvieren der zahlreichen unterhaltsamen „Prüfungen“ landete ich letztlich mitsamt der neuen Kombi glücklich und zufrieden im eigens aufgestellten Swimmingpool. Ich hatte die erste kleine Hürde der

Ausbildung genommen und wusste, dass ich schon bald zum ersten Mal in einem echten Cockpit würde Platz nehmen dürfen. Es war Juni 2010 und ich war bereit für das IFT (Initial Flying Training) in Goodyear, Arizona.

Flügge werden

Erst wenige Wochen zuvor war ich 22 Jahre alt geworden, als ich zum ersten Mal amerikanischen Boden unter die Füße bekam. Die Hitze in Phoenix war absolut erdrückend und die zahlreichen Eindrücke, die ich auf dem Weg zum Flugplatz Goodyear erhaschen konnten, waren so überwältigend, dass sich die Verlegung schon jetzt nach ganz großem Abenteuer anfühlte. Kurz darauf konnte ich im Vorbeifahren einen ersten Blick auf mein Arbeitsgerät für die kommenden drei Monate werfen: Die Grob G120A (heute abgelöst durch Grob G120TP). Die ersten Tage verbrachten wir noch mit weiterem Theorietraining, aber schon bald durfte ich die Maschine im Rahmen der Ausbildung aus der Nähe begutachten. Ich erinnere mich noch gut an dieses erste Zusammentreffen.

Es ist abends, die tief stehende Sonne färbt das gesamte Flughafenvorfeld in ein weiches Rot. Ich genieße diesen Anblick, markiert er für mich doch den Beginn der Ausbildung, auf die ich so lange gewartet habe. Die Lichter, die Rollwege und die aufgereihten Flugzeuge unter ihren Schleppdächern, der ganze Anblick hat etwas beinahe Majestätisches. Ich blicke auf die sechs Grob G120A, die sauber aufgereiht auf ihren Einsatz warten. Auf Grund des Leasingvertrages in den Farben der Lufthansa lackiert, werden sie dennoch exklusiv von der Luftwaffe, für die Basisschulung der künftigen Flugzeugführer, eingesetzt. Die nächsten Wochen werde ich gemeinsam mit angehenden Transportpiloten bestreiten, bevor sich unsere Wege trennen und ich mit dem sogenannten „Jet Training“ fortfahren werde. Für dieses anspruchsvolle Training ist die G120A mit ihrem 260 PS starken Lycoming AEIO-540-D4D5 6-Zylinder-Boxermotor bestens gerüstet. Eine gläserne Vollsichthaube, ein zusätzlicher Schubhebel auf der linken Seite und eine Belastungsfähigkeit zwischen +6 und

Eine G120A der Luftwaffe startet in den Farben der Lufthansa von KGYR.

–4 Gz versprechen erstes „Jet feeling“. All diese Zahlen sind aber zunächst nur graue Theorie. Ich möchte wissen, wie sich die Maschine anfühlt! Während ich mich einem der Flugzeuge nähere, ziehe ich den passenden Schlüssel aus meiner linken Tasche und entriegele die Kabinenhaube. Die Grob sollte das einzige Flugzeug in meiner Ausbildung werden, die über einen Schlüssel verfügt. Irgendwie symbolisch, immerhin markierte Sie den Übergang vom Auto fahrenden „Fußgänger“ zum aktiven Flugschüler.

Über den linken Flügel klettere ich ins Cockpit der kleinen Maschine und nehme auf dem linken Sitz Platz. Konzentriert schweift mein Blick durch das Cockpit. Schnell empfinde ich die Anzahl der Schalter, Anzeigen und Sicherungen als völlig erdrückend. Natürlich hatte ich gelernt, wofür und wie all diese Elemente zu nutzen waren, aber zwischen dem theoretischen Wissen des Hörsaals und der sehr praktischen Realität klaffen in meiner Wahrnehmung Welten. Mein Blick gleitet über die Motorhaube, durch den Propeller und in die Ferne auf das Rollfeld. Jetzt bin ich hier und dennoch wirkt das alles so surreal. Ich denke darüber nach, dass ich bereits in wenigen Wochen meinen ersten Alleinflug durchführen soll und spüre sofort wie eine diffuse Grundnervosität in mir aufsteigt. Das ist doch verrückt! Ich kann mir noch nicht einmal vorstellen mit diesem Gerät den Boden zu verlassen, wie in drei Teufels Namen soll ich schon in wenigen Wochen alleine damit zu Recht kommen? In der Luft, ohne Not-Aus oder Reset-Taste! Ich lege meine linke Hand auf den kleinen Schubhebel, umgreife mit der rechten den Steuerknüppel und stelle meine Füße in die Pedale. Ganz ruhig Gerald… Das haben vor dir schon viele andere Menschen geschafft, also wirst du das auch tun. Ich schließe die Augen und versuche mir vorzustellen, wie ich mit der kleinen Propellermaschine durch den Himmel gleite. Unmöglich. Manche Herausforderungen muss man einfach so nehmen wie sie kommen. Während ich aus dem Cockpit steige, schnaufe ich gut hörbar durch. Das wird schon werden. Bald werde ich diese Herausforderung angehen, aber heute Abend ist es erst mal Zeit für den Pool. Willkommen in der Fliegerischen Ausbildung!

In den nächsten Wochen entwickelten wir so langsam ein Verständnis für die Unterschiede zwischen der militärischen und der zivilen Fliegerei. Während die Schüler der am Platz ansässigen Flugschule lernten, wie sie stets einen sicheren Respektabstand zu den Limits ihres Fluggeräts hielten, wurde uns der Grundsatz „Max perform the aircraft" eingeprägt. Es ging nicht darum einfach sicher von A nach B zu kommen, sondern das eigene Flugzeug sicher am Leistungslimit bewegen zu können. Wir beschäftigten uns daher mit Strömungsabrissen und dem Trudeln, bereiteten uns zielstrebig auf den Ausbildungsabschnitt „Aerobatics" vor. Die notwendigen Verfahren übten wir drillmäßig, immer und immer wieder. Vieles davon brannte sich so tief in mein Gedächtnis, dass ich die Procedures noch heute aufsagen kann. Zum Beispiel die Spin Recovery der Grob G120A:

THROTTLE – IDLE
RUDDER – FULLY OPPOSITE SPIN
AILERON – INTO SPIN
STICK – FAST FORWARD TO STOP
If spin doesn't stop:
STICK – BACK TO STOP
STICK – FAST FORWARD TO STOP

Bevor wir aber mit der kleinen Grob durch den Himmel turnen durften, galt es den ersten Alleinflug zu meistern. Die vergangenen Flüge hatten mir die anfängliche Aufregung genommen und das Steuern der Propellermaschine fühlte sich zusehends normal an. Noch war der Himmel nicht zu meinem zu Hause geworden, aber wir hatten uns angefreundet. Während ich zunächst noch das Gefühl hatte, vom Flugzeug getragen und am Fallen gehindert zu werden, fühlte ich mich mehr und mehr ins Cockpit integriert. Ich begann das Fliegen wirklich zu genießen und mich an meinen eigenen Lernfortschritten zu erfreuen. Es dauerte nicht lange, da fühlten sich die Platzrunden so natürlich an, dass der Gedanke an einen Alleinflug nicht mehr völlig abwegig wirkte. Die Wochen verstrichen und Flug für Flug kam das große Event näher. Und dann war es eines Tages soweit:

Als ich die kleine Grob auf der Parkposition des Mobile Auxillary Airfield zum Stehen bringe, lasse ich den Motor laufen. Ich habe nicht vor die Maschine hier abzustellen, denn die heutige Mission ist anders als alle anderen zuvor. Mein Fluglehrer schaut mir in die Augen und sagt: „Das wird schon Junge, du hast gezeigt, dass du das kannst!" Er drückt mir sein Namensschild mit den heiß begehrten „Wings", dem Tätigkeitsabzeichen der deutschen Luftfahrzeugführer, auf die Brust, sagt „ohne Schwingen fliegt es sich schlecht!", dann öffnet er die Kabinenhaube mit einem Zwinkern im Gesicht. Ich greife hinter mich an den Verriegelungssmechanismus der Haube und während ich das Dach ins Schloss schiebe, erinnere ich mich kurz wieder an die Momente auf der Kartbahn und im Simulator. Wieder ist sie da, die imaginäre Hand auf meiner Schulter. „Jetzt gilt's!" höre ich in meinem Kopf. Es ist der 6. August 2010 und heute wird der Tag meines ersten Alleinflugs sein. Auf der Startbahn lasse ich den 6-Zylinder Boxer kurz bei voller Leistung laufen, überprüfe die Anzeigen, dann löse ich die Bremsen. Obwohl die Maschine mit 260 PS nicht gerade schwächlich motorisiert ist, hat sie doch mit den extrem hohen Außentemperaturen von etwa 45°C zu kämpfen. Der Beschleunigungsvorgang ist daher eher ein Fahrt aufnehmen und nach der Rotation gönnt sich der kleine Flieger eine Gedenksekunde bevor er zum ersten Mal den Boden verlässt. Ich mache alles wie immer, warte bis eine Geradeauslandung nicht mehr möglich ist bevor ich das Fahrwerk einfahre und bringe die Maschine langsam auf Platzrundenhöhe. In der Rechtskehre auf den Querabflug streift mein Blick kurz den leeren Sitz neben mir. Ein eigenartiges Gefühl. Eigentlich ist alles wie auch in den Flügen zuvor und doch bin es diesmal ich alleine, der die Maschine mit der Kennung N863AF durch den Himmel steuert. Mein Fluglehrer beobachtet mich vom Boden aus mit einem Fernglas und hält ein Funkgerät in der Hand. Im Bedarfsfall könnte er mir Anweisungen oder Ratschläge geben, nur eines kann er nicht: Eingreifen. Auf dem Gegenanflug fahre ich das Fahrwerk erneut aus. Bei dieser Hitze braucht die Grob nahezu volle Leistung um mit hängenden Rädern eine Geschwindigkeit von rund 90 Knoten zu halten. Zudem können wir es uns aus Leistungsgründen nicht erlauben die Klimaanlage in der Platzrunde zu nutzen. Ich schwitze daher jämmerlich unter dem Plexiglasdach und während ich auf den Queranflug drehe wird mir klar, dass ich dies wahrscheinlich auch bei gemütlichen 21 Grad täte. Ein Flugzeug sauber zu landen erfordert anfangs durchaus einiges an Übung. Es ist in gewisser Weise mit dem Anfahren eines Fahrzeuges mit manuellem Getriebe in der Fahrschule zu vergleichen. Nur dass ein Abwürgen hier eben in einem potentiell tödlichen Absturz enden könnte. Ich drehe das Flugzeug auf den Endanflug und fahre die Landeklappen voll aus. Während ich mich der Bahn nähere denke ich immer wieder „Aimpoint, Airspeed! Aimpoint, Airspeed!“ Mit diesem einfachen Mantra haben wir uns darauf konditioniert, die beiden wichtigsten Faktoren im Endanflug nicht aus den Augen zu lassen. Die korrekte Platzierung in Relation zur Bahn und die exakte Anfluggeschwindigkeit. Einige Knoten zu schnell und die Maschine würde erst so spät aufsetzen, dass sie vor dem Ende der Bahn kaum zum Stehen kommen könnte. Ein paar Knoten zu wenig und wir würden die Bahn niemals erreichen. „Aimpoint, Airspeed! Du kannst das…“. Kurz vor dem Queren der Landebahnschwelle ziehe ich den Schubhebel mit meiner linken Hand in die Leerlaufstellung zurück, erhöhe den Zug am Steuerknüppel und lasse das Flugzeug einen halben Meter über dem Boden gemächlich ausschweben. Mit einem leichten Rucken setzen die Räder auf der Landebahn auf, dann betätige ich die Radbremsen. Geschafft! Erleichterung macht sich breit. Das war eigentlich gar nicht so schwer. Ich rolle über den Taxiway zurück zum Anfang der Bahn und während ich mich für den nächsten Start in Position bringe wird mir klar, dass ich es geschafft habe vom reinen Fußgänger zum alleinflugbefähigten Flugschüler zu werden. Ich bin noch lange kein vollwertiger Pilot, aber auf dem besten Weg dorthin. Es wird wirklich Zeit das Ganze zu genießen, immerhin habe ich noch zwei Platzrunden vor mir. Mit diesem Gedanken schiebe ich den Schubhebel auf Anschlag nach vorne, dann löse ich erneut die Bremsen.

RETROVIDEO: Solo Grob G120A (youtube.com)

In den Wochen nach meinem Erstflug begannen wir uns zusehends auf das Undergraduate Pilot Training, welches im Rahmen von ENJJPT (Euro NATO Joint Jet Pilot Training) stattfinden würde, vorzubereiten. Der Ton wurde etwas rauer, die Flugmanöver spektakulärer und der Leistungsdruck nahm spürbar zu. Gleichzeitig war es ungemein befriedigend die eigenen Lernfortschritte zu beobachten. Ich konnte mir förmlich selbst dabei zusehen, wie ich tiefer und tiefer in die Fliegerei eindrang. Fühlten sich die ersten Trudelmanöver noch reichlich einschüchternd an, so wur-

Endanflug auf KGYR.

de es bald normal, das Flugzeug bei Mindestgeschwindigkeit durch einen ordentlichen Zug am Steuerknüppel und einen kräftigen Tritt ins Seitenruder aus der stabilen Fluglage zu bringen. Im Grunde genommen ist das Trudeln mit einem Flugzeug ähnlich dem Driften mit einem Auto. Ein instabiler Zustand, der aber problemlos zu beherrschen ist, wenn man weiß was man tut. Und so schraubten wir uns immer wieder auf Höhe, um selbige wild drehend wieder aufzugeben. Loopings, Rollen, Cloverleafs, Lazy 8s, Immelmänner und das berühmte Split-S wurden bald zu unserem täglich Brot. Durch die kontinuierliche Arbeitsbelastung und das sehr befriedigende Training verging die Zeit in Windeseile. Nach rund 12 Wochen war das Training schließlich beendet. Es wurde Zeit sich von der kleinen Grob G120A zu verabschieden und den Heimweg anzutreten. Wenige Monate später sollte ich aber in die USA zurück kehren. Die Ausbildung sah vor, endlich auf ein größeres Pferd umzusteigen. Obwohl ich die kleine Grob nie wieder gesehen habe, hat dieses äußerst seltene Flugzeug doch einen besonderen Platz in meinem Herzen behalten. Sein erstes Mal allein am Himmel vergisst man nicht. Danke Grob, für den Bau dieser wunderbaren Maschine.

Aufbruch in die neue Welt

Nach einem kurzen ausbildungsfreien Intermezzo in Deutschland, schickte mich der Dienstherr im Februar 2011 schließlich erneut in die USA. Dieses Mal auf die Sheppard Air Force Base, gelegen in der Kleinstadt Wichita Falls im Norden von Texas. Obwohl ich ja bereits 3 Monate Erfahrung mit dem Land vorweisen konnte, fühlte sich diese Reise gänzlich anders an. Einerseits war Texas nun wirklich nicht Arizona und in Wichita Falls prallte die Ausdehnung einer Deutschen Großstadt auf das Entertainment-Angebot eines Dorfes, andererseits sollte dieser Aufenthalt wesentlich länger und ernsthafter werden. Das IFT in Goodyear hatte mit seiner übersichtlichen Dauer schon fast ein wenig Urlaubsflair verbreitet, aber hier war schnell klar, dass diese Versetzung permanenteren Charakter hatte. Das ENJJPT-Programm sollte 15 Monate in Anspruch nehmen, entsprechend waren die ersten Wochen durch viele administrative Punkte geprägt: Ein amerikanischer Führerschein musste her, eine eigene Unterkunft und ein Auto organisiert werden. Um auch nur ansatzweise zu verstehen, wie sich

Im Sommer 2011 mit dem neuen Ford Mustang Shelby GT500.

diese Zeit für mich angefühlt hat, muss man sich des zeitlichen Kontextes bewusst werden. Bis dato hatte ich in Deutschland in einer kleinen militärischen Unterkunft mit auf dem Gang gelegenen Gemeinschaftsbad gelebt und war an den meisten Wochenenden über 900 km zu meiner damaligen Partnerin gependelt. Jetzt saß ich hier, noch immer 22 Jahre jung und unterzeichnete, in Erwartung ihres Nachzugs, den Mietvertrag für ein rund 180 qm großes Einfamilienhaus. Das war aber kein besonderer Luxus, sondern Teil des sogenannten „military housings". Eben das, was die US Air Force unter einer einem Offizier angemessenen Unterkunft verstand. Auf der anderen Seite des Teiches ist fast alles etwas größer. Und dann war da ja noch die Sache mit dem Auto: Einige Kameraden bemühten sich darum, ein möglichst eigenwilliges Fahrzeug vom örtlichen Fähnchenhändler zu erstehen. Vom Pickup in bester Mudcrawler-Manier über die 70er-Jahre Lincoln-Landyacht bis hin zum praktikablen Minivan, war da wirklich alles dabei. Ich hingegen musste noch etwas warten, denn ich hatte bereits aus Deutschland alles nötige in die Wege geleitet um mir einen Traum zu erfüllen. Unter Ausnutzung des extrem vorteilhaften Wechselkurses und der Tatsache, dass wir als NATO-Soldaten von der örtlichen Sales Tax befreit wurden, hatte ich einen nagelneuen Ford Mustang Shelby GT500 bestellt und dafür nicht mehr gezahlt als in Deutschland für einen gut ausgestatteten VW Golf fällig wurden.

Mein Leben hatte sich innerhalb kürzester Zeit komplett verändert und immer wenn ich mit diesem Auto, welches mit etwas Nachhilfe 630 PS entwickelte, auf der großen Fliegerhorststraße nach Hause fuhr, während im Hintergrund die Flugzeuge der Abendrunde starteten, fühlte ich mich wie im Film. Das war sie also, die Welt der militärischen Jetfliegerei. Es war genau dieses Feeling, welches Hollywood mit Filmen wie „Top Gun“ versucht hatte einzufangen. Das alles dann aber wirklich selbst zu erleben und das in so jungen Jahren, war einfach unbeschreiblich. Zur Wahrheit gehört allerdings auch, dass das Trainingsprogramm extrem hohe Ansprüche an uns stellte.

Wir arbeiteten im Regelfall 12 Stunden pro Tag, 5 Tage pro Woche. Nach Ablauf der 12 Stunden wurden wir minutengenau des Schulungsgebäudes verwiesen. In der Unterkunft angekommen, begann dann die Zeit des Selbststudiums und der Vorbereitung auf den nächsten Tag. Weniger als 16 Stunden Lernbelastung pro Tag waren als Folge in der anfänglichen Hochdruckphase die absolute Ausnahme. Natürlich gab es im weiteren Ausbildungsverlauf auch immer wieder Phasen die sich etwas weniger fordernd präsentierten, dennoch kam man nicht umhin, sich Mittel und Wege zu suchen, um die eigene Energie möglichst effizient zu nutzen und wiederherzustellen. (siehe Abschnitt III)

Nachdem wir die die anfängliche Theorie und Notsystemausbildung hinter uns gebracht hatten, führte uns unser Weg auf die „Flightline“. Damit begann endlich die praktische fliegerische Ausbildung und bereits das Flugzeug für die Grundschulung hatte es in sich. Erst zwei Jahre zuvor bei ENJJPT eingeführt, beerbte die T-6A „Texan II“ die ikonische T-37 „Tweet“. Im Gegensatz zu ihrer strahlgetriebenen Vorläuferin wird der moderne Trainer von einem Pratt & Whitney PT6A-68-Turboprop-Triebwerk befeuert. Der Sprung von meinem bisherigen Arbeitsgerät auf das neue Flugzeug erschien mir aber nicht nur dadurch gigantisch. Mit 3 Tonnen war das Beechcraft-Muster etwa doppelt so schwer wie die kleine Grob, lieferte mit über 1100 PS aber auch mal eben mehr als die vierfache Wellenleistung. Die hintereinander angeordneten Cockpits erinnerten ein wenig an ein Kampfflugzeug, zudem trugen wir in der bedruckten Kabine jetzt Helme, Atemmaske, Anti-G-Hose und Fallschirmgeschirr. Letzteres war notwendig, da die T-6A mit Martin Baker Mk 16-Schleudersitzen ausgestattet war. Das erste Mal auf einem dieser, mit Pyroladung und Raketentriebwerk ausgestatteten Lebensretter Platz zu nehmen, war schon eine eigenartige Erfahrung.

Leistung!

Nach zahlreichen Unterrichten, Computertrainings und Simulatorflügen war es endlich soweit, ich durfte die, auf mich mächtig wirkende, T-6A zum ersten Mal in die Lüfte ausführen. Das komplizierte Anschnallen auf dem Schleudersitz, die Atemmaske im Gesicht, das grobe Verriegeln der druckfesten Kabinenhaube und dann diese prägnante Geräuschkulisse beim Starten des Turbinentriebwerks. Mir war sofort klar, dass dieses Flugzeug in einer höheren Liga spielte. Trotzdem blieb nicht viel Zeit, sich in der sogenannten „Contact"-Phase mit der Maschine vertraut zu machen, denn auch auf der Texan II stand nach nur 14 Flügen das erste Solo an:

Die Haube verriegelt mit einem schweren mechanischen Klacken, dann ist es für kurze Zeit still im Cockpit. Es ist ein sonniger Tag im Frühjahr 2011 und nach der quirligen Grob wird es endlich Zeit ein „richtiges" Flugzeug alleine in die Luft zu bringen.

Ich spüre in erster Linie Vorfreude, im Gegensatz zu meinem ersten Alleinflug bin ich kaum aufgeregt. Die T-6 ist ein leistungsfähiger, aber eben auch äußerst gutmütiger Trainer. Trotz des höheren Gewichts ist die Maschine kaum weniger handlich als das Erstausbil-

Erstes Solo auf der T-6A „Texan II" im Sommer 2011.

dungsmuster aus Deutschland. Ich fühle mich wohl und habe keine Zweifel daran, dass mir auch dieser Alleinflug gut gelingen wird, dennoch stellt sich eine notwendige professionelle Angespanntheit ein, als ich den PCL (Power Control Lever) genannten Schubhebel leicht nach vorne schiebe und auf das Aufleuchten des „Start Ready“-Lichts auf dem Kontrollpanel warte. Noch einmal blicke ich mich um, murmle die Checks leise vor mich hin „Crew chief, fire bottle, prop clear, starting“. Ich hebe den kleinen Startschalter leicht an und klicke ihn nach vorne. An dieser Geräuschkulisse werde ich mich wohl niemals satthören. Erst das Surren des elektrischen Anlassers, dann diese Mischung aus Jaulen und Zischen, die das PT6A beim Einsetzen der Verbrennung verursacht. Das alles wird abgerundet von der großen Luftschraube, die mit einiger Verzögerung ihre Arbeit aufnimmt und mit zunehmender Drehzahl die Geräuschkulisse mehr und mehr dominiert. Alleine dieses langsame Andrehen fasziniert mich immer wieder aufs Neue. Anders als bei einem Kolbentriebwerk, ist der Propeller nicht fest mit einer Kurbelwelle verbunden, sondern wird über die sogenannte Nutzturbine in der Turbinensektion des Triebwerks „angeblasen“. Als Folge nehmen zunächst die Kompressorsektion und die den Kompressor antreibende Kompressorturbine ihre Arbeit auf, bis genug Druck erzeugt werden kann, um den höheren Widerstand der Nutzturbine zu überwinden. Für mich jeden Tag ein beeindruckendes mechanisches Spiel. Auch neu für mich, ist die Zusammenarbeit mit einem Crew Chief. Dieser Techniker überwacht von außen den Anlassvorgang und die Ground-Ops meines Flugzeugs. Mit seiner Unterstützung überprüfe ich die Funktion der Steuerflächen, Landeklappen, der Beleuchtung und der großen Luftbremsen. Dieses Zusammenspiel ist nur ein kleines Detail im Flugablauf und trotzdem hat es für mich riesigen Einfluss auf meine Wahrnehmung des Ganzen. Plötzlich wirkt alles richtig professionell. Ernst und professionell war die Ausbildung natürlich von Anfang an, aber dieses Teamplay sorgt dafür, dass es sich für mich eben auch genau so anfühlt. Auf dem Weg zur Bahn passiere ich die beiden großen Pisten, die für den Flugbetrieb der T-38C „Talon“ genutzt werden. Die Zukunft wirft ihre Schatten voraus, aber Eines nach dem Anderen. Zunächst werde ich die T-6A meistern müssen. Wenige Augenblicke später stehe ich daher auf der kleinsten der vier Startbahnen. Lokal hört sie zur einfacheren Unterscheidung auf den Rufnahmen „Cooter" und dient ausschließlich dem Flugbetrieb mit der Texan II. Nachdem ich die Maschine auf der Bahn ausgerichtet habe, deaktiviere ich mit einem Fingerklick am Steuerknüppel das NWS (Nose-Wheel-Steering) und schiebe den PCL auf Anschlag nach vorne. Das Fauchen des Turboproptriebwerks verwandelt sich in ein aggressives, scharfes Jaulen. Das Bugrad federt ein, aber die Bremsen halten das Flugzeug an Ort und Stelle. Jetzt werde ich die nächste Hürde auf dem Weg zu meinen Wings nehmen! „Bau bloß keine Scheiße", denke ich mir, atme ich nochmal kurz durch und löse die Bremsen. Mit Nachdruck nimmt die Maschine fahrt auf. Die Beschleunigung war zwar nie so spektakulär wie ich es mir von weit über 1000PS versprochen hatte, aber dennoch begeisterte mich diese sanfte Gewalt auf jedem einzelnen Flug. 60 Knoten, 70 Knoten, 80 Knoten.... Ich ziehe leicht am Steuerknüppel und verlasse den Boden. Im Gegensatz zur G120A zögert die T-6A II nicht damit, den Boden zu verlassen. Leistung macht es möglich. Entsprechend fahre ich auch das Fahrwerk sofort ein und erreiche innerhalb weniger Sekunden die Platzrundenhöhe. Mit 200 Knoten liegt auch die Geschwindigkeit auf mehr als doppelt so hohem Niveau. Obwohl es mein erster Alleinflug mit diesem Muster ist, kann ich ihn sofort genießen. Ich fühle mich sicher, erfreue mich an der Stille im Cockpit und weiß, dass ich wieder einen großen Schritt nach vorn getätigt habe. Um uns nicht zu überfordern, ist das erste Solo auf lediglich drei Platzrunden beschränkt, diese haben es aber in sich. Im Gegensatz zur Ausbildung in Goodyear fliegen wir hier auf der Sheppard AFB keine zivilen, rechteckigen Platzrunden, sondern das militärische Overhead Pattern. Eine zweispurige Platzrunde, die zum größten Teil mit hoher Geschwindigkeit und knackigen Kurven geflogen wird. 200 KIAS ermöglichen rund 80° Schräglage beim Richtungswechsel und der Anflug wird von einer „Hochgeschwindigkeitsverzögerungskurve" (Break) gekrönt. In dieser 180°-Kehre wird das Fluggerät direkt über dem Platz, in kürzester Zeit, auf Anfluggeschwindigkeit abgebremst und die notwendige Landekonfiguration hergestellt. Ich genieße jede einzelne Kurve und als ich nach der dritten Runde auf der Piste ausrolle weiß ich ganz genau, dass ich mir keinen besseren Job vorstellen könnte.

Welcome to the fast movers

Nach rund 110 Flugstunden war die T-6-Phase zu Ende. Wir hatten gelernt das Flugzeug im Grenzbereich sicher zu bewegen, am Tag und bei Nacht, bei guten und schlechten Wetterbedingungen. Wir waren in Formation und im Tiefflug unterwegs und hatten, zum Teil über die Wochenenden, andere Flugplätze besucht. Nach all diesen Erfahrungen fühlte ich mich rundum wohl in dem kräftigen Turboprop-Trainer, aber genau deswegen wurde es Zeit die nächste Stufe zu erklimmen.

Jeden Tag hatten wir den Flugbetrieb der „großen Jungs“ vor Augen und die Aussicht darauf, in Kürze selbst dazu zu gehören, erfüllte mich mit maßloser Vorfreude. Die T-38C „Talon“ sollte uns auf den künftigen Einsatz auf Kampfflugzeugen vorbereiten. Im Gegensatz zur „Texan II“ war die „Talon“ aber alles andere als ein modernes Flugzeug. Entwickelt in den 50er-Jahren und eng verwandt mit der F-5 „Freedom Fighter“ war die Maschine zwar immer wieder modernisiert worden, dennoch waren selbst die jüngsten Exemplare um 1970 herum produziert worden. Als C-Modell war wenigstens die Avionik auf einem modernen Stand, aber auch Glascockpit, Head-up-Display und GPS konnten nicht über das verlebte Oldtimerflair im engen Cockpit hinwegtäuschen. Einen gehörigen Teil dazu trug auch der prähistorische Schleudersitz bei. Statt einem modernen Martin-Baker Mk.16 würden wir künftig auf einem rund 50 Jahre alten Modell Platz nehmen. Keine Zero-Zero-Fähigkeit (Ausschuss ohne Fahrt am Boden), kein integrierter Fallschirm und eine äußerst durchwachsene Überlebensstatistik mussten schlicht als Berufsrisiko akzeptiert werden. Glücklicherweise wurde dieses Museumsstück gegen Ende meiner Ausbildung ebenfalls durch eine angepasste Mk.16-Variante als Retrofit ersetzt.

Obwohl die „Talon“ schon lange im gehobenen Alter angekommen war, hatten ihre Flugleistungen nichts an Faszination eingebüßt. 1962 konnte sie die Steigrekorde (time to altitude) für 3000, 6000, 9000 und 12 000 Meter neu aufstellen und damit auch knapp 50 Jahre später noch beeindrucken. Überhaupt merkten wir schnell, dass wir uns künftig in einem komplett anderen Geschwindigkeitsbereich bewegen würden. War die T-6 standardmäßig mit 200 Knoten unterwegs und erreichte im Hochgeschwindigkeitstransit 230 Knoten, gab es bei der T-38C nahezu nichts unter 300 Knoten. Selbst die Endanflugsgeschwindigkeit mit voll ausgefahrenen Landeklappen lag mit über 180 Knoten nur knapp unterhalb des

Reisetempos der T-6. Spätestens jetzt musste ich erkennen was es bedeutet „behind the jet" zu sein. Trotz intensivem Trockentraining und dem drillmäßigen Üben hatte ich während der ersten Ausbildungsflüge das Gefühl, erst nach der Landung mit meinem Kopf beim Start angekommen zu sein. All die neuen Eindrücke prasselten wie ein Hagelsturm auf mich ein und mir war klar, dass ich das Drehzahlband meines Gehirns dringend würde ausbauen müssen. Neben der hohen Geschwindigkeit präsentierte sich auch die aerodynamische Auslegung des Flugzeugs als äußerst herausfordernd. Im Gegensatz zur gutmütigen „Texan II", verzieh die „Talon" keine Fehler. Die rasierklingendünnen Flügelchen dienten viel mehr der Befestigung der Steuerflächen als der Erzeugung von Auftrieb und die ausgeprägte Pfeilung der Schwingen machten die Maschine im Grenzbereich äußerst giftig. Unter hohem Anstellwinkel verloren die Querruder jegliche Funktion, während auch eine vorsichtige Betätigung des Seitenruders sofort zu einer aggressiven Schnapprolle führte. Kurzum: Die Schonzeit war vorbei, es wurde wirklich ernst.

Rückblickend bin ich noch immer darüber erstaunt in welcher kurzen Zeit wir zum ersten Alleinflug gebracht wurden. Die „Talon" machte uns den Einstieg wirklich nicht einfach und so sehr ich die ersten Flüge auf dem Jet genoss, so fordernd empfand ich sie auch. So sehr, dass ich mich im siebten Flug, dem ersten Alleinflug, beinahe überfordert fühlte.

Alles fühlt sich hier so anders an. Die T-38 mag eine alte Dame sein, aber sie weiß definitiv wie man tanzt. Dass sie keine Rücksicht nehmen wird, macht sie schon am Boden klar. Mit groben Bewegungen der Ruderpedale und der zeitweisen Aktivierung der Bugradsteuerung versuche ich meine Maschine auf Kurs zu halten. Die harten Jahre im Schulungseinsatz haben die Maschinen geformt, im wahrsten Sinne des Wortes, denn wirklich gerade ist keines der Exemplare mehr. Am Boden tänzelt sie nervös in der Spur und in der Luft muss sie wie eine betrunkene Karnevalistin durch sauberes Austrimmen gestützt werden. Ja, sie ist alt, hat gelebt, trägt ihre Narben offen zur Schau. Aber wehe die „Talon" wird gereizt, dann fährt sie ihre Krallen aus und gräbt sie erbarmungslos ins Fleisch eines jedes Piloten der sie nicht zu führen weiß. Ich hoffe, dass ich die notwendigen Griffe durch die

Erstes Solo auf der T-38C „Talon“ im Winter 2011/2012.

ersten sechs Flüge gut genug verinnerlicht habe, aber während ich die Maschine auf der großen Startbahn 15R ausrichte habe ich daran leise Zweifel. Die „Tinder“ genannte Piste ist rund 4 km lang und zudem mit 91 m auch extrem breit. Dass ich jetzt abermals in eine neue Liga aufgestiegen bin, steht außer Frage. Ich prüfe ein letztes Mal die korrekte Startkonfiguration, denn bei Trimmung und Klappenstellung dürfen mir keine Fehler unterlaufen. Anschließend gleitet mein Blick über die Systemanzeigen: Temperaturen, Drücke, Drehzahlen, alles ist im Normbereich.

Unter dem Helm bist du als Pilot allein und auf deinem ersten Solo beinahe einsam, aber ich werde auch diese Herausforderung meistern. Die Klippe schrumpft nicht, nur weil du den Absprung verzögerst. Ich trete fest in die Radbremsen und schiebe die Schubhebel nach vorne. Die beiden General Electric J-85-5R-Triebwerke reagieren blitzschnell und stemmen sich mit rund zwei Tonnen Schub gegen den Widerstand der Räder. Ein kurzer Blick auf die Triebwerksanzeigen, ein letzter Atemzug, dann setze ich die Gewalt frei. Beim Lösen der Bremsen springt die Maschine nach vorne, die beiden Nachbrenner zünden und erhöhen die Antriebskraft auf gut drei Tonnen. Mit nur rund 5 Tonnen Nassgewicht hat die „Talon“ dem flammenden Inferno in ihrem Heck wenig entgegenzusetzen. 130 Knoten, 140 Knoten, 150 Knoten. Alles geht so unglaublich schnell.

Einer der ersten Sätze die ich mir beim Wechsel auf den Jet merken musste war „The faster you go, the faster you go faster!“ Im Gegensatz zu einem Propellerflugzeug, welches einem Auto ähnlich, aus dem Stand heraus am besten beschleunigt, erhöht sich bei Strahlflugzeugen das Beschleunigungsvermögen mit zunehmendem Tempo zunächst. Auch die T-38C war da keine Ausnahme. Rotation, two climbing, gear up, flaps up. Noch bevor ich die Checks in meinem Kopf abgehakt habe, zeigt der Fahrtmesser 250 Knoten. Ich ziehe die Schubhebel zurück und schalte die beiden Nachbrenner nacheinander ab. Schon nach dem kurzen Kontrollblick auf die Triebwerksanzeigen stehen 300 Knoten auf der digitalen Uhr. Mehr als 550 km/h im einfachen Steigflug! Noch vor wenigen Wochen war das völlig unvorstellbar. Ich atme kurz durch. Jetzt bin ich hier oben ganz auf mich gestellt. Keine Aufsicht, keine Unterstützung. Es wird Zeit die alte Dame zum Tanz zu bitten. Direkt nach dem Aufwärmmanöver (G-Ex) werfe ich die beiden Schubhebel erneut auf Anschlag nach vorne. Wieder zünden die Nachbrenner mit einem deutlich spürbaren Ruck und schieben den schlanken Rumpf mit Nachdruck durch die Luft. 400 Knoten, 450 Knoten, 500 Knoten, Zug am Stick, 4 G, Anstellwinkel kontrollieren. Jedes Manöver in der T-38 erfordert ein hohes Maß an Präzision. Die ganze Maschine schüttelt sich, die turbulente Luft ist über den scharfen Flügeln gut zu hören und zu spüren. 10 000' oder gut 3 km misst der Looping im Durchmesser, sämtliche Dimensionen sind mit dem Jet einfach um Magnituden größer. Ein Blick auf die Anzeigen zeugt aber direkt vom nächsten Problem: Treibstoff. Während in der T-6 das gute Jet A-1 immer zur Genüge vorhanden war, hat man in der T-38C bereits beim Anlassen mit Spritknappheit zu kämpfen. Höchste Zeit also den Heimweg anzutreten! Meine Anspannung lässt etwas nach und doch habe ich großen Respekt vor der Ankunft am „Gartenzaun". In der Platzrunde über „Tinder" tummeln sich bis zu 12 Flugzeuge. Ohne das penible Einhalten der örtlichen Sonderverfahren kann es schnell zur Katastrophe kommen. Ich schaffe es, mich in die Reihenfolge in der Platzrunde einzufügen, dann wird es nochmal hektisch: Breakturn, „below 240 knots, gear clear", Fahrwerk ausfahren, Flaps 60°, Endanfluggeschwindigkeit in Abhängigkeit vom Restkraftstoff errechnen. Einundzwanzig, zweiundzwanzig, Base turn! Nase 10° unter den Horizont, 45° Schräglage, Klappen auf voll und jetzt bloß die Geschwindigkeit im Auge halten! Ein paar Knoten zu wenig und das Flugzeug ist verloren, mit dem alten Schleudersitz hätte ich in dieser Situation keine Überlebenschance. Ich balanciere die Dame auf den Endanflug, „Gearcheck, handle down, three green", „Aimpoint, Airspeed, Aimpoint, Airspeed!" Ich schwitze, mein Herz klopft. „Reiß dich jetzt zusammen!" ermahne ich mich selbst. Aimpoint, Airspeed! Schwelle, Power to idle, flare, flare, flare, touchdown, aerobrake. Noch immer ist das Flugzeug rund 300 km/h schnell. So radikal wie die Aerodynamik ist auch die Auslegung der Bremsen. Kein Gramm zu viel wurde verbaut und mit der äußerst beschränkten Kapazität muss selbst das Ausrollen streng nach Plan durchgeführt werden. Trete ich zu früh in die Pedale, werde ich mit brennenden Bremspaketen in der Netzbarriere einschlagen. Bremse ich hingegen zu spät, werde ich nicht rechtzeitig zum Stehen kommen. Nase runter, check speed, check distance, 100, 90, 80, 70, 60, 50… geschafft! Direkt nach dem Ausrollen öffne ich die Kabinenhaube. Sofort flutet 40 °C heiße Luft das Cockpit und fühlt sich dabei doch an wie eine kühle Brise. Ich bin klatschnass und während ich das Flugzeug in seiner Box final zum stehen bringe, liegt mein Puls noch immer bei 150. Danke für den heißen Tanz my lady, es wird nicht der letzte gewesen sein.

Not am Himmel

Auch auf der T-38 sammelten wir knapp über 100 Flugstunden. Nach Übungen zur Luftfahrzeugkontrolle folgte eine dezidierte Instrumentenflugphase, Formationsflug mit bis zu vier Maschinen, Tiefflug und selbstverständlich die allseits beliebten „Out-and-Back" und „Cross-Country"-Überlandflüge. Einen weiteren Anteil der Ausbildung erhielten wir aber nahezu ausschließlich im Simulator und im Rahmen sogenannter „Stand-up"-Trockenübungen. Die Rede ist vom Notfalltraining. Auf Grund ihres hohen Alters hatten die T-38C immer wieder mit technischen Problemen zu kämpfen und so war es kaum eine Frage ob, sondern viel mehr wann man sich in einer Notsituation wiederfinden würde. Im Simulator konnten alle denkbaren Notfälle und seien sie noch so abwegig, nachgebildet und durchexerziert werden. Die sogenannten „Stand-ups" fanden hingegen im Gruppenrahmen im Raum der „Flight" genannten Hörsäle statt.

Der Ablauf war immer gleich: Ein leitender Fluglehrer stellte die Rahmenlage der heutigen Übung vor und beendete seine Vorstellung mit der Übergabe der Situation an einen der Flugschüler. „Lieutenant Groß, you have the aircraft!" hieß es dann. Dieser „Stand-Up" ist eine extrem formale Übung, der Ablauf ist detailliert standardisiert und schon kleinste Fehler können zum Nichtbestehen führen. Der Flugschüler bekommt dies nur durch ein unfreundliches „sit down!" angezeigt und weiß damit, dass er an diesem Tag nicht fliegen würde. Wurde man ausgewählt, hatte man sich zu erheben und die immer gleichen Leitsätze herunterzubeten: „Sir, I have the aircraft. I will maintain aircraft control, analyze the situation, take proper action and land as soon as conditions permit." Dieses Schauspiel mag zunächst etwas befremdlich wirken, aber noch heute sind die Grundsätze von damals die Basis der Bewältigung einer jeden Luftnotlage auf jedem Muster. Durch das ständige Wiederholen haben wir diesen Spruch einbetoniert und die meisten Piloten könnten ihn wahrscheinlich noch nach einem langen Leben auf ihrem Sterbebett zitieren. Als Hilfsmittel konnten wir die Emergency Checkliste des Flugzeugs verwenden, aber extrem zeitkritische Handlungsabläufe, sogenannte „Boldfaces", mussten verinnerlicht und sofort ohne Hilfe fehlerfrei genannt werden. „Sir, there is a boldface that applies. First I will state the boldface, then I will apply it." Wer sich beim Aufsagen des Notverfahrens verhaspelte oder versprach, fiel sofort durch die Übung. Zurecht, denn dass dieses Training wichtig und wertvoll war, sollte ich schon bald am eigenen Leib erfahren.

Da war es wieder, dieses eigenwillige Knacken. Es erinnerte entfernt an statisches Rauschen auf dem Funk, war aber wesentlich ungleichmäßiger. Ich führe meine T-38C in der Radarplatzrunde zurück ins Wetter, denn die Platzrundenhöhe liegt mitten in einer dichten Quellwolkenschicht. Es war einer dieser äußerst seltenen Tage, an denen Wolken den Blick auf die texanische Sonne versperrten. Kaum bin ich in die Wetterschicht eingeflogen, wird aus dem Knacken plötzlich ein eigenartiges Zischeln. So etwas habe ich noch nie gehört, nicht mal bei der Annäherung an Gewitterzellen. Eigenartig. Dass mein Fluglehrer nichts dazu sagt beruhigt mich aber, offensichtlich hält er es ja nicht für ein Problem. Ich beginne damit die Avionik für den nächsten

Instrumentenanflug abzusetzen, während die Geräusche auf dem Intercom immer aufdringlich werden. „Well that sounds weird…“, höre ich in meinem Kopfhörer. Plötzlich leuchten einige Warnanzeigen auf und signalisieren den Ausfall des rechten Generators. Dieser Stormerzeuger ist einer von zweien, versorgt gewisse, weniger wichtige Systeme des Flugzeugs allein und wichtige Systeme redundant gemeinsam mit dem linken Generator. Ich starre auf das Panel mit den Warnanzeigen und beginne dabei an mir selbst zu zweifeln. Die Indikationen passen doch gar nicht zusammen. Einige Systeme die als ausgefallen markiert werden, sind dem linken Generator zuzuordnen. Diese Konstellation ist anders als alles, was wir je im Training hatten. Noch bevor mir auffällt, dass mein Fluglehrer scheinbar nichts zur Situation zu sagen hat, beginnen immer mehr Warnlampen aufzuleuchten, einige Flackern. Das jetzt ohrenbetäubende Rauschen und Knacken aus den Kopfhörern zeugt davon, dass wir offensichtlich ein größeres Problem in der Elektrik haben. Und dann haben wir plötzlich keines mehr. Ein letztes Krächzen im Helm, dann ist es blitzartig dunkel und still. Keine Warnleuchten, keine Triebwerksanzeigen, kein Head-Up-Display, keine Multifunktionsanzeige. Kurz denke ich darüber nach, dass ich diesen Anblick sonst nur am Boden habe, dann aber wird mir mit der gesamten Brutalität der Realität bewusst, dass ich ohne jedwede Elektrik mit 550 km/h durch die Wolken fliege. Als klassisch mechanische Konstruktion ist die T-38C glücklicherweise durchaus in der Lage eine Zeit lang, komplett ohne Elektrik, in der Luft zu bleiben. Kein Fly-by-wire-System, keine digitale Triebwerkssteuerung, nur Mechanik und Hydraulik. Selbst der Treibstoff fließt nur durch sein Eigengewicht in ausreichender Menge zu den Triebwerken. Einfach aus dem Himmel fallen werden wir also nicht und trotzdem ist die Lage alles andere als ungefährlich. Ohne Anzeigen haben wir keine Möglichkeit ohne Bodensicht zu navigieren, ohne Funk und Beleuchtung keine Chance auf uns aufmerksam zu machen. Zudem sind auch die Notfallinstrumente dem Untergang geweiht, denn auch der Kreisel des künstlichen Notfallhorizontes wird elektrisch betrieben. Für gewöhnlich ist das Wetter im Norden von Texas weitestgehend wolkenfrei aber gerade heute nimmt uns eine dicke Quellwolkenschicht die Sicht und macht den Elektrikausfall zu einem echten Problem. Ich werde zusammen mit meinem Fluglehrer schnell eine Lösung finden müssen, nur hier stehen wir vor einer weiteren Herausforderung: Die beiden Cockpits der T-38C sind durch eine Glasscheibe voneinander getrennt, die verbale Kommunikation ist nur durch das Intercom System möglich. Ohne Strom kein Intercom, ohne Intercom keine Möglichkeit miteinander zu sprechen. Mir bleibt also nur der Blick in den Rückspiegel. Mein Fluglehrer zeigt mir die aufgeschlagene Checkliste und gibt mir damit zu verstehen, dass er in dieser arbeiten wird. Mit wechselnden Pedalausschlägen zeigt er mir zudem an, dass ich die Steuerführung über das Flugzeug behalten soll. Ich bestätige mit einem kurzen Schütteln des Sticks, atme ruhig durch und versuche meine Gedanken zu ordnen. Auf solche Situationen wurden wir vorbereitet. Maintain aircraft control. Check. Wir fliegen erst mal ohne Probleme weiter, in dieser Höhe haben wir zudem keine Hindernisse zu erwarten. Analyze the situation. Der Elektrikausfall wird uns nicht aus dem Himmel fallen lassen und wir befinden uns weiterhin in Platznähe. Die fehlende Sicht in den Wolken wird zu einem Problem werden, sobald der künstliche Notfallhorizont ausfällt, aber die Wolkenuntergrenze ist uns bekannt und könnte risikofrei unterflogen werden. Die Elektrik ist und bleibt zwar tot, aber Radar wird am fehlenden Transpondercode bereits festgestellt haben, dass wir ein technisches Problem haben. Sie werden uns beobachten, mit Tower sprechen und anderen Verkehr von uns fernhalten. Eine Landung sollte also auch ohne Funk problemlos machbar sein ... Take proper action and land as soon as conditions permit. Ich suche über die Innenspiegel den Blickkontakt zu meinem Fluglehrer, es dauert nicht lange bis sich unsere Blicke treffen. Mit einer einfachen Geste gebe ich ihm zu verstehen, dass ich den Sinkflug einleiten möchte. Er stimmt mir mit einem Daumen nach oben zu und zeigt mir die von ihm gewünschte Zielhöhe mit den Fingern an. Kommunikation kann doch so einfach sein, wenn man über gewisse Standards verfügt. Während meine linke Hand die beiden Schubhebel in den Leerlauf zurückzieht, leitet meine rechte durch leichten Druck am Stick den Sinkflug behutsam ein. Es ist schon eigenartig, in meiner Vorstellung war eine Situation wie diese immer extrem bedrohlich, aber jetzt hier oben, da löst sie nahezu keine Gefühlsregung in mir aus. Die Maschine hält uns zuverlässig in der Luft, wir haben eine Lösung gefunden und setzen diese um. Jetzt in diesem Moment sind wir hier oben einfach nur zwei Menschen, die ihren Job machen. Beinahe fühlt es sich ein wenig nach Routine an. Nach wenigen Sekunden im Sinkflug beginnen sich die Wolken zu lichten und der flache texanische Boden unter uns wird sichtbar. Ich blicke nach rechts und erspähe die Sheppard AFB in einiger Entfernung. Nun denn, fliegen wir die Radarplatzrunde eben ohne Kontakt zu Sheppard Approach. Auf dem Final angekommen wackeln wir mit den Flügeln, um auf uns aufmerksam zu machen, dann betätige ich den Seilzug der Fahrwerksnotentriegelung. Der Mechanismus ist so simpel wie effektiv: Rein mechanisch wird das Fahrwerk entriegelt und drucklos gestellt, in der Folge fällt es einfach durch sein Eigengewicht nach unten und sollte auch verriegeln. Wissen werden wir das erst beim Aufsetzen, denn ohne Strom gibt es auch keine Fahrwerksanzeigen. Und natürlich auch keine Landeklappen. Das könnte nochmal sportlich werden… Ob das Fahrwerk wirklich unten ist, werden wir also bei über 350 km/h herausfinden müssen und der alte Schleudersitz würde uns am Boden auch nicht viel nutzen. Ich wische den Gedanken bei Seite. Warum sollte ich mich über etwas sorgen, was ich ohnehin nicht ändern kann? Die Bahn ist in Sicht und leer, ein letzter Blick zu meinem Fluglehrer und dann platziere ich die alte Dame auf der Bahn. Noch nie hat sich das Rumpeln beim Aufsetzen so angenehm angefühlt wie jetzt! Die Räder sind unten, die große Piste „Tinder“ bietet genug Auslauffläche und in der Entfernung sehe ich schon die roten Blitzleuchten der Rettungsfahrzeuge. „Sir, I have the aircraft“ – einfach nur ein weiterer Tag im schnellsten Büro.

Wenige Tage später erfuhren wir den Grund des Ausfalls: Kabel an einem der Hauptstränge waren durchgescheuert und hatten einen kleinen Brand verursacht. Der folgende Kurzschloss zerlegte das gesamte elektrische System der Maschine. Letztlich halfen uns Situationen wie diese zu wachsen und immer mehr zu dem zu werden, was wir alle als Ziel hatten: VLF – Verantwortlicher Luftfahrzeugführer. Einige Monate später war es dann auch soweit: Am 6. April 2012 erhielt ich endlich die lang ersehnten Schwingen an die Brust gepinnt. Ich war jetzt ganz offiziell Pilot. Beendet war die Ausbildung damit aber noch lange nicht, denn nach den 12 Monaten Undergraduate Pilot Training folgte ein weiterer Block, der uns an das Kämpfen heranführen sollte. Das IFF („Introduction to Fighter Fundametals")-Training stand bevor.

RETROVIDEO: T-38C Onboard (youtube.com)

„Fight's on!"

Zwölf Monate lang hatten wir jetzt in deutlich über 200 Stunden die Fähigkeit das Flugzeug zu fliegen angeeignet und trotzdem stand dieser grimmige amerikanische Oberstleutnant vor uns und erklärte überzeugend, dass wir eigentlich absolut gar nichts gelernt hatten. Der Umgangston hier war deutlich rauer, welcome to the IFF. Natürlich ist die T-38C kein Waffensystem. Abgesehen von den Simulationssystemen ist sie auch nicht in der Lage irgendwelche Waffen zu tragen. Im Gegensatz zu ihrer Vorgängerin AT-38B wurde der Waffeneinsatz auf der T-38C nur noch digital simuliert. Entsprechend sollte uns das IFF-Programm in erster Linie ein Grundverständnis für den Luftkampf und den Bodenangriff vermitteln und vielleicht noch viel wichtiger: Unsere innere Einstellung formen. Das Progamm verstand sich als Kampfpilotenschmiede, als ersten Schritt weg vom reinen Nutzen eines Luftfahrzeugs als Transportmittel, hin zur militärischen Kampffliegerei. Dass diese noch disziplinierter durchgeführt wurde als im UPT, zeigte sich an vielen kleinen Details. Der Briefingraum war penibelst vorzubereiten, das bedeutet: Tafelanschrieb standardisiert, absolut gerade in korrekter Schriftgröße. Das Gradebook mit den Notenblättern war auf der richtigen Seite geöffnet, an der vorgesehenen Stelle abzulegen, die Modellflugzeuge auf ihrem Holzstab der Mission entsprechend auszurichten und sauber auf dem Tisch zu platzieren. Und dann war da noch die äußerst strenge Gesprächsordnung: Gesprochen werden durfte nur auf ausdrückliche Nachfrage und falls es sich dabei nicht um eine frei zu beantwortende Frage handelte, waren die einzigen zulässigen Antworten „Yes Sir.", „No Sir." und „Sir, I have to assess." Ein kleiner Fehler und der Ausbildungsflug konnte als nicht bestanden benotet werden, noch bevor man überhaupt ein Flugzeug gesehen hatte. Drei nicht bestandene Ausbildungsflüge und der Traum vom Jetcockpit wäre unter Umständen bereits ausgeträumt. Die Ausbildung war in meinen Augen äußerst effektiv, aber man musste definitiv lernen mit psychologischem Stress umzugehen. So sagte eines Tages ein nicht ganz optimal gelaunter holländischer Fluglehrer zu mir: „You are the worst piece of shit I've ever seen. You are a disgrace for your country and every dollar spent in you is a waste!" Der Grund? Der Abstand zwischen unseren Flugzeugen beim Rollen am Boden war ihm zu groß. Dass dieser aus seiner deutlichen Überschreitung der maximal zulässige Rollgeschwindigkeit resultierte, spielte keine Rolle. Diskutiert wurde nicht! Das Ganze war einfach ein Spiel und wer mitspielen wollte, hatte sich an die Regeln zu halten. Einige Momente entschädigten uns aber sofort für den ganzen Stress, so wie ein besonderer Flug, in dem ich mehr durch Glück als wirklich durch Können überzeugen konnte.

Next set, 6k defensive for number two", gleich wird es ernst. Ich befinde mich auf einem Ausbildungsflug im Rahmen des Introduction to Fighter Fundamentals-Programmes und werde mich mit meiner T-38C gleich in einem defensiven Luftkampf behaupten müssen. Der prüfende Fluglehrer startet dazu in 6000' Entfernung hinter mir. Er ist der Angreifer und ich werde versuchen müssen, simuliert lange genug zu überleben. Auf Grund der Entfernung wird er zunächst versuchen simuliert Hitze suchende Kurzstreckenraketen einzusetzen und mich anschließend mit der Bordkanone beharken. Ein paar dieser Flüge konnte ich bereits mit Erfolg absolvieren, aber mein heutiger Gegner wird von allen nur liebevoll „The Hammer" genannt. Ein alter Lieutenant Colonel mit tausenden Stunden Erfahrung auf der F-15C Eagle. Ein Mann mit dem Charisma eines Eisschranks, das Gesicht stets zur Faust geballt… Ich bin mir sicher, dass man ihn auch im dunkelsten Keller niemals lachen hören würde. Was die Situation noch verschlimmert: Wenige Tage zuvor habe ich mir einen massiven Sonnenbrand zugezogen. Zahlreiche Brandblasen zeugen von meiner Blödheit und verursachen durch den schweren Fallschirm auf meinen Schultern starke Schmerzen. Ich kann mir jetzt trotzdem keine Fehler erlauben. „One Ready", „Two Ready", „Check 60 left". Die Kurve um die notwendige Startgeometrie herzustellen zerrt bereits an meinem Rücken, ich frage mich kurz, wie ich nur so dämlich sein konnte. Mein Puls steigt, ich spüre wie eine gewisse Wut in mir aufsteigt. Der Hammer wird versuchen mich zu erschlagen, während ich reale Schmerzen erleide. Gut, dann versuch es doch. „Bring it on bitch" entfährt es meinen Lippen. Darüber, dass dieser Satz unveränderlich auf das Aufzeichnungsband gebrannt ist und im Debriefing zu hören sein wird, mache ich mir keine Gedanken. „Ninethousand", mein Widersacher nähert sich, bis zum Kampfbeginn bleiben nur wenige Sekunden. „Eightthousand", ich prüfe ein letztes Mal die korrekten Startparameter, Geschwindigkeit, Höhe, Fluglage, alles passt. „Seventhousand", mein Blick ist fest auf das andere Flugzeug gerichtet, mein Herz rast, ein letzter Atemzug „Fights on, fights on!" Ich ziehe am Stick und löse mit der linken Hand die simulierten Gegenmaßnahmen aus. Während mein Körper auf das beinahe siebenfache Gewicht beschleunigt wird, zeugt ein gut hörbares Läuten auf dem Funk vom angedeuteten Ausstoß meiner Täuschkörper. Der erste Schuss des Hammers ist abgewehrt, ab jetzt heißt es durchhalten. Sobald die Nase meines Gegners etwas von mir ablässt wähle ich die Nachbrenner an, der „G-Piepser" zeigt mir durch langsames und schnelles Piepen meine Annäherung an das G-Limit an. Single Rate Beeping bedeutet weniger als 1G bis zum Limit, Double Rate Beeping warnt vor weniger als 0,5 G bis zum Limit. Beim Ertönen des Dauertons trennt einen weniger als 0,1 G von der Luftnotlage und dem nicht bestandenen Flug. Um die Geschwindigkeit hoch zu halten gebe ich immer mehr Höhe auf. Die beiden Triebwerke speien Feuer aus der Nachbrennersektion und sind dennoch nicht in der Lage den Luftwiderstand bei hoher Belastung zu überwinden. Mein Gegner sitzt mir im Nacken, aber für den Moment ist er nicht in der Lage seine Waffen einzusetzen. Er wartet auf seine Chance, lauert darauf, dass ich einen Fehler mache oder mich gar in den gesetzten „Fight Floor" bohre. Noch 3000 Fuß, ich verringere die Schräglage und bringe die Nase langsam wieder in Richtung Horizont. 1000 Fuß, 500 Fuß und halten. Erbarmungslos setzt mich „The Hammer" unter Druck. Während ich zusehends an Geschwindigkeit verliere, bringt er die Nase seines Flugzeugs erneut in Schussposition. Nachbrenner abwählen, Täuschkörper ausstoßen. So leicht mache ich es ihm nicht! Höhe, Geschwindigkeit, Fluglage, durchhalten! Noch 30 Sekunden! Ohne Nachbrenner habe ich nicht genügend Schub um mich dauerhaft zu wehren, aber der lange Feuerschweif aus dem Flugzeugheck würde die Täuschkörper obsolet machen. Es wäre mein virtuelles Todesurteil. Also gut, lassen wir ihn eben kommen. Noch 20 Sekunden... Natürlich ist dem Hammer nicht entgangen, dass die Zeit drückt. Ich sehe wie er schnell näher kommt und die Nase seiner Maschine langsam vor mich zeigt, er will die Bordkanone einsetzen. ROLL! SET! PULL! Ich verändere die Fluglage und schlage einen Haken um seinem Feuer zu entgehen, aber er lässt nicht locker. Wie ein wilder Hirsch attackiert er mich. ROLL! SET! PULL! Wieder entkomme ich seinem Feuer nur knapp, aber gleichzeitig fällt mir auf, dass seine Annäherungsgeschwindigkeit noch immer hoch ist. Er hat alles auf eine Karte gesetzt, aber die Rechnung geht nicht auf! Er wird überschießen und mir damit eine winzige Chance bieten, den Spieß umzudrehen. Ich sehe ihn hinter meinem Flugzeug durchtauchen. Jetzt ist es für mich an der Zeit hoch zu pokern. Meine Linke Hand reißt die Schubhebel in den Leerlauf und fährt die Luftbremse aus, ich rolle in die horizontale und werfe einen kurzen Blick auf den Fahrtmesser. Noch immer grenzwertig schnell für das Manöver, aber das muss jetzt klappen. Ich reiße den Stick auf Anschlag nach hinten, die alte Lady bäumt sich auf und der Dauerton des Warnsystems macht mir unmissverständlich klar, dass ich gerade auf Rasiermessers Schneide tanze. Niemand hat gesagt, dass es leicht sein würde! Die Geschwindigkeit nimmt rapide ab, der G-Warner verstummt und für einen kurzen Moment gleitet die Maschine mit ordentlichem Ströhmungsabriss durch die Luft. Die Zeit scheint für einen kurzen Moment still zu stehen, denn ich sehe wie die andere Maschine tatsächlich überschießt. Das ist meine Chance! Nachbrenner anwählen, Stick etwas lösen und eine saubere Lag Roll um den Flugweg des ehemaligen Angreifers fliegen. Die alte Dame rüttelt und scheppert, während ich versuche ihre Nase auf die Maschine vor mir zu bekommen. „Komm schon, nur noch ein kleines bisschen du Miststück!" entfährt es mir.

Mit letzter Kraft richtet sich meine Talon auf und dann ist er da, dieser Moment: „The Hammer" befindet sich mitten in meinem Head-Up-Display. Mit dem kleinen Finger aktiviere ich die simulierte Zielaufschaltung, dann drücke ich den „Pickle". Ein kurzes Piepen, dann betätige ich den Funkschalter: „Fox 2!".

Als wir eine knappe Stunde später wieder im Briefing-Raum saßen und der Flug ausgewertet wurde, stolperten wir natürlich über meinen kleinen Ausruf kurz vor Beginn des Kampfes. „Bring it on bitch!". Meine Stimme auf der Aufzeichnung klang erschreckend klar. Ich erinnere mich noch genau daran, wie dieser immer grimmige Mann kurz innehielt, mich ansah und dann sagte: „So … did you just call me a bitch?" Was sollte ich denn jetzt groß sagen? Diskutieren war inakzeptabel, außerdem hatten wir beide den Beweis ja eben gehört. Mir blieb also nichts weiteres übrig, als den Affront zuzugeben und das Gewitter auszuhalten. „Ahm, yes Sir.", sagte ich etwas unsicher. „The Hammer" blickte mich durchdringend an und

„Hero Shot" zum Abschluss des Undergraduate Pilot Training im April 2012.

dann geschah etwas, mit dem ich niemals gerechnet hatte: Seine Miene hellte sich ein wenig auf und schließlich meinte ich fast so etwas wie ein leichtes Lächeln in seinem Gesicht erkennen zu können. „You got balls man, I like balls!“ entfuhr es ihm. Die Tatsache, dass ich es geschafft hatte, das Blatt im Luftkampf zu wenden und ihn zu besiegen tat ihr übriges.

Dieser Sieg hatte definitiv mehr mit Glück als mit Können zu tun, aber er zeigte klar, worauf es im Kampf ankommen kann: Manchmal muss man eben ans Limit oder sogar darüber hinaus gehen, um zu überleben. Risiken sollten kalkuliert sein, aber in einigen Situationen sind sie notwendig. Der Luftkampf und die harte Schule des Programms lagen mir, ich begann mich darin wirklich wohl zu fühlen. Wenige Wochen später graduierte ich aus der Ausbildung mit dem „Air-to-Air Top Gun Award“. In den vergangenen drei Monaten hatten wir gelernt uns im offensiven und defensiven Luftkampf zu behaupten, uns zusammen mit einem Wingman gegen einen Feind zu erwehren, Freifallwaffen akademisch und taktisch ins Ziel zu bringen und Luftnahunterstützung in den Grundzügen durchzuführen. Und obwohl wir alle froh waren diesen großen Ausbildungsschritt hinter uns gebracht zu haben, wussten wir, dass das nicht mehr als eine winzige, seichte Einführung in die Kampffliegerei gewesen war.

Das EURO NATO JOINT JET PILOT TRAINING war damit zu Ende, das Abenteuer USA vorüber. Es wurde Zeit meinen Cadillac DeVille zu verkaufen, den Shelby auf ein Schiff zu packen und die Heimreise nach Deutschland anzutreten. Das Jagdbombergeschwader 31 „Boelcke“ (heute Taktisches Luftwaffengeschwader 31 „Boelcke“) erwartete mich.

Leerlauf

In Deutschland angekommen, glühte ich selbstverständlich nur so vor Elan. Auf dem Fliegerhorst Nörvenich beobachtete ich die Eurofighter bei ihren Startvorbereitungen durch den Zaun und träumte mich ins Cockpit hinein. Dass es bis dahin noch immer ziemlich lange dauern würde, ahnte ich nicht. Der aufmerksame Leser erinnert sich, dass mein Erstflug erst im Jahre 2014 stattfinden sollte … Im Juli 2012 war dieser also noch ziemlich weit entfernt. Generell gestalteten sich meine ersten Tage in der neuen militärischen Heimat etwas anders, als ich es mir zunächst erhofft hatte. Mein Dienstantritt fiel mitten in eine Umbruchphase, die Staffel befand sich gerade kurz vor dem Umzug aus den alten Gebäuden in die neue „Eurofighter City". Die IT-Anlagen waren zum Teil abgeklemmt, ich erhielt keinen Sperrzonenausweis und so richtig wusste niemand etwas mit mir anzufangen. Dass mein Herz irgendwann klar für Boelcke schlagen würde, war doch etwas schwer vorstellbar, als ich ziemlich allein und ratlos im blauen Dienstanzug auf dem Flur des alten Staffelgebäudes stand und mich fragte, was genau ich jetzt hier tun würde.

Zu allem Überfluss verlängerte sich meine Wartezeit auf den Eurofighter-Basiskurs (B-Course) peu a peu. Aus zunächst 6 Monaten sollten schließlich zwei quälend lange Jahre werden. Die Ausbildung hatte ewig mit Kapazitätsengpässen zu kämpfen und so teilte ich mein Schicksal mit zahlreichen Leidgenossen. Wartezeiten von bis zu drei Jahren waren die Folge und unterschiedlichste Zwischenverwendungen sollten den Personalstau entzerren. Einige wurden auf Transportflugzeuge umgeschult, andere auf Drohnen oder Tankflugzeugen zwischenverwendet. Manch einer absolvierte ein zusätzliches Studium und viele verbrachten die Zeit, wie ich, im Verband mit Ausbildungen und kurzzeitigen Zwischenverwendungen. In diesen zwei Jahren führte ich zunächst die Staffelbar, begleitete dann als Ordonanzoffizier den Kommodore auf zahlreichen Veranstaltungen und Reisen. Ich wurde zum Flugsicherheitsoffizier ausgebildet, absolvierte einen Kurs in Langstreckennavigation und konnte den LKW-Führerschein ergattern.

Als Betreuungsoffizier unterstützte ich Bewerber an der ehemaligen Offiziersbewerberprüfzentrale und versuchte Anwärter für den fliegerischen Dienst in Phase II und III Hilfestellung zu bieten. Als Aushilfskraftfahrer kutschierte ich neue Möbel für die fliegende Gruppe vom Depot zum Fliegerhorst, nur Eurofighter-Pilot wurde ich nicht. Ganz ohne Fliegerei musste ich dennoch nicht leben, denn einerseits bekam ich zumindest den Eurofighter-Theoriekurs, durfte immer wieder den Simulator besu-

Alternatives Muster: LKW Ausbildung auf MAN TGA im Herbst 2013.

chen und den ein oder anderen Mitflug genießen. Andererseits absolvierte ich in dieser Zeit auch die Privatpilotenlizenz und machte den Luftraum in regelmäßigen Abständen mit einer DA20 Katana unsicher. Mit brutalen 85 PS war das Gerät durchweg bescheiden motorisiert und bereitete mir trotzdem große Freude.

Doch obschon der vielen bunten Möglichkeiten und der teilweise spannenden Tätigkeiten und Erfahrungen, nagte die Wartezeit an mir. Nach rund 1,5 Jahren fliegerischer Ausbildung für zwei Jahre an den Boden gefesselt zu werden, war dann doch alles andere als erfüllend. Glücklicherweise fand die Zeit schließlich ein Ende. Als ich zum Beginn meines B-Kurses zum Taktischen Luftwaffengeschwader 73 „S“ nach Laage reiste, wusste ich zum Glück noch nichts davon, dass sich diese Wartezeit nochmals in deutlich härterer Variante wiederholen sollte.

Endlich ein Waffensystem

Die Erinnerung an die schroffe Ausbildung auf der Sheppard AFB schwang in meinem Hinterkopf noch mit, als ich die Schulung auf meinem künftigen Waffensystem begann. Ich durfte aber schnell erkennen, dass man in der Luftwaffe eine gänzlich andere Philosophie verfolgte. Natürlich erwartete man von uns Flugschülern auch hier einen uneingeschränkten Leistungswillen und ein hohes Maß an Disziplin, aber die Zeiten des „Dummficks“ waren vorbei. Die meisten Fluglehrer begegneten uns beinahe auf Augenhöhe und legten ihren Fokus ganz klar auf den Ausbildungserfolg. Während in den USA die „Timeline“ das gesamte Training definierte, verfuhr man in Deutschland etwas mehr nach dem Motto „it’s done when it’s done“. Zudem war das sogenannte Ops Tempo, also die Ausbildungsgeschwindigkeit, wesentlich entspannter. Für jedes Event stand genug Zeit für Vor- und Nachbereitung zur Verfügung und wer sich sauber einarbeitete, hatte keine Fehlschläge zu fürchten. Die deutsche Ausbildung mag etwas zu träge und gemächlich verlaufen sein, qualitativ war sie aber über alle Maße erhaben. Moderne Ausbildungsgebäude, Schulungsräume, Computerprogramme und Simulatoren, die uns rund 12 Stunden am Tag zur Verfügung standen, schafften ein hervorragendes Lernumfeld.

Die ersten 6 Wochen der Ausbildung bestanden aus dem Wiederholen und Vertiefen der bereits zuvor absolvierten Theorieausbildung und mit

Blick auf die Praxisschulung wurde mir schnell klar, dass ein Umdenken von Nöten war. Bislang hatte ich versucht die Ausbildungsflugzeuge, bildlich gesprochen, bis zur letzten Schraube zu kennen. Beim Eurofighter war dies auf Grund der enormen Systemkomplexität einfach nicht mit meinen kognitiven Ressourcen vereinbar. Kurz gesagt: Meine geistige Festplatte war zu klein, um all die gebotenen Informationen zuverlässig abspeichern zu können. Folglich wurde es extrem wichtig zu sortieren und zu priorisieren: Welche Informationen waren notwendig, welche wichtig und hilfreich, welche waren „nice to know" und welche so überflüssig, dass man sie getrost ignorieren konnte? Notwendig war offensichtlich alles, was zur Bedienung und Beherrschung des Systems benötigt wurde, wichtige Informationen musste man in ausgewählten Situationen „auf der Pfanne" haben und das breite Angebot an „Nice to know-Wissen" lieferte Hintergrundinformationen, die das Verständnis für Funktionsweisen und Zusammenhänge vertiefen konnten. Völlig überflüssig waren hingegen technische Systemdaten, die ich weder kontrollieren noch beeinflussen konnte. Wozu sollte ich wissen wie viel Flüssigkeit im Kühlkreislauf des Radars vorhanden ist, wenn ich diese weder auffüllen, noch überprüfen kann? Ich gebe zu, dass es mir zunächst nicht leicht fiel, Informationsfragmente bewusst fallen zu lassen, aber je breiter das Gebiet des notwendigen Wissens wurde, desto leichter wurde die geistige Sortierung. Wenn der Speicher einmal voll ist, muss eben gelöscht werden.

Strukturell erinnerte die Ausbildung aber stark an die Lehrgänge in den Staaten. Nach den „Academics" folgte eine Simulatorphase, die uns auf den Erstflug vorbereitete. Die ersten Flüge wurden schließlich noch im Zweisitzer durchgeführt und gliederten sich in die Transition und die Instrument Phase. Interessanterweise war der Erstflug im Eurofighter kein wahnsinnig intensiver Moment. Dadurch, dass wir einen doppelsitzigen Trainer mit Fluglehrer auf dem Rücksitz flogen, fühlte es sich noch immer künstlich an, aber bis zum ersten Solo sollte es nicht lange dauern. Den Abschluss der Initialen Phase bildete ein Überprüfungsflug, der uns die Musterberechtigung „Eurofighter" bescherte. Jetzt hatte ich es schriftlich, ich war ganz offiziell Eurofighter-Pilot. Zwar waren wir nur ganz rudimentär dazu befähigt das Flugzeug von A über B zurück nach A zu bewegen, dennoch wurde es an der Zeit die neu erworbene Lizenz mit dem ersten Alleinflug auf dem lang ersehnten Waffensystem mit Leben zu füllen.

Melde 30+48 flugklar!", an die Meldung des ersten Warts werde ich mich gewöhnen müssen, aber eigentlich ist es schön diese Traditionen am Leben zu halten, immerhin sind wir noch immer beim Militär. Ich erwidere den Gruß und reiche der Bodenmannschaft schließlich die Hand. „Erstes Mal?" fragt mich der Wart. „Ja, aber zur Not habt ihr ja genug Erfahrung um mich aus der Box zu bekommen", antworte ich mit einem Zwinkern. In dem kleinen Wärmehäuschen neben der Maschine übernehme ich das Flugzeug und beginne anschließend den Walkaround. Ich überprüfe die Oberflächenbeschaffenheit, die Steuerflächen, die Triebwerkseinläufe, Scheinwerfer, Bremsenverschleiß, diverse Schalterstellungen und installierte Sicherungen. Natürlich vertraue ich unseren Technikern, schließlich sind auch sie absolute Vollblutprofis, die genau wissen welche Verantwortung sie tragen, aber dennoch: Ich trage die Verantwortung für dieses Flugzeug und dieses Flugzeug wird mein Leben tragen. In dieser Konstellation kann und will ich mich auf niemanden blind verlassen. Also nehme ich mir genügend Zeit während ich um die Maschine schreite. Ich berühre das Flugzeug vorsichtig, wie ein scheues Wildpferd. „Wir beiden werden gleich zusammenarbeiten. Ich werde auf dich Acht geben und du wirst auf mich aufpassen. Wir starten zusammen, wir fliegen zusammen und wir werden zusammen sicher landen." In meiner Vorstellung haben auch Maschinen eine Art Seele. Natürlich ist ein Eurofighter kein lebendiges Tier, aber ebenso wie früher der Ritter hoch zu Ross, sind wir Piloten auf unsere Maschine angewiesen. Ihre Systeme halten uns in großer Höhe und eisiger Kälte am Leben, ihre Sensoren erweitern unsere Sinne und ihre Waffen verlängern unsere Faustschläge. Dies wird das erste Mal sein, dass ich die Ehre habe, einen einsitzigen Eurofighter in den Himmel zu führen. Rund 100 Millionen € in meiner persönlichen Verantwortung. Ich streiche ein letztes Mal über den grauen Rumpf. „Wir zwei sind ein Team, ich vertraue dir und du kannst mir vertrauen", flüstere ich vor mich hin. Dann setze ich den Helm auf und erklimme die Cockpitleiter. Obwohl ich jetzt schon einige Male mit den GT genannten Trainern in der Luft war, ist der Anblick einer GS aus dieser Perspektive nochmal etwas ganz anderes. Nur ein Sitz, nur eine winzige Pilotenkanzel, beladen fast 20 Tonnen Flugzeug und das alles nur für mich. Ja, dieses Flugzeug ist eine todbringende Waffe, die im Ernstfall viel Leid verursachen kann, gleichzeitig ist es aber auch schlicht ein Kunstwerk. Titan, Stahl und Verbundwerkstoffe bilden Skelett und Haut, Lichtwellenleiter und zahlreiche Computer das Nervensystem. Elektrik und Hydraulik sind Muskeln und die beiden EJ-200 Triebwerke machen dem Jet außerordentlich lange Beine. Alles was an diesem Flugzeug zu sehen ist, ist aus einem ganz bestimmten Grund, mit einer ganz bestimmten Funktion, genau an diesem Ort. Diese Maschine ist ein wilder Hengst, ein Rennpferd. Austariert und durchtrainiert. Kein Kilogramm zu schwer und windschlüpfrig wie kaum ein anderer Jet. Mit rund 18 Tonnen Schub bietet der Eurofighter nicht außergewöhnlich viel Kraft, aber bei nahezu keinem anderen Fluggerät trifft diese auf so wenig Gewicht. Wenn der Tornado ein NASCAR ist, dann ist das hier die Formel 1.

Ich steige ins Cockpit und schnalle mich an, prüfe die Sprachverbindung mit der Bodencrew, schließe das Kabinendach und starte die Hilfsturbine. Alle Handgriffe sind die gleichen wie im Doppelsitzer und dennoch ist das Gefühl ein gänzlich anderes. Ich schaue kurz nach hinten und statt einem weiteren Cockpit erblicke ich durch die Vollsichthaube den langgezogenen Rücken meiner Maschine und an dessen Ende die beiden Triebwerke. Welch ein atemberaubender Anblick. „Triebwerke frei?", frage ich den Wart. „Frei zum Start!" bestätigt er. Gott wie lange habe ich auf diesen Moment gewartet. Wie oft habe ich gezittert und gebangt, wie viel gestritten und mit wie vielen Menschen diskutiert? Nur wenige haben wirklich an mich geglaubt, aber jetzt ist es endlich soweit. Jetzt, heute und hier werde ich all die Zweifler in meiner Vergangenheit Lügen strafen. „Starte Eins und Zwei!" Ich bringe die beiden Schubhebel in die Leerlaufstellung und mit feinen Vibrationen erwacht zu erst das linke, danach das rechte Triebwerk zum Leben. Außerhalb des Cockpits ist die Lärmkulisse ohrenbetäubend, aber hier drinnen fühlt es sich dank doppeltem Gehörschutz absolut friedlich an. „Hier unten ist alles gut, wenn du nichts mehr hast, klemmen wir uns ab und wünschen einen guten Flug!". Auch bei mir ist alles gut. Die Warte entfernen das Kommunikationskabel und ziehen die Bremsklötze und dann ist er wieder da, dieser Moment, der mich schon durch mein ganzes Leben begleitet. Unter dem Helm bist du als Pilot allein, besonders in einem einsitzigen

Kampfflugzeug. Es wird Zeit den nächsten Schritt zu gehen und meinen großen Traum endlich Wirklichkeit werden zu lassen. „Two, confirm ready to taxi?“, nach dem Check-In vergewissert sich mein Fluglehrer, dass es los gehen kann. Ja, ich bin jetzt der alleinige „Mayor of Cockpit City“, aber in der Ausbildung wird mich weiterhin ein Fluglehrer begleiten, nur ab jetzt in einer eigenen Maschine. „Two ready!“ Ich gebe den Warten das Signal zum Anrollen, dann löse ich die Bremsen. Langsam aber sicher setzt sich mein Eurofighter in Bewegung und als ich beim Verlassen der Box meiner Bodencrew ein letztes Mal salutiere, spüre ich, dass mir unter dem Helm eine Freudenträne die Wange herabrinnt. Ich bin angekommen, ich habe es endlich geschafft.

Blut, Schweiß und Tränen

Die ersten Monate verbrachten wir damit, das Flugzeug als reines Fortbewegungsmittel zu beherrschen. Gleichwohl mussten wir aber schnell erkennen, dass diese Tätigkeit maximal 20 % unseres künftigen Einsatzspektrums ausmachen würde. Das Fliegen an sich ist in einem modernen Kampfjet wie dem Eurofighter nur noch Mittel zum Zweck. Als Pilot auf diesem einsitzigen Waffensystem hast du nur wenig Zeit um dich auf das Steuern des Fluggerätes zu konzentrieren. Stattdessen wollen die Lagebilder der Sensorik überwacht und Waffen korrekt bedient werden. Wenn man versucht, bestimmte Feindflugzeuge aus dem chaotischen Radarbild zu brechen, gibt man die reine Steuerführung, wenigstens zeitweise, gerne an den Autopiloten ab. Waffen können aber nur in Verbindung mit durchdachten Taktiken effektiv eingesetzt werden und auch hier zeigte sich, dass wir abermals in neue Dimensionen vorstießen. Einerseits waren die Inhalte alle neu für uns, wir hatten vorher ja nicht mal ein einfaches Radar zu Verfügung gehabt, andererseits waren diese Inhalte in ihrem erschlagenden Umfang zu einem Großteil als „geheim“ eingestuft. Vorbei waren die Zeiten in denen man ausgedruckte Unterlagen bequem zu Hause auf der Couch durcharbeiten konnte. Fortan würden wir viel Zeit in der Sperrzone an Rechnern verbringen, die freigegeben waren, diese roten Daten zu verarbeiten. Viele hundert Seiten Taktiken und Verfahren mussten wir verinnerlichen und durch ausgiebiges „Chair Flying“ automatisieren. Im Kampf um Leben und

Tod bleibt keine Zeit um lange zu denken. Entscheidungen müssen intuitiv in Sekundenbruchteilen getroffen werden. Und eben diesen erbarmungslosen Druck des Ernstfalls sollte auch das Training so gut es geht replizieren.

Natürlich konnten wir diese gigantischen Umfänge nicht auf einmal beherrschen. Durch den „building block approach“ (= Stufen- oder schrittweises Lernen) näherten wir uns der Thematik Stück für Stück. Die erste Kampferfahrung auf dem neuen Waffensystem sollten wir schließlich in einem Gebiet sammeln, welches uns schon aus den USA bekannt war: Der Luftkampf auf kurze Entfernung, eins gegen eins. Schnell wurde mir und meinen Mitstreitern aber klar, dass wir fast alles was wir darüber in den USA gelernt hatten, wieder vergessen konnten. Bei allem Respekt vor den beachtlichen Flugleistungen der T-38C, war die alte Dame verglichen mit dem Eurofighter ein Mofa. Während sich der Luftkampf in einer Talon immer nach unten entwickelte, konnte sich das „Furball“ genannte Gewusel aus zwei Eurofightern in jede Richtung verschieben. Das herausragende Schub-Gewichts Verhältnis ermöglichte „Slow-speed-fights“ im Steigflug. Noch heute ist die Vertikale oftmals exklusives „Typhoon Country“. Es war aber nicht nur diese unglaubliche Leistungsfähigkeit, die uns zu schaffen machte, auch die von der T-38C bekannten Bilder des Luftkampfs waren völlig wertlos geworden. Ein Eurofighter dreht wesentlich schneller und enger als der betagte Trainer und statt sich aus der Sicht eines Angreifers klar seitlich zu verschieben, drehte er scheinbar auf der Stelle und kam dem Aggressor entgegen. Bei den ersten Kämpfen war ich angesichts dieses Anblicks schlicht ratlos und saß wie ein Kaninchen vor einer Schlange. Puh. Egal wie viele Stufen ich bis hierher schon genommen hatte, der vor mir liegende Weg war noch immer lang, steil und steinig. Nach einigen Flügen aber gewöhnte ich mich schließlich an die mir zur Verfügung stehende Gewalt und begann das Kräftemessen am Himmel zu genießen.

Turn in, fight's on!“ Die frontale Annäherungsgeschwindigkeit unserer beiden Flugzeuge beträgt über 1500 km/h, es bleibt kein Raum für Fehler. Während ich direkt auf den Eurofighter meines Fluglehrers zufliege, stoße ich wiederholt Täuschkörper aus. Für den Verschuss einer radargeführten Mittelstreckenrakete wäre der Abstand bereits zu klein, die hitzesuchende IRIS-T würde durch Täuschkörper entsprechend der Trainingsregeln invalidiert werden und der frontale Einsatz der Bordkanone ist nicht nur extrem riskant, sondern auch aus gutem Grund im Training verboten. Der „Merge“, also das Kreuzen der Flugwege unserer beiden Flugzeuge, muss genau passen. Geometrisch gesehen gibt es nur zwei Arten des engen Luftkampfes: „Two Circle“- und „Single Circle“-Kämpfe. Bei ersterem drehen die Flugzeuge nach dem Passieren in unterschiedliche Richtungen, bewegen sich also auf zwei unterschiedlichen Kreisbahnen. Wer die Nase am schnellsten drehen kann gewinnt. Bei zweiterem drehen die Maschinen in die gleiche Richtung, folgen also einem gemeinsamen Bahnkreis. In diesem Fall ist siegreich, wer die engste Kurve fliegen kann.

Natürlich kann man diese Kreisbahnen auf nahezu beliebige Art im Raum drehen, aber das Prinzip bleibt immer das Gleiche. Und da die Art des Kampfes ausschließlich davon abhängt, ob man sich in die gleiche oder unterschiedliche Richtungen bewegt, entscheidet immer derjenige, der als letztes einkurvt, über die Art des Gefechts. Ein Spiel, im Ernstfall, auf Leben und Tod. Wenige Sekunden bevor sich die Flugwege unserer Maschinen kreuzen, ist mir natürlich klar, dass mir die enorme Leistungsfähigkeit des Eurofighters rein gar nichts nutzt, wenn mein Kontrahent ein identisches Flugzeug fliegt. Es ist wie in der Formel 1: Die Tatsache dass du einen radikalen Rennwagen fährst, ist im Feld aus anderen F1-Fahrzeugen kein Vorteil. Es bedeutet nur, dass es anstrengender wird, das meiste aus deinem Gerät herauszuholen. Wir passieren uns so schnell wie ein Wimpernschlag. Ich rolle ein und erkenne sofort was mein Gegner im Schilde führt: Er will mich in einen „Sing-

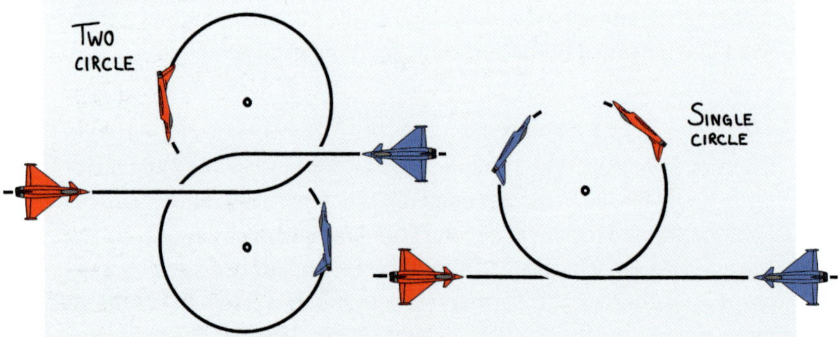

le Circle"-Fight locken, vermutlich weil er mit weniger Geschwindigkeit am Treffpunkt angekommen ist und somit eine engere Kurve fliegen könnte. Aber so einfach spiele ich da nicht mit. Ich schmeiße den Stick auf Anschlag in die entgegengesetzte Richtung, wähle im Rollen die beiden Nachbrenner an. Der „Pull" muss sitzen, denn obwohl im Eurofighter keine Limits wie Gz oder Anstellwinkel zu überwachen sind, holt man nur dann das maximale aus seiner Maschine, wenn man sie extrem präzise führt. ROLL-SET-PULL. Wie schon in der T-38, bewege ich den Controlstick möglichst achsenisoliert. In dem Moment, in dem der Stick den hinteren Anschlag erreicht, enden aber die Gemeinsamkeiten mit dem betagten Trainer. Meine Steuereingaben befehligen dem FCS (Flight Control System) maximale Performance um die Flugzeugquerachse. Die vier Flugsteuerungsrechner kalkulieren die exakte Ansteuerung der Canards, Vorflügel, sowie der vier Flaperons und die Hydraulik führt das Ergebnis augenblicklich mit perfekter Präzision aus. Der Deltaflügler gräbt sich förmlich in die Luft ein und scheint kurz den Regeln der Physik zu trotzen. Zunächst wächst der Anstellwinkel des Flugzeugs so schnell wie möglich, bis das in Abhängigkeit von Beladung und Kraftsoffmenge berechnete Gz-Limit erreicht wird, dann hält das System die Grenzen exakt ein. Über 9 Gz zeigt die Anzeige in weniger als einer Sekunde an. Sehen kann ich das nicht, meine Augen sind auf den gespielten Feind gerichtet. Aber ich spüre es, mit unbeschreiblicher Brutalität. Schlagartig wiegt mein Körper rund 700 kg, alleine meine Halswirbelsäule muss fast 60 davon balancieren. Mein AEA-Schutzsystem bläst Hose, Weste und Helminnenfutter auf, erhöht zudem den Beatmungsdruck. Dennoch muss ich gegen die Ohnmacht kämpfen, spanne meine Beine an und erhöhe durch Pressatmung den Druck in meinen Lungen. Mein Herz rast, meine Haut schwitzt, meine inneren Organe wandern bis in den Unterbauch, mein Rücken schmerzt, meine Muskeln kämpfen verzweifelt gegen die Verformung meiner Wirbelsäule und die feinen Blutgefäße in meinen Unterarmen platzen auf Grund des hohen Drucks. In der T-38C waren die Spitzenbelastungen nur von kurzer Dauer, der Eurofighter hingegen, kennt kein Erbarmen. Die kombinierte Gewalt der beiden EJ200-Triebwerke treibt das Flugzeug, trotz höchster Belastung, unnachgiebig durch den Himmel. Der G-Messer verbleibt stur auf Anschlag, während der Fahrtmesser kaum eine Veränderung erkennen lässt. Mein Fluglehrer hat natürlich sofort bemerkt in welche unvorteilhafte Lage ich ihn gebracht habe, als erfahrener Kämpfer weiß er aber nur zu gut damit umzugehen. Er vergräbt die Nase seiner Maschine tief unter den Horizont und stürzt beinahe vertikal in Richtung Boden. Während er sein Geschwindigkeitsdefizit dadurch ausgleichen kann, muss ich während des Konters den Schub reduzieren um nicht zu schnell zu werden. Nach wenigen Sekunden begegnen wir uns am Boden dieser Kehre abermals frontal. Viele Möglichkeiten bleiben jetzt nicht, denn wir haben keinen Platz nach unten. Nur im Gegensatz zu den meisten anderen Flugzeugen ist dies kein Problem. Täuschkörper ausstoßen, merge! Unsere beiden Flugzeuge schießen senkrecht nach oben. Jetzt sind wir in einem Single Circle Fight gelandet, nur eben in die vertikale gekippt. Unsere Flugzeuge scheinen sich nicht für die Schwerkraft zu interessieren, gewinnen schnell an Höhe und begegnen sich nach dem Aufschwung zum dritten mal frontal. Nachbrenner abwählen, Flares, Merge! Die Vertikale ist „Thypoon country“, denn in diesem Jet geht es in erster Linie um brutale Gewalt. Wir haben keine Zirkustricks auf Lager, keine Cobra Manöver, keine Schubvektorsteuerung. Aber wir haben unter Einsatzbedingungen ein nahezu einzigartiges Schub-Gewichts-Verhältnis. „In thrust we trust!“ denke ich kurz, dann beginnen wir den nächsten Immelmann. Ein weiteres Mal schrauben wir uns steil in den Himmel, getrieben vom meterlangen Feuerschweif aus dem Heck der Maschinen. Als wir am oberen Scheitelpunkt erneut aufeinander treffen kann noch immer niemand einen Vorteil erzielen. „Cobra terminate!“ höre ich die Stimme meines Fluglehrers auf dem Funk. Ich klappe mein Visier hoch und wische mir den Schweiß aus den Augen, dann spüre ich die zahlreichen Schmerzreize durch meinen Körper zucken. Gäbe es einen Gefechtsstand in meinem Kopf, würden jetzt zahlreiche Alarme schrillen. Aber das hier ist nun mal kein Wellnessurlaub. Es ist Gefechtstraining auf dem modernsten fliegenden Waffensystem, welches die Luftwaffe zu bieten hat. Von meinem Fluglehrer nicht geschlagen zu werden, ist ein Ergebnis mit dem ich absolut zufrieden sein kann, aber tief in mir weiß ich genau: Ich will mehr. In der echten Welt gibt es kein unentschieden und der zweite Sieger wird stets nur der erste sein, der stirbt. Also, Zähne zusammenbeißen und auf ein Neues!

Die Luftkämpfe auf kurze Entfernung hatten noch einen vertretbaren Wiedererkennungswert aus der vorausgegangenen Ausbildung, aber es wurde schnell klar, dass dies auf einem modernen Kampfflugzeug wirklich nur absolutes Basiskönnen ist. Zügig begannen wir zwei Flugzeuge, also eine Rotte gemeinsam gegen einen Gegner im Sichtbereich einzusetzen. Das hatten wir zwar auch bereits in den USA getan, aber jetzt verfügten wir über wesentlich komplexere Sensorik und Waffensysteme. Das ganze Spiel war einfach um Klassen herausfordernder geworden. Und dann verließen wir die Arena des Kampfes auf Sicht. Als „Intercepts" bezeichnet man das geometrische Abfangen eines Zielflugzeugs am Himmel, zumeist gestützt auf das Radarsystem des eigenen Flugzeugs. Diesen Vorgang mussten wir bei Sonne und dichter Bewölkung, bei Tag und bei Nacht beherrschen. Und genau in dieser frühen Phase zeigte sich für uns alle, wie eigenartig das menschliche Gehirn lernt. Aus den Unterrichtungen wurden wir nicht wirklich schlau. Beinahe verzweifelt versuchten wir die Interpretation des Radarbildes und die notwendigen Reaktionen auf etwaige Manöver des Ziels auswendig zu lernen, aber es erschien zu komplex, zu fluide, zu chaotisch. Wir fragten uns in der Gruppe, wie man dieses „Abfangen" denn bitte in Stresssituationen allein bewältigen können sollte. Und dann begannen wir die praktische Ausbildung. Kennen Sie den Effekt wenn Sie eine Schulung erhalten oder eine Anleitung lesen und rein gar nichts verstehen? Sobald Sie aber in die Praxis einsteigen macht dann plötzlich alles Sinn? Genau so war es mit den Intercepts. Kaum konnten wir den Simulator nutzen oder saßen im Flugzeug, wurde aus der vermeintlichen Wissenschaft ein Verfahren, welches man buchstäblich im Halbschlaf bewältigen konnte. Wie zur Hölle hatten wir das zunächst nicht verstanden? Heute sage ich immer wieder: Theorie ist gut, aber bitte, bitte, vernachlässigen Sie die Praxis nicht. Lieber 10 Minuten Knöpfe drücken als 2 Stunden erklärt bekommen wie man sie drücken soll. Theorie und Praxis müssen sich unbedingt sinnvoll ergänzen und sollten wenn möglich kreativ kombiniert werden.

Die weiteren Einsatzverfahren waren allerdings nicht ganz so einfach, entsprechend erforderte es immer wieder unzählige Stunden des Selbststudiums und praktischer Versuche im Simulator, bis der Knoten platzte. Die Monate verstrichen und wenn uns nicht gerade der morgendliche Bodennebel an den Boden fesselte, trainierten wir uns von außerhalb der Sichtweite einem unbekannten Ziel als Formation anzunähern, feindli-

Der deutsche „Hero Shot“: Abschluss B-Kurs EF im Frühjahr 2015.

che Ziele außerhalb der Sichtweite zu bekämpfen und letztlich diese ganzen erlernten Fähigkeiten in einem Einsatzszenario zu nutzen. Die neuen Zusammenhänge von Zeit und Raum waren für mich weiterhin schwer zu begreifen. Dass man im Raum Berlin ein Combat Air Patrol Pattern (CAP) aufschlagen, in Sekundenschnelle auf Überschallgeschwindigkeit beschleunigen und anschließend Ziele über der Ostseeküste bekämpfen konnte, wollte noch immer nicht so Recht in meinen Kopf. Die Dimensionen waren so abwegig und absurd, dass ich bisweilen den Eindruck hatte, hier oben am Himmel in einer völlig eigenständigen Welt, mit eigenen Gesetzen und physikalischen Regeln unterwegs zu sein. Dieses Modell machte die Geschehnisse greifbarer, aber dann stürzte man sich wieder in den Tiefflug und sah aus gut 150 m Flughöhe klar Fahrzeuge und Menschen am Boden, während man mit über 800 km/h durch die norddeutsche Tiefebene jagte. Die Zeit in Laage forderte Blut, Schweiß und Tränen,

aber insgesamt war sie unglaublich erfüllend. Es herrschte Aufbruchstimmung. Meine Klasse nannte sich nicht ohne Grund „Grillsportverein Jäger 90 e. V." Ja, wir lernten viel zusammen und schimpften über die Herausforderungen der Ausbildung, aber noch häufiger standen wir gemeinsam am Grill, lachten über unzählige lustige Situationen, erzählten „Kriegsgeschichten", tranken ein kühles Bier und erfreuten uns am Leben. Diese Zeit war grandios und wir alle hatten fest im Gefühl, dass es danach nur noch besser werden sollte.

Als ich nach der Graduationsfeier mit meiner damaligen Ehefrau zum letzten Mal den Fliegerhorst in Laage verließ, spielte das Radio nach der Abgabe des Ausweises an der Wache das Lied „Ein Hoch auf uns" von Andreas Burani. Ich blickte meiner damaligen Partnerin in die Augen und sagte: „Und jetzt geht unser Leben erst richtig los." Ich hatte offensichtlich noch keinen blassen Dunst, was mir unmittelbar bevorstand.

Durch die Wand

Die fliegerische Eingliederung in das Taktische Luftwaffengeschwader 31 „Boelcke" gestaltete sich äußerst übersichtlich. Nach ein paar Wochen Wartezeit erhielt ich mein Einweisungsbriefing und den „Local Orientation Ride" mit dem Leiter der Standardisierungsgruppe. Danach wurde ich auf die Welt losgelassen. Mein zweiter Flugauftrag war die Überführung einer Maschine nach Manching. Die Tatsache, dass auf dem Endanflug zunächst das Fahrwerk nicht ausfahren wollte, gestaltete die Geschichte etwas interessanter. Sichtüberprüfung durch einen herbeigerufenen Tornado, Checkliste durcharbeiten und schon war die Situation gelöst. Die Flüge drei und vier führten mich nach Lechfeld, also an den Standort, an dem ich rund 10 Jahre zuvor mein Truppenpraktikum absolviert hatte. Leider existiert das ansässige Jagdbombergeschwader 32 nicht mehr, daher beherbergt der Platz derzeit kein eigenes Geschwader. Mein fünfter Flug begann und endete in Nörvenich. Er beinhaltete einige erste Male: Zum ersten Mal operierte ich in einer Viererformation und trat dabei gegen ein „Jamkite" genanntes Störflugzeug an. Diese speziell ausgerüsteten Learjets der Firma GFD, können mit ihren Behältern eine Vielzahl von Bedrohungen simulieren. Nach dem Flug lief ich zudem einem ehemaligen ENJJPT-Mitstreiter, der in Nörvenich zwischengelandet war, über den Weg. Die Frage, was ich heute noch vorhatte, beantwortete ich spaßig mit „ich gehe jetzt meine WFV abgeben." Hätte ich geahnt, dass diese Aussage der Wahrheit entsprach, hätte ich einfach meine Klappe gehalten.

Bei der jährlichen Untersuchung zur Wehrfliegerverwendungsfähigkeit einige Monate zuvor, waren dem prüfenden Arzt Verspannungen im Schulternackenbereich aufgefallen und er hatte ein MRT der Halswirbelsäule angeordnet. Den Termin zur Aufnahme, die eine zivile radiologische Praxis in Köln durchführen sollte, hatte ich am Tag meines fünften Fluges. Als Folge sollte dieser für über zwei Jahre mein letzter gewesen sein.

Natürlich eröffnete mir der Radiologe den Befund nicht. Stattdessen machte ich mich, ziemlich ahnungslos, auf den Heimweg. Zu Hause angekommen überraschte mich lediglich eine Anrufbeantworternachricht des Einsatzstabsoffizieres, der mir mitteilte, dass ich für die Folgewoche vom Einsatzplan gestrichen sei und mich umgehend beim Fliegerarzt melden solle. Schon beim Abhören der Nachricht wurde mir heiß und kalt, denn es war klar, dass es ein größeres Problem geben musste. Leider stand das Osterwochenende bevor und der betreuende Fliegerarzt hatte entschieden, dass die Eröffnung des Befundes ruhig bis zur Folgewoche warten konnte. Man wollte mir das Wochenende nicht verderben, ließ mich damit aber reichlich uncharmant auf glühenden Kohlen sitzen. Ich war mir sicher, dass ich das gesamte Wochenende kein Auge zumachen könne, wenn ich nicht in Erfahrung bringen würde, was zur Hölle mit meiner Halswirbelsäule los war. Kurzerhand öffnete ich daher die digitale Kopie der MRT-Aufnahmen und klickte mich durch die Bildebenen. Natürlich bin ich kein Mediziner, aber weitreichende Kenntnisse waren auch gar nicht von Nöten, um zu realisieren was passiert war: Zwischen den Wirbeln C5 und C6 hatte sich ein massiver Bandscheibenvorfall gebildet. Die Extrusion ragte klar ersichtlich, tropfenförmig in den Spinalkanal und schien das Rückenmark zu berühren. Zusammen mit der Nachricht auf dem AB musste ich nur Eins und Eins zusammenzählen. Auch ohne fachliche Eröffnung wusste ich, dass dieser Befund ein gigantisches Problem darstellte.

Was folgte war die bis dato härteste Zeit meines Lebens. Die Luftwaffe war sich relativ zügig einig, dass meine Fliegerkarriere beendet sei, noch bevor sie überhaupt angefangen hatte. Für mich brach dadurch schlicht eine Welt zusammen. Einerseits war es für mich grausam, direkt nach Abschluss der Ausbildung abgesägt zu werden, andererseits musste ich zügig feststellen, dass die Partikularinteressen einiger Akteure höher zu wiegen schienen, als mein Wille und meine Einsatzfähigkeit. Statt an einem Strang zu ziehen und offen zu prüfen ob es Wege gäbe mich zurück ins Cockpit zu bekommen, wurde ich nach wenigen Monaten fallen gelassen wie eine heiße Kartoffel. Das aus der Kindheit bestens bekannte Gefühl, sich auf niemanden verlassen zu können, war wieder da. Zur gleichen Zeit zerbrach meine Ehe, denn meine damalige Frau erwartete überraschend ein Kind – von einem ihrer Arbeitskollegen. Damit waren zwei tragende Säulen meines Lebens, der Job und die Familie, binnen kürzester Zeit ausradiert. Ich hatte beinahe alles erreicht und mit einem Mal stand ich zu Hause vor dem Nichts.

Die Erlebnisse aus dieser Zeit möchte ich an dieser Stelle nicht im Detail schildern, aber dennoch versuchen klar zu machen, was dieser Lebensabschnitt für mich bedeutete: Über zwei Jahre blieb ich im Unklaren darüber, ob ich jemals wieder fliegen würde. Aber nicht nur deswegen waren die psychologischen Belastungen immens. Der ganze Vorgang glich nach einiger Zeit einem Schmierentheater: Einige wenige Menschen versuchten mich auf Grund eigener Überzeugung vom Jet fern zu halten, während andere, denen ich noch heute aus tiefstem Herzen dankbar bin, alles daran setzten mir beizustehen. Dieser dauerhafte Druck forderte natürlich Tribut. Ich schlitterte immer tiefer in eine anlassbezogene Depression, schleppte mich von Tag zu Tag und versuchte einfach zu funktionieren. Nur eines war mir zu jeder Zeit klar: Solange nicht wirklich alle Mittel und Wege ausgeschöpft waren, würde ich niemals aufgeben. Als mir ein Arzt sagte: „Da wo du lang willst gibt es keine Tür." entgegnete ich: „Dann gehe ich halt durch die Wand." Ich suchte mir Mittel und Wege mich am Laufen zu halten, immer wieder ausreichend Energie zu tanken und Schritt für Schritt aus dieser dunklen Krise zu waten. (Mehr zu diesen Techniken in Abschnitt III). Das Problem war dabei relativ simpel: Eine Tür gab es wirklich nicht, denn der Schaden der HWS war ein flugmedizinisches KO-Kriterium und eine anerkannte Behandlungsmethode existierte für solche Fälle nicht. Nun ist es aber ja so, dass jede Tür nur deshalb existiert, weil sie irgendjemand zuvor gebaut hatte. Und ich war fest entschlossen die Wand, die mich von meinem Traumjob trennte, einzureißen. Letztlich fand sich eine Lösung und seit einer Operation durch die Neurochirurgie des Bundeswehrkrankenhaus Koblenz, trage ich statt der lädierten Bandscheibe einen Titancage mit ventraler Karbonverplattung in meiner Halswirbelsäule. Nach unzähligen Untersuchungen, Begutachtungen, Versuchen in der Zentrifuge und Stellungnahmen erhielt ich schließlich meine Verwendungsfähigkeit unter Auflagen zurück. Die harte Wand war durchbrochen und so durfte ich im Sommer 2017 endlich meinen zweiten „Erstflug" auf dem Eurofighter absolvieren. Ich war damit zum ersten EF-Pilot der Luftwaffe mit „geflickter" HWS geworden. Es dürfte wenig überraschen, dass nach dieser extrem intensiven Zeit wieder im Cockpit zu sitzen für mich emotional beinahe überwältigend war. Die taktische Requalifikation musste dennoch zunächst warten, denn im Spätsommer wurde ich nach Afghanistan beordert. Als Flugsicherheitsoffizier sollte ich, im Rahmen der Mission „Resolute Support", für die nächsten 3 Monate den sicheren Betrieb des Flugplatzes Masar-e Scharif überwachen. Auch diese Zeit könnte sicherlich viele Seiten füllen, da dieses Buch aber der Fliegerei gewidmet ist, erlaube ich mir abermals „vorzuspulen".

Kaum zurück in Deutschland, begann meine taktische Ausbildung. Aus Kapazitätsgründen wurde diese jedoch nicht zu Hause in Nörvenich durchgeführt. Stattdessen verlegte ich noch einmal zum TaktLwG 73 „S" wo ich gute drei Jahre zuvor bereits meine Basisausbildung begonnen hatte. Nach einiger Bewährung im Flugdienst und einer weiteren Zertifizierung in der Zentrifuge wurden auch meine restlichen gesundheitlichen Auflagen aufgehoben und mein zweites Fliegerleben konnte beginnen, fortan mit dem Callsign „TITAN". Für alles gibt es ein erstes Mal und stets muss irgendjemand der Erste sein. Dieses Mal war eben ich an der Reihe gewesen.

Um Sekunden

Nach Abschluss meiner Requalifikation, konnte ich im Frühjahr 2018 als aktiver Pilot nach Nörvenich zurückkehren. Natürlich legte die Rückschulung nur einen kleinen Grundstein, daher waren die ersten Monate konsequent von hohem Lerndruck geprägt. Beinahe täglich wurde ich mit neuen Situationen konfrontiert, denn das Aufgabenspektrum als Pilot auf einem Multi- oder Swingrole-Kampfflugzeug ist extrem breit. Schon bald war neben Luftkampf und Bodenangriff auch noch das Aufgabenfeld der taktischen Luftaufklärung zu beherrschen und ganz offensichtlich durften dabei keine Ressourcen verschwendet werden. Jeder einzelne Flug folgte daher stets einem spezifischen Flugauftrag: Entweder ich trainierte meine eigenen Fähigkeiten, oder ich half als Feinddarstellung anderen Trainees bei ihrem Training. Die Krönung der taktischen Ausbildung sollten schließlich die sogenannten LFEs (Large Force Exercise) darstellen, aber bis ich meine erste Übung besuchen konnte, waren noch einige Ausbildungsabschnitte zu meistern. Was allen jedoch stets gemeinsam war, war das hohe Maß an Präzision, welches jederzeit vorausgesetzt wurde. Und dies begann bereits am frühen Morgen.

Obwohl mein Handywecker angeblich in der Lage sein soll Menschen schonend aus dem Schlaf zu führen, habe ich eher das Gefühl mit einem Vorschlaghammer geweckt worden zu sein. Kein Wunder, die Uhr zeigt mit 05:00 eine Zeit an, zu der ich niemals freiwillig aufstehen würde. Klar, in der Ausbildung mussten wir oftmals bereits um

03:30 die bequeme Liege verlassen, dagegen war das jetzt fast schon Langschläferluxus, aber ich bin nun mal einfach kein Morgenmensch. Während ich mich mit müden Schritten in die Dusche schleppe, versuche ich mich mit Gedanken an den bevorstehenden Flugdienst zu motivieren. Wenn man schon früh ins Büro muss, dann doch wenigstens in das beste der Welt.

Ich verstehe mich ja grundsätzlich als sogenannten „Instant Human". Das bedeutet, dass zur Herstellung der vollen Funktionsfähigkeit einfach eine ordentliche Dosis Kaffee zugeführt werden muss. Kaum sind die notwendigen Betriebsflüssigkeiten eingefüllt und der Energiebedarf durch ein ausgewogenes Frühstück gedeckt, setzte ich mich ins Auto. Noch 45 Minuten bis zum Morgenbriefing, damit liege ich doch gut in der Zeit. Die Fahrt nutze ich um mental bereits die bevorstehende Mission durchzugehen, denn heute wartet ein weiterer Ausbildungsflug mit anschließender Benotung auf mich. Ich repetiere die Taktiken nebst wichtigen Kennzahlen, später wird definitiv keine Zeit mehr dafür sein. Mein Kopf muss unbedingt auf Drehzahl kommen, bevor die eigentlichen Vorbereitungen überhaupt starten. Während ich durch die Schranke des Fliegerhorstes Nörvenich fahre, werfe ich nochmals einen flüchtigen Blick auf die Uhr: Es verbleiben rund 15 Minuten bis zum Einsatzbriefing. Ich bin gut vorbereitet, fühle mich bereit und liege zudem gut im Zeitplan, keine Selbstverständlichkeit. Beim Passieren der Personenvereinzelungsanlage zeigt mir eine der zahlreichen Funkuhren auf den Fluren des Staffelgebäudes noch 5 verbleibende Minuten bis zum Beginn des Einsatzbriefings. Wie immer findet es im großen Hauptbriefingraum statt, ein moderner Stufensaal mit Computern, Leinwänden, klassischen Whiteboards und zweifarbiger Kinobestuhlung. Während die linke Hälfte des Saales mit Rot die Farbe der ersten Staffel trägt, erstrahlt die rechte Hälfte im Blau der zweiten Staffel. Kurz denke ich mir, dass ich als Angehöriger der zweiten Staffel lieber stehen würde, als mich auf einem der roten Sessel niederzulassen, aber für weitere Gedankenvertiefungen bleibt keine Zeit. Der Raum um mich herum ist bereits gut gefüllt und während ich mich setze, bereitet sich der Flugdienstleiter auf den Start seines Briefings vor. „10 seconds!" lässt er es mit betonter Stimme durch den Raum fahren. Das allgegenwärtige Gemurmel verstummt augenblicklich. „3, 1, 2, hack! 6 Uhr 31, ich begrüße Staffel, Stab und externe Gäste zum Einsatzbriefing. Das Wetter bitte!" Noch bevor der aus Munster zugeschaltete Wetterberater mit seinem Vortrag beginnen kann, frage ich mich, seit wann eigentlich die Tradition des „Number Games" existiert. Natürlich muss ein Angehöriger der „312 Squadron" (2. FlgStff TaktLwG 31) den Countdown der letzten drei Sekunden passend umstellen! Zudem würde es definitiv als Affront aufgefasst, würde das Briefing nicht auf Minute 31 beginnen. Noch skandalöser wäre es aber, wenn es nicht auf die Sekunde genau starten würde. Nach der detaillierten Wetterinformation erteilt uns die militärische Flugberatung Auskunft über Einschränkungen am Platz, Warnungen für die Fluggebiete und Zustände der Ausweichflugplätze. Den Abschluss bildet anschließend wieder der Flugdienstleiter, der den finalen Einsatzplan für die Flugrunde vorstellt. All diese Vorträge folgen einer zügigen Schlagzahl, der Grund dafür ist so banal wie wichtig: Kampfjets haben immer zu wenig Treibstoff und folglich äußerst begrenzte Stehzeiten im Einsatzraum. Große Distanzen überwinden sie ausschließlich mit hohen Geschwindigkeiten und sind in beinahe allen Einsatzszenarien auf Luftbetankung angewiesen. Geplant wird daher in Sekunden, nicht Minuten. Diese Planungen beginnen genau hier, im Einsatzbriefing, welches im täglichen Routineflugbetrieb meistens zweieinhalb Stunden vor dem ersten Start beginnt. Mit dieser fliegerischen Befehlsausgabe startet fast schon der Flug, denn alle weiteren Stationen sind ebenfalls sekundengenau durchgetaktet. Auf die Sekunde beginnt das Briefing der eigenen Flight. Auf die Sekunde genau checken wir auf dem Funk ein, starten die Triebwerke und lösen die Bremsen auf der Bahn. Pünktlichkeit ist in diesem potentiell tödlichen Business keine Tugend, sondern eine Notwendigkeit! Findet die eigene Bombe einige Sekunden zu früh oder zu spät ihr Ziel, könnten die Folgen katastrophal sein. Ich merke, dass meine Gedanken für kurze Zeit abschweifen, aber diese eine Sache mache ich mir stets bewusst: Bei all der Fliegerromantik und dem Spaß am täglichen Flugdienst bleibt unsere Profession eine schmutzige. Unser Handwerk ist im Wesentlichen das Zerstören und Töten! Im Fall der Fälle müssen wir es so präzise wir irgendwie möglich ausführen, damit wenigstens keine Unbeteiligten zu Schaden kommen. Wie immer hoffe ich, dass ich meine Fähigkeiten nie zur Anwendung bringen, mein Schwert niemals ziehen muss. Und dennoch bin ich gewillt, die Klinge stets scharf zu halten. „Brief it up, fly safe!" Das Einsatzbriefing ist zu Ende, die Maschinerie in Gang. Nicht mehr lange und ich werde mein Waffensystem wieder einmal in den Himmel führen.

Selbstverständlich läuft auch bei uns nicht immer alles nach Plan, immerhin sind auch wir Piloten und alle anderen am Flugbetrieb beteiligten Personen einfach nur Menschen. Wir machen Fehler und die alltäglichen Überraschungen des Lebens können auch den solidesten Plan von einem Augenblick zum nächsten zu Nichte machen. Aber gerade deswegen muss es in meinen Augen stets unser Anspruch sein, die Planungen so resilient wie möglich aufzustellen und diese auch mit höchster Präzision auszuführen. Muss ich im täglichen Flugbetrieb wirklich immer pünktlich anlassen, starten und landen? Nein. Manchmal wäre es schon ausreichend, würde man auf eine halbe Stunde genau „losrumpeln". Aber warum sollte ich mir im Training Ungenauigkeiten zugestehen, die ich mir im Einsatz auf keinen Fall erlauben kann? Mein persönlicher Anspruch ist es daher stets, den kommunizierten Plan auch präzise umzusetzen. „Zeiten setzen, Zeiten halten!", ein Mantra, welches auch im täglichen Leben vieles erleichtern würde. Ob ich es auch wirklich immer schaffe mich daran zu halten? Natürlich nicht, aber ich werde nicht müde es zu versuchen.

Cleared hot!

In der Realität ist der mit Abstand häufigste Einsatzzweck eines Kampfflugzeuges in aller Regel das Training in Friedenszeiten. Es ist also kaum verwunderlich, dass bereits bei der Konzeption, Entwicklung und Beschaffung eines neues Flugzeuges viel Augenmerk auf effiziente Trainingsmöglichkeiten gelegt wird. Auch der Eurofighter bildet da keine Ausnahme und bietet uns die Möglichkeit, durch umfangreiche Telemetrie, jede Sekunde einer Mission im Nachgang zu analysieren. Simulation spielt aber bereits während des Fluges eine große Rolle, denn ganz offensichtlich können wir uns ja nicht wirklich mit scharfer Bewaffnung beharken. Da auch das, manch einem aus der Grundausbildung bekannte, Nachahmen von Waffengeräuschen mit dem Mund keinen nennenswerten Beitrag zum Trainingserfolg versprechen würde, haben sich kluge Flugzeugentwickler die sogenannte „Weapon Training Facility“ einfallen lassen. Sobald der im Flugzeug mit WTF beschriftete Schalter – und ja, das belustigt einfache gestrickte Menschen wie mich noch immer – von „Live“ auf „Train“ geschaltet wird, ist der Jet in der Lage sämtliche Waffensysteme genau zu simulieren. Egal ob Bomben, Lenkflugkörper oder Bordkanone, alle Waffeneinsätze lassen sich exakt nachahmen, ohne dass jemals auch nur irgendetwas das Flugzeug verlässt. Bei all dem praktischen Nutzen dieser Trainingsmöglichkeiten können sie den scharfen Schuss aber nicht gänzlich ersetzen. Die Verantwortung beim Führen scharfer Bewaffnung, die Erschütterungen beim Abfeuern der Bordkanone oder das bösartige Zischen beim Verschuss eines Lenkflugkörpers …

All dies sind Dinge, die schlicht und ergreifend nicht simuliert werden können. Irgendwann heißt es also für jeden Piloten, im Zuge seiner Ausbildung, zum ersten Mal „cleared hot!“

Eine AIM-9Li verlässt den Flügel meines EF beim Ausbildungsschießen.

Eigentlich ist es ein Walkaround wie jeder andere. Ein kurzer aber genauer Rundgang um das Flugzeug, die letzte Chance um etwaige Fehler oder Probleme zu entdecken. Wie immer kontrolliere ich die Triebwerkseinläufe, das Fahrwerk, die Steuerflächen, die Nachbrennersektion und doch ist heute etwas anders als sonst. Beim Blick auf die rechte Tragflächenwurzel bleibt mein Blick an einer dunklen, kreisrunden Stelle hängen. Wo normalerweise eine aerodynamische Abdeckung die Bordkanone nahezu unsichtbar versteckt, ragt jetzt die Mündung der Mauser BK-27 aus der Flügelvorderkante. Im Ernstfall könnte diese Abdeckung einfach durchschossen werden, aber bei geplantem Einsatz der Bewaffnung wäre es sinnlos sie nicht von vorneherein zu entfernen. Und genau das ist heute meine Absicht, ich werde versuchen meine Qualifikation im Luft-Luft-Schießen zu erhalten. Unter dem rechten Flügel angekommen, erwartet mich der volle Anblick der mächtigen 27 mm-Revolverkanone nebst 140 Schuss Munition. Im Ernstfall würden bis zu 150 der rund 260 g schweren und 145 mm langen Geschosse Platz finden. Zum Trainingsschießen genügt aber der reduzierte Beladungsumfang, der den Beladungscrews immerhin ein wenig Arbeit erspart. Zwar sehe ich die Kanone nicht zum ersten Mal, bereits in der Theorieausbildung hatten wir genug Möglichkeit direkt am Gerät zu trainieren, aber das hier ist doch etwas anderes. Das lange Rohr, die wuchtige Fünfkammer-Revolvertrommel und die ungegurteten Übungsgeschosse, die der Waffe über die integrierte Munitionszuführung perfekt aufgereiht angereicht werden. Eine derartige Waffe im ausgebauten Zustand auf einem Tisch zu sehen war definitiv nicht mit dieser Situation vergleichbar. Dies ist die Realität, das scharfe Ende des Schwertes und eine gehörige Verantwortung. „Passt, danke!" Der erste Wart verschließt nach meiner Sichtinspektion die Klappen des Waffenschachts.

Rund 30 Minuten später befinde ich mich auf dem Weg ins Schießgebiet über der Nordsee. Zwar besitzt die geladene Übungsmunition keinen Gefechtskopf und kann auch kaum Durschlagsleistung vorweisen, dennoch wäre der mögliche Schaden beim Auftreffen auf den Boden potentiell verheerend. Wie auf einer Schießbahn für Handwaffen müssen wir sicherstellen, dass unsere Geschosse harmlos im Geschossfang landen, nur dass unser Geschossfang die Nordsee ist und trotz expliziter Warnung immer wieder von Schiffen befahren wird. So auch heute. Während ich die versammelten Frachter in 500' Höhe passiere, gebe ich ihre Position und Steuerkurs an den Einsatzführungsdienst durch. Die Menschen an Bord machen auch nur ihren Job, trotzdem ärgert mich ihre Anwesenheit. Die Warnungen werden doch nicht umsonst veröffentlicht, muss man da wirklich ein aktives Schießgebiet kreuzen? Egal, es ist schließlich nicht zu ändern und Zeit zu warten haben wir auch nicht. Zu schnell verrinnt der Treibstoff aus den 9 Tanks meiner Maschine. Notgedrungen verschieben wir den Haltepunkt des Zielflugzeugs und legen uns selbst „No-fire"-Sektoren auf. Das verkompliziert zwar das Training, stellt aber sicher, dass keine Munitionsreste versehentlich auf irgendwelchen Schiffen niedergehen könnten. Trotz veröffentlichter Warnung obliegt uns die Verantwortung für die Schießsicherheit und Fehler wären nur ganz schlecht zu erklären. Das Zielflugzeug ist wie immer eine A4 „Skyhawk". „Wie wahnsinnig muss man eigentlich sein, um das ‚Dart' genannte Flugziel zu pilotieren?" frage ich mich, während ich mich und mein Flugzeug in die Beobachterposition bringe. Gut, niemand schießt wirklich auf den Dart, sondern auf ein von ihm gezogenes Schleppbanner. Trotzdem bin ich mir nicht sicher ob diese Einsätze wirklich Wunsch oder nur Resultat einer Niederlage bei Schere, Stein, Papier sind. Ich gehe nochmal kurz die Daten des akademischen Luft-Luft-Schießens in meinem Kopf durch, aber schnell bringt mich der Anblick der beiden Maschinen unter mir zu der Frage, wer sich dieses Verfahren eigentlich ausgedacht hat. Das Luft-Luft-Schießen hat stets reinen Ausbildungscharakter und ist nicht mit einem Gefechtsschießen zu verwechseln. Im Grunde genommen gleicht es dem Schulschießen mit Gewehren auf der Schießbahn. Nur dass der Schütze mit über 600 km/h durch die Gegend rennt, während sich die ganze Schießbahn konstant im Kreis dreht. Das mag zunächst verwirrend klingen, aber eigentlich ist die Sache ganz logisch: Damit das Schleppziel beschossen werden kann ohne den Dart zu gefährden, muss dieser eine konstante Kreisbahn befliegen. Das Schützenflugzeug folgt dieser und kürzt vor dem Verschuss durch die Kreisbahn ab um das Schleppziel mit einem Kursunterschied von rund 30° unter Feuer nehmen zu können. In der Theorie klingt das so einfach wie die geforderte Trefferquote von nur 12 %. Bei einem Feuerstoß von 15 Geschossen müssten also lediglich 2 davon vom Messgerät des Zielbanners als Treffer erfasst werden. „Smash 11 switches safe, ready for handover" – das Führungsflugzeug hat seinen eigenen Schießeinsatz beendet, jetzt bin ich an der Reihe. Zügig bringe ich meinen Eurofighter in die Ausgangsposition, „perch" genannt und aktiviere die Waffensysteme: Ich schalte den berüchtigten WTF-Schalter von „Train" auf „Live" und sofort werden mir im Head-up-Display als Bestätigung 140 Geschosse Munitionsvorrat angezeigt. Mit der rechten Hand greife ich neben mich und drehe den MASS (Master Armament Safety Switch) ebenfalls auf „Live". „Smash 12, perch ready". Ein letztes Mal gehe ich die notwendigen Abläufe im Kopf durch, dann beginne ich meinen Anflug. Zwar sehe ich den „Dart", das Schleppziel selbst ist vor dem blauen Hintergrund aber noch nicht auszumachen. Gut, dann basiere ich meinen Anflug eben erstmal auf dem Zielflugzeug! Mein rechter Daumen drückt den „Castle Switch" auf dem Stick nach oben und schaltet das Radar in den „Boresight mode". Bis zur Mindestdistanz bleiben mir nur wenige Sekunden, ich muss das Ziel jetzt endlich finden. Mein linker Zeigefinger schiebt den Suchkreis des Radars in den Bereich in dem ich das Schleppziel vermute und tatsächlich, es beißt prompt an. Jetzt erkenne ich es endlich auch mit bloßem Auge: Ein kleiner dunkler Kasten der an einem weiteren Seil ein rotes Stoffbanner hinter sich her zieht. Flugzeug ausrichten, stabilisieren und „Smash 12, off dry!". Ohne einen Schuss abgegeben zu haben, ziehe ich meine Maschine für einen kurzen Moment steil nach oben. Der erste Übungsdurchgang war trocken durchzuführen, aber ein kurzer Blick auf die Treibstoffanzeige verrät: Genug geübt! Für mehr Verzögerung reicht der Sprit nicht, das scharfe Schießen muss beginnen. Wieder nehme ich zunächst die „Perch"-Position ein und beginne dann einen erneuten Anflug. Aber dieses Mal kündige ich den bevorstehenden Waffeneinsatz an. „Smash 12, in hot!", die Freigabe des „Darts" erfolgt sofort. „Smash 12, continue hot!" Sauberer Anflug, Schleppziel erfassen, Bordkanone auswählen. Nur ein paar Sekunden noch! Mit dem rechten Daumen schiebe ich den Late Arm Switch nach oben. Der letzte Sicherungsschalter rastet satt und zeugt mit freigelegter roter Signalfarbe von der finalen Aktivierung des Waffensystems. Ausrichten! Stabilisieren! Parameter checken! Für eine halbe Sekunde starre ich auf die Anzeigen, dann reiße ich mein Flugzeug steil nach oben und sichere den Late Arm Switch wieder. „Smash 12, off dry, aspect". Verdammt! Ich ärgere mich kurz, denn aus irgendeinem Grund hat der Anflug diesmal einfach nicht gepasst. Der Kursunterschied zwischen mir und dem Ziel war so klein, dass ich beim Feuern das Schleppflugzeug selbst hätte treffen können. Für ausgedehnten Groll fehlt mir aber die Zeit, also noch einmal: Perch, Anflug, entsichern, ausrichten, stabilisieren. Ich werfe einen kurzen Blick auf die Anzeigen, der Winkel passt, der „Pipper" genannte Zielkreis liegt auf dem Schleppziel. Ich krümme ab. In nur 30 Millisekunden wird mein Feuerbefehl vom Attack Control System verarbeitet und in der Waffe umgesetzt. Gut 28 Geschosse verfeuert die BK-27 pro Sekunde und jedes einzelne davon ist im Cockpit deutlich hör- und spürbar. Obwohl die Waffe ordentlich gelagert ist, jagt jede Geschosszündung eine Erschütterung durch meinen Körper. Mit über 1000 Metern pro Sekunde nähert sich die Garbe ihrem Ziel. Ich löse den Finger vom Trigger und beende den Anflug. „Smash 12, zero hits!" Der Funkspruch des Darts hallt in meinem Kopf gefühlt eine Ewigkeit nach. Keine Treffer? Aber es sah doch so gut aus? Helfen kann mir jetzt niemand, eine detaillierte Auswertung wird erst nach dem Flug möglich sein. Noch bleiben mir rund 110 Geschosse um mindestens zwei erfolgreiche Schussabgaben durchzuführen. Sollte mir das nicht gelingen, ist der Flug automatisch nicht bestanden und ich erhalte keine Freigabe für den Einsatz der BK. Ich spüre, dass meine Anspannung zunimmt, der Leistungsdruck ist allgegenwärtig. Trotzdem, es bleibt keine Zeit zum Trödeln! Erneut jage ich auf das Ziel zu, entsichere die Waffe, nehme das Ziel ins Visier und betätige den Auslöser. Die Mauserkanone rattert, schleudert dem Ziel über 7 kg Geschossmasse in nur einer Sekunde entgegen, dann herrscht kurz Stille bevor der Dart vermeldet: „Zero hits!" Verdammt! Noch 80 Patronen und ein immer knapper werdender Treibstoffvorrat. Noch einmal bringe ich meine Maschine auf Abfangkurs, eröffne das Feuer. „Zero hits!" „FUCK!" entfährt es mir augenblicklich. Keine 40 Mumpeln mehr und noch Sprit für höchstens 5 Minuten vor Ort.... Aus einem relativ entspannten, ist plötzlich ein schwieriges Szenario geworden. Ich bin wütend und frustriert, die Blöße der Nichtqualifikation will ich mir auf keinen Fall zugestehen. Ich bringe mein Flugzeug wieder in die Ausgangsposition und beginne ruhig durchzuatmen. Wut und Aggression nutzen mir jetzt gar nichts. Ich muss runter kommen, meinen Fokus halten. Drei tiefe Atemzüge gönne ich mir, dann rolle ich auf Abfangkurs. Ausrichten, entsichern, stabilisieren. Der Pipper liegt nur für kurze Zeit wie angenagelt auf dem Schleppbanner, die Parameter stimmen. Scheinbar zeitgleich mit der Triggerbetätigung jagen die Geschosse dem Ziel entgegen, doch diesmal verfehlen sie es nicht. „Six hits!" Jetzt hängt alles am letzten Anflug, ich habe keine Munition und keinen Treibstoff mehr. Eine einzige Sekunde wird darüber entscheiden ob ich als Gewinner oder Verlierer vom Feld ziehe. „Smash 12, last pass!". Ein letztes Mal stürze ich mich auf das Ziel, richte mein Flugzeug aus, stabilisiere den „Pipper" und krümme ab. Dies ist die halbe Sekunde auf die es ankommt, der Zeitpunkt der für heute über alles entscheidet. Mit beeindruckender Präzision schiebt die Revolverkammer Geschoss für Geschoss in das Rohr. Für die verbleibenden 12 Kugeln benötigt die Waffe keine halbe Sekunde, dann verstummt das Rattern endgültig. Das wars. „Smash 12, off hot, switches safe!", Stille. Die Wartezeit auf das Ergebnis erscheint mir wie eine Ewigkeit, doch dann ertönt endlich die Stimme des Dart-Piloten auf dem Funk: „Smash 12, nine hits!". Flugauftrag erfüllt, es wird Zeit Kurs auf Nörvenich zu setzen.

Nachtwache

Die Grundqualifikation für Bordkanone und Lenkflugkörper wird zwar in erster Linie zur Erlangung des Status „Limited Combat Ready" benötigt, in den meisten Fällen wird sie aber zunächst aus einem anderen Grund angestrebt: Das ganze Jahr über wird die Integrität des deutschen Luftraums, rund um die Uhr, durch im Regelfall zwei sogenannte QRA (I) (Quick Reaction Alert (Interceptor)) gewahrt. Diese Alarmrotten bestehen aus jeweils zwei bewaffneten Eurofighter, welche normalerweise an den Standorten Wittmund und Neuburg in 15 Minuten Bereitschaft (RS15 – „Readiness State 15") gehalten werden. Das durchgängige Betreiben dieser Alarmrotten ist extrem personalintensiv und obwohl die Rotten bedarfsgerecht zusammengezogen oder an nahezu jeden Fliegerhorst verlegt werden können, ist Personalknappheit keine Seltenheit. Es liegt daher auf der Hand, dass die Befähigung zum Einsatz auf Alarmrotte, bis vor einiger Zeit der Status „Mission capable QRA“ (MC QRA), ein Frühziel der taktischen Erstausbildung ist. Regelmäßig wird die Waffenausbildung daher sehr früh im Ausbildungsprogramm abgeschlossen, um die jungen Nachwuchspiloten so bald wie möglich „auf Rotte“ zu bringen. Rein fliegerisch gesehen ist die QRA hingegen wenig anspruchsvoll. Im deutschen Luftraum ist der häufigste Alarmierungsgrund ein Kommunikationssabriss mit zivilen Flugzeugen, das Abfangen und Identifizieren von geradeaus fliegenden Airlinern daher der Regelauftrag. Neben den scharfen Einsätzen werden Montag bis Donnerstags jeweils zwei und Freitags je ein Übungsalarm geflogen, an den Wochenenden wird nicht trainiert. Angesichts der stets bewaffneten QRA-Flugzeuge, sind aber auch die taktischen Trainingsmöglichkeiten für Piloten auf Alarmrotte reichlich begrenzt. Kurzum: Das fliegerische Leben „auf Rotte“ ist eher gemütlich und wenig fordernd. Diese Ruhe kann aber schnell vergehen, wenn man als OVQ (Offizier von der QRA) versuchen muss, während einer Unwetterperiode den Einsatzstatus aufrecht zu erhalten. Oder eben dann, wenn die Alarmglocke mitten in der Nacht schrillt.

Manche Geräusche erwischen einen derartig kalt, dass der Puls in Sekundenbruchteilen durch die Decke geht. Der Ton der mich gerade unsanft aus dem Schlaf reißt ist einer davon: DÖÖÖÖÖÖÖÖÖT. Dieses ekelhafte Tröten, welches direkt einem 80er-Jahre-Actionfilm entliehen sein könnte, weist mich unsanft darauf hin, dass mir noch etwa 4 Minuten und 31 Sekunden bleiben, bis ich mich in meinem Flugzeug auf Status zu melden habe. Noch bevor mein Hirn überhaupt die Chance hatte ganz hoch zu fahren zwänge ich mich in meine Kombi und die Fliegerstiefel. Gut, dass ich mir die Ausrüstung auf QRA immer zum sofortigen Anziehen zurecht lege. Jetzt zählt jede Sekunde! So schnell ich kann stürze ich den langen Flur hinunter und noch bevor ich sie passiere fliegt auch die Tür des Schlafraums meines Wingman auf. Noch sichtlich schlaftrunken wirft er mir ein „Was jetzt?"entgegen. Ohne langsamer zu werden antworte ich so klischeehaft pseudocool wie es eben um diese unchristliche Uhrzeit aus mir herausflatuliert: „Jetzt gehen wir unser Geld verdienen…" Im vollen Lauf quittiere ich den Alarm über einen großen, roten Buzzerknopf und signalisiere damit dem Geschwadergefechtsstand, dass ich ihre Alarmierung mitbekommen habe. Wie sollte ich das auch überhören? Immerhin jagen draußen mehrere Sirenen ihren Heulton durch die Nachtluft und untermalen damit die Alarmtröte im Gebäudeinneren auf geradezu gespenstische Art und Weise. Mir bleibt leider keine Zeit mich weiter mit der Romantik der Alarmakustik zu beschäftigen, ich muss schließlich so schnell es geht mein Flugzeug erreichen! Wir greifen uns unsere Ausrüstung, quetschen uns in die Anti-G-Hosen, werfen uns die Westen über und drücken uns auf dem Weg zum Taxi die Helme auf den Kopf.

Noch zwei Minuten.

Glücklicherweise war auch der Linetaxifahrer schnell auf Drehzahl. Mit laufendem Motor wartet der kleine Bus auf uns, eine Verzögerung wäre völlig inakzeptabel. Bei den engen Zeitvorgaben muss wirklich jeder Beteiligte sein Bestes geben und jeder Handgriff muss sitzen. Während das Linetaxi mit quietschenden Reifen in Richtung der Shelter aufbricht, schließe ich die letzten Reißverschlüsse, verbinde Luftversorgung und Audiokabel und werfe einen prüfenden Blick auf das Equipment meines Flügelmannes. „Alles Standard, Fragen?" werfe ich ihm entgegen. Er schüttelt den Kopf, aber sein Blick zeugt unverkennbar vom akuten Adrenalinausstoß. „Wird schon!" versuche ich ihn zu beruhigen, während wir das Tor zum Shelterbereich passieren. Auch die Warte wurden von den Sirenen aus dem Schlaf gerissen und mussten innerhalb weniger Sekunden die Flugzeuge erreichen. Ihr Gebäude liegt direkt neben den Flugzeugschutzbauten, daher sind sie grundsätzlich schneller als wir vor Ort. Dass nichts schief gelaufen ist erkenne ich an den sich langsam öffnenden Panzertoren, die auf geradezu majestätische Art und Weise den Blick auf die einsatzklaren Maschinen frei geben. Die Neonröhren im Inneren der Stahlbetonbauten tauchen die, mit zwei IRIS-T-Kurzstreckenlenkflugkörpern und einer vollen Bordkanonenbeladung bewaffneten, Flugzeuge in ein gespenstisches Licht. Ich wende mich noch ein letztes Mal meinem Flügelmann zu, sage „Bis gleich!“ und gebe ihm zum Abschied einen Fistbump, dann reiße ich die Tür des Wagens auf und wir rennen zum Flugzeug.

Noch 31 Sekunden.

Ich passiere die Wartungscrew, statt der üblichen Meldung gibt es nur ein kurzes Nicken, dann steige ich die Cockpitleiter empor. Bereits beim Einsteigen fällt mein Blick auf die grüne Ampel rechts oberhalb des Sheltertores, die mir auf einfache aber effektive Art verkündet, dass es gleich ernst wird. Während ich mit Links meine Ausrüstung mit dem Flugzeug verbinde und mit Rechts die APU (Auxillary Power Unit) starte, erwische ich mich kurz bei dem Gedanken wenigstens nicht umsonst aufgestanden zu sein. Das Cockpitdach senkt sich langsam und mein linker Daumen zieht den Funkschalter nach hinten. „LM01 is up!“ „LM01, you are ordered A-scramble, advise when ready to copy scramble order“. Noch bevor der Funkspruch in meinem Headset verhallt ist, schiebe ich die Schubhebel in die Leerlaufposition, der Eurofighter unter mir erwacht, von der Uhrzeit völlig unbeeindruckt, mit einem lauten Heulen zum Leben. Während auch die Avionik nach und nach aus dem Tiefschlaf der Stromlosigkeit erwacht, lasse ich meinen Blick um das Flugzeug schweifen. Einer der beiden Warte hatte scheinbar keine Zeit seine Uniform korrekt anzulegen, er trägt eine Sporthose zur hastig übergeworfenen Jacke. Das hindert ihn aber nicht daran seinen Job mit höchster Präzision und hoher Geschwindigkeit auszuführen. Im Laufschritt umrundet er das Flugzeug, zieht Sicherungsstifte und Bremsklötze, dann gibt er mir das Freizeichen für die Steuerflächen. Ich betätige den Schalter des Flight Control Systems und vereine damit die unzähligen Computer zu einem fliegenden Waffensystem. Die Canards senken sich ab, die Maschine macht sich bereit in die dunkle Nacht zu stürmen. „LM02, ready“, höre ich meinen Flügelmann auf dem Funk. Es wird Zeit. Die Bodencrew gibt mir das Zeichen zum Anrollen, ich schalte Scheinwerfer und Antikollisionsleuchten ein, dann setzt sich meine Maschine

Blick auf die Piste 24 in ETNN bei Nacht.

gleichmäßig in Bewegung. Wieder aktiviere ich den Funk: „LMs are rolling, ready to copy scramble order!“. Noch während ich die Details des Einsatzauftrages, sowie den Autorisierungscode notiere, zieht in der Arming Position eine weitere Bodencrew die letzten Sicherungsstifte aus meinen beiden IRIS-T. Gute 13 Minuten sind seit der Alarmierung vergangen, als meine Formation das Lineup auf der Bahn vollendet. In wenigen Sekunden werden wir uns in das schwarze Nichts der Nacht katapultieren und dabei mit unseren Nachbrennern die Umgebung in orangenes Licht tauchen. Die 15 Minuten sind gehalten, wir sind bereit. Es ist kurz vor drei Uhr nachts, wir haben Nachtwache und es wird Zeit unser Geld zu verdienen …

Showbusiness

Bei aller Seriosität der Alarmstarts, werden die Einsatzverfahren auch immer wieder in einem ganz anderen Kontext genutzt. Naturgemäß ist der „Gate“ genannte Nachbrennerstart ein echter Zuschauermagnet und da die Luftwaffe in regelmäßigen Abständen auch repräsentativen Aufgaben nachzukommen hat, dürfte es nicht verwundern, dass die Tätigkeiten der Alarmrotte auch auf Airshows plakativ dargeboten werden. Im Jahre 2018 erhielt ich selbst die Möglichkeit im Rahmen der Internationalen Luftfahrt Ausstellung (ILA) in Berlin am „Showbusiness“ der Bundeswehr teilzuhaben. Mit diversen Flugzeugen waren wir an den noch nicht eröffneten BER verlegt um täglich mehrere Displayflüge durchzuführen. Während sich die Delegation des TaktLwG 74 ganz auf das Eurofighter-Solodisplay konzentrierte, hatten wir Nörvenicher den Auftrag das Display „Sicherheit im Luftraum“ (SiLuRa, eine QRA-Demo) sowie eine Fähigkeitsdemonstration durchzuführen und uns anschließend an der Luftparade zu beteiligen. Und das alles sollte in nur einem einzigen Flug, mit Maschinen ohne Außentanks, in einem extrem vollen Luftraum passieren.

Für mich war diese Art von Flugbetrieb eine reichlich neue Erfahrung, denn die Schwerpunkte mussten hier anders gesetzt werden: Das erforderliche Maß an Präzision unterschied sich nicht vom taktischen Flugbetrieb, aber plötzlich stand nicht mehr die Effektivität, sondern allein die Ästhetik der Flugbewegungen im Vordergrund. Das Ändern der Lichterführung, das Öffnen und Schließen der Cockpithauben, das Losrollen und das notwendige Wenden auf der Bahn, alles musste in perfekter Synchronisation erfolgen. Formationen hatten keinen anderen Nutzen als gut und präzise auszusehen. Immer wieder wurden im Zuge der Vorbereitungen Beschränkungen aus dem allgemeinen Flugbetrieb aufgehoben um das Programm möglichst eindrucksvoll zu gestalten. Dabei mussten aber nicht nur zahlreiche Sicherheitsvorschriften beachtet werden, es bedurfte auch genauester Planung, um mit dem äußerst knappen Treibstoffvorrat die geforderten Programmpunkte im verbrauchsintensiven Tiefflug absolvieren zu können. Und dann gab es noch ein weiteres Problem: Ein sogenannter Ground Abort hätte im Display-Betrieb peinliche Konsequenzen, es galt also alles daran zu setzen, pünktlich auf der Bahn zu stehen.

Hung Start, die Turbinenblatttemperatur steigt viel zu schnell, scheiße!" Noch bevor ich reagieren kann, bricht die DECMU (Digital Engine Control and Monitoring Unit) den Startvorgang der beiden EJ200 ab. „Two, failed start!" melde ich meinem Rottenführer über Funk. „Tja, dann sieh mal besser zu, dass du fertig wirst, sonst lass ich dich wohl hier stehen." kommt es nicht ganz professionell und mit etwas süffisantem Unterton zurück. Na diese Blöße werde ich mir ganz sicher nicht geben! Ich entsichere die Schalter der Niederdrucktreibstoffventile, bringe Sie in die „Shut"-Position und schiebe die Schubhebel erneut in den Leerlauf. „Wegbleiben, ich blase die Kiste kurz durch!" rufe ich meiner Wartungscrew über das Intercom zu. Der Zeitdruck ist uns allen anzumerken, niemand möchte der Grund dafür sein, dass sich die Luftwaffe bei ihrem Heimspiel blamiert. Und so ist dann auch der Ton der Unterhaltungen bisweilen etwas angespannter. „Jungs, jetzt muss gleich alles ganz schnell gehen, wir sind zu spät dran. War ja klar, dass der Kübel genau jetzt nicht startet!" während ich meinen Emotionen ein wenig Auslauf gönne, bläst die APU ein Triebwerk nach dem anderen über den ATSM (Air Turbine Starter Motor) an und bringt es auf Drehzahl. Nur diesmal wird auf Grund der geschlossenen Treibstoffventile kein Kerosin eingespritzt. Das Flugzeug war heute schon in der Luft, steht zudem seit Stunden in der prallen Sonne. Wenn jetzt der Wind ungünstig in die Triebwerke bläst kann es sein, dass die heiße Luft in den Schächten einen erfolgreichen Start verhindert. Um dem entgegen zu wirken und die letzten Spritreste auszublasen, kann dieses „Dry Crank" genannte Verfahren genutzt werden. Schubhebel zurück in „Shut", Niederdruckventile öffnen und die Schubhebel wieder auf Lehrlauf. „Keine Sorge, ich kenne das Schätzchen. Diesmal klappt's und wir sind hier dann auch in wenigen Sekunden fertig", unterstützt mich der erste Wart. Die deutlich spürbaren Vibrationen, die von den hohen Temperaturen im Triebwerkskern zeugen, lassen aber leichte Zweifel aufkommen. Die Hochdruckpumpen pressen den Kraftsoff in die Brennkammern, die Drehzahl nimmt zu und das linke Triebwerk meldet sich pflichtbewusst zum Dienst. Auch das rechte läuft zunächst ordentlich an, aber dann steigt wieder die gemessene Temperatur zu schnell an. „Na, wie sieht es aus? In 30 Sekunden bin ich hier weg." Die Stimme meines Flightleads trägt nicht gerade zu meiner Beruhigung bei. „Schaffe ich locker!" entgegne ich ihm, aber die Unsicherheit in meiner Stimme wird auch ihm nicht entgangen sein. „Jungs, fangt unten einfach an. Keine Ahnung ob es klappt, aber in 30 Sekunden muss ich hier los!" ich blicke nochmal auf die Triebwerksanzeigen, die Temperatur kratzt an der kritischen Abbruchschwelle und dann, nach einem kurzen zögerlichen Moment, beschleunigt auch das zweite Triebwerk auf Leerlaufdrehzahl. „Der Bock läuft, seid ihr fertig?", frage ich nach. „Sofort!" kommt es mir von unten entgegen. Während ich nur die nötigsten Einstellungen an der Avionik vornehme, höre ich meinen Flightlead auf dem Funk um Rollerlaubnis bitten, dann setzt sich seine Maschine neben mir ungerührt in Bewegung. „Wir sind raus, lass es krachen!" schreit mein erster Wart, dann zieht er seine Commbox ab, verschließt die letzten Klappen und lässt die Bremsklötze wegziehen. „Ich habe doch gesagt ich schaffe es locker!" verkündige ich triumphierend, aber auch reichlich unprofessionell auf der sogenannten „In House"-Frequenz. „One!" Die Antwort meines Flightleads macht deutlich, dass wir jetzt wieder ganz zurück im professionellen Flugbetrieb sind. Es gibt einige ausgewählte Momente, in denen man sich erlauben kann sprachlich von der Routine abzuweichen, doch jetzt ist keiner mehr. Während wir das Line-up auf der großen Berliner Startbahn vollenden, nehme ich die letzten notwendigen Avionikeinstellungen vor, dann blase ich bereits am Boden über den Testschalter meine Anti-G-Hose auf. Ein Nachbrennerstart im Eurofighter ist immer ein Erlebnis, aber unser Showstart in extrem leichter Konfiguration und mit flachem Beschleunigungsprofil ist nochmal eine ganz andere Hausnummer. Direkt nachdem uns das Zielflugzeug überflogen hat, erhalten wir die Startfreigabe und beinahe sofort spüre ich die Erschütterungen der Triebwerke direkt neben mir. Während ich in meinem Kopf die Sekunden der Startverzögerung zähle, blicke ich in das flammende Inferno der Nachbrenner meines Flightleads. Und dann bin ich an der Reihe. Meine Füße pressen auf die Radbremsen, meine linke Hand schiebt die beiden Schubhebel gegen den ersten Widerstand nach vorne. Typisch für ein Turbofan-Triebwerk passiert zunächst nicht viel. Aber diese trügerische Ruhe ist nur eine winzige Verschnaufpause vor dem aufziehenden, mechanischen Sturm. Und jetzt ist diese Pause vorbei!

Der dreistufige Niederdruckverdichter komprimiert Teile der durch den Bläser angesaugten Luft und reicht diese an den fünfstufigen Hochdruckverdichter weiter. Die auf das 26-fache verdichtete Luft strömt in die Ringbrennkammer, wird mit Kerosin vermischt und gezündet. Explosiv drängt sie durch die beiden Turbinenstufen, die den Kompressoren ihre Kraft verleihen und bahnt sich dann unter ohrenbetäubendem Lärm ihren Weg durch die verjüngte Schubdüse nach draußen. Das Bugrad federt ein, bei knapp über 70% Drehzahl des Niederdruckverdichters können die Reifen die Maschine nicht mehr an ihrer Position halten. Ich löse die Bremsen und schiebe die beiden Throttle über den Wiederstand auf Anschlag nach vorne. Klack. Mit einem sauberen Rasten erreichen sie die „Max Reheat“-Position und befehligen den beiden EJ200 vollen Schub. Die beiden Triebwerke erreichen volle Drehzahl, die Schubdüse öffnet sich, zusätzlicher Treibstoff wird in die Nachbrennersektion eingespritzt und entzündet. Meterlange Flammen schlagen aus dem Heck meiner Maschine und treiben diese mit geradezu brutaler Gewalt nach vorne. 18 Tonnen Schub treffen jetzt auf nicht einmal 16 Tonnen Gewicht. Obwohl ich den Eurofighter gut kenne, ist er in dieser leichten Konfiguration nochmal ein gänzlich anderes Biest. Unmittelbar nach dem Einfahren des Fahrwerkes nimmt die Geschwindigkeit jede Sekunde um knapp 100 km/h zu. Vor mir schießt das Führungsflugzeug vertikal in den Himmel und obwohl es nahezu unmöglich erscheint, weiß ich, dass ich problemlos werde folgen können. Direkt neben dem Zuschauerbereich beträgt die Geschwindigkeit beinahe 900 km/h. Ich spanne meine Beine an, halte die Luft an und ziehe den Steuerknüppel auf Anschlag nach hinten. Über 9 Gz direkt nach dem Abheben sind auch für mich schlichtweg brutal. Der ganze Körper wird binnen weniger Sekunden aus der gemütlichen Ruhelage in den Hochleistungsmodus gezwungen. Vertikal stelle ich meine Maschine in den Himmel, dennoch nimmt die Geschwindigkeit noch weiter zu. Ein Überschallknall wäre hier fatal, also reduziere ich den Schub und vollende den Aufschwung. Unter mir sehe ich den Eurofighter meines Flightleads bereits in perfekter Position neben dem Zielflugzeug, einer kleinen PC-9 der Firma EIS. Nur kurz dahinter bringe ich mich in stark überhöhte Position und vermittle den Zuschauern am Boden den Eindruck einer

Art Sicherungsformation. Nach zwei Runden über das Flugfeld dreht die PC-9 zur Landung ein. Wir wenden und setzen nochmals zu einem schnellen Überflug an. Rund 30 Meter Höhe über der Bahn und rund 900 km/h waren die Zielvorgaben der Flugleitung. Während ich auf den Anflug einrolle, wird mir bewusst wie surreal diese Situation eigentlich wirkt. Im normalen Flugbetrieb wäre kein Platz für derartige Show-Einlagen, aber heute ist genau das unser Auftrag. In niedrigster Höhe jagen wir an den tausenden von tosenden Zuschauern vorbei, dann zünde ich in Erwartung des aggressiven Steigflugs erneut die Nachbrenner. Heute sind wir im Showbusiness und wir werden auch hier unseren Auftrag in Perfektion erfüllen.

Generalprobe

In fliegender Funktion an einer Flugshow teilnehmen zu können, war ein ganz besonderes Erlebnis, nirgendwo sonst konnte man so gut und eng mit dem Bodenpersonal zusammenarbeiten wie dort. Im täglichen Flugbetrieb sind die Berührungspunkte zu rar gesät und auf großen Übungen der Zeitdruck zu ausgeprägt, um wirklich länger in Kontakt oder ins Gespräch kommen zu können. Trotzdem waren und sind diese Großübungen, „Large Force Exercise“ genannt, das höchste was im Trainingsflugbetrieb erreicht werden kann. Nur dort können Einsätze mit riesigem Aufwand möglichst realitätsnah simuliert werden. Zahlreiche Nationen richten ihre eigenen Übungen aus, besonders namhafte Vertreter sind zum Beispiel das durch die holländische Luftwaffe veranstaltete „Frisian Flag“, „Arctic Challenge Exercise“ welches multinational durch Norwegen, Schweden und Finnland organisiert wird oder natürlich das 2023 erstmalig durch die deutsche Luftwaffe geplante „Air Defender“. Ich hatte das große Glück an all diesen Übungen teilnehmen zu können und doch stach für mich eine Übung besonders hervor: „Red Flag“. Die wahrscheinlich bekannteste Luftkriegsübung wird durch die US Air Force auf der Nellis Air Force Base in Las Vegas, Nevada, durchgeführt. Eine Transatlantik-Verlegung, Las Vegas als Austragungsort und die berüchtigte Area 51 mitten im Übungsluftraum. Wieviel Abenteuer passt in eine einzige Übung? Allem Spaß zum Trotz dienen diese Veranstaltungen natürlich einem todernstten Zweck: Sie sind die Generalprobe zum Gefecht, die größtmögliche Annäherung an den bitteren Ernstfall und der schwierigste Lackmustest für jede Luftwaffe.

Ich kann es selbst kaum glauben, aber ich bin tatsächlich nervös. Woran genau es liegt, kann ich nicht mit Bestimmtheit sagen, habe ich doch schon an einigen Großübungen teilgenommen. Vielleicht ist es die äußerst enge Timeline, die mich seit dem Briefing gnadenlos unter Druck setzt, oder das Wissen um den extremen Schwierigkeitsgrad der bevorstehenden Mission. Möglicherweise ist es auch der Anblick von B-1B Lancer, A-10 „Thunderbolt II“, F-15 „Eagle“, F-16 „Fighting Falcon“, F-18 „Hornet“, F-22 „Raptor“, F-35 „Lightning II“, B-52 „Stratofortress“ und Eurofighter, die sich Welle um Welle vor der beeindruckenden Kulisse des nächtlichen Las Vegas in den Himmel schrauben. Wahrscheinlich sind es alle Faktoren kombiniert. Für den Start bleibt uns nur ein kleines Zeitfenster, welches wir auch sekundengenau in Anspruch nehmen. Nur so haben wir eine Chance, planmäßig die uns zugewiesenen KC-135 „Stratotanker“ zu erreichen und den notwendigen Kraftstoff für die heutige Mission aufzunehmen. Das Szenario des Tages gleicht beinahe einem Himmelfahrtskommando, denn in dieser Endphase der Übung wird die Bedrohungslage bewusst so hoch gewählt, dass hohe Verluste zu erwarten sind. Einerseits ermöglicht dies herausragende Lernmöglichkeiten, andererseits ist es für jeden Teilnehmer ein schwerer Schlag den simulierten Übungstod zu sterben. Von unseren Gegnern haben wir jedenfalls keine Nachsicht zu erwarten. Eine eigens aufgestellte Aggressorstaffel wird ihre, mit den Tarnmustern potentieller Feinde bemalten, Flugzeuge nutzen, um uns so gut wie möglich von der Auftragserfüllung abzuhalten. Unterstützt werden sie dabei von zahlreichen echten, sowjetischen Luftabwehrstellungen. Nichts ist nun mal realer, als die wirkliche Ausrüstung potentieller Feinde. Sehen werden wir davon heute aber nichts, denn wir sind auf dieser Nachtmission in der Luftüberlegenheitsrolle eingesetzt. Es wird unsere Aufgabe sein, den Weg für die Bomber und Störer zu ebnen. Das bedeutet aber auch, dass wir die Tür eintreten und die erste Welle des Feindes brechen müssen.

Nächtliche Betankung an einer A330 MRTT.

Ich fahre den Betankungsausleger meines Eurofighter wieder ein, die Tanks der Maschine sind bis auf Anschlag gefüllt. Bis zum Übungsbeginn, der sogenannten „VUL Time", bleiben nur noch wenige Minuten, daher steigt meine Viererformation immer höher durch den finsteren Nachthimmel. Die beeindruckende Höhenleistung des Eurofighter ist heute unser größter Vorteil. Während wir unsere letzten Runden im Holding drehen, versuche ich das was mich erwartet nochmals im Kopf durchzugehen. Als #4 werde ich im zweiten Element der Formation meinen Rottenführer unterstützen, während der verantwortliche Schwarmführer die gesamte Gruppe kommandiert. Moderne Luftkämpfe spielen sich stets auf große Distanzen ab, daher erwarte ich nicht, dass ich die anderen Flugzeuge der Formation vor dem Heimweg noch einmal zu Gesicht bekomme. Es ist so weit, die Übung beginnt. Wie erwartet teilt der Schwarmführer unsere beiden Elemente und ich bringe mein Flugzeug in die befohlene taktische

Formation. Weit außerhalb jeglicher Sichtweite eröffnen sich wesentlich umfangreichere taktische Möglichkeiten als dies im engen Verbandsflug möglich wäre. Auf den Displays beobachte ich, wie sich das erste Element den Feinden entgegenwirft und dann sind wir an der Reihe. Ich drehe die Nase meiner Maschine der Front entgegen und werfe die beiden Schubhebel auf Anschlag nach vorne. Die Nachbrenner meiner beiden EJ200 Triebwerke zünden beinahe verzugsfrei und verpassen mir einen deutlichen Tritt in den Rücken. In der Dunkelheit der Nacht erscheint das Flammenspiel der Motoren gleißend hell, selbst im winzigen Rückspiegel ist der Tanz des meterlangen Feuerschweifs gut zu erkennen. Durch die Antriebsgewalt getrieben, klettert der Mach-Meter scheinbar unaufhörlich weiter, selbst die Schallmauer ist für den Eurofighter kein Hindernis. Mit mehr als 1.5 Mach jagen wir in rund 15 km Höhe über die „FLOT" (Forward line of own troops). Bei diesem Tempo ist der Wendekreis eines jeden Flugzeugs gigantisch, unser als „commit" bezeichneter Angriff ein Einwegticket. Die erste Angriffswelle hat zwar einige Risse in den Verteidigungswall der Gegner geschlagen, doch jetzt liegt es an uns durchzubrechen. Auf den Displays betrachte ich die immer näher kommenden Feindformationen. Das Selbstschutzsystem meiner Maschine meldet mir deutlich, dass auch sie genau wissen, was wir vorhaben. Mit einer einzigen Fingerbewegung schalte ich meine AIM-120 AMRAAM-Mittelstreckenlenkflugkörper auf, werfe einen letzten Blick auf die Waffenanzeigen, dann betätige ich den Auslöser. Plötzlich lenkt ein eindringlicher Warnton meine Aufmerksamkeit auf den Feindbeschuss. Die Situation ist ein klarer „Shootout"! Wir manövrieren hart, stoßen Täuschkörper aus, das DASS (Defensive Aids Sub System) schleudert verschiedenste Störsignale durch die Nacht. „Komm schon, das muss jetzt passen!". Nur noch wenige Sekunden bis meine AMRAAMs ihr Ziel autonom finden. „Nur noch ein kleines bisschen… jetzt!". Mit vollem Nachbrennerschub drehe ich dem Feind mein Heck zu, versuche soviel Distanz wie möglich zwischen mich und den Gegner zu bringen, dann vermelde ich den simulierten Einschlag meiner LFKs an die Übungsleitung. „All contacts vanished!", der Wall ist gefallen, der Weg für die Bomber frei. Während ich mein Flugzeug wieder dem Feindgebiet zuwende ist mir völlig klar, dass dies kein Grund für voreilige Freude ist. Zahlreiche Flugplätze warten nur darauf uns weitere Abfangjäger entgegen zu schleudern und die gegnerische Flugabwehr formt unsere Bewegungen zum Tanz im Minenfeld. Jetzt heißt es wachsam bleiben und Treibstoff sparen, schließlich ist noch einige Zeit zu überbrücken. Mit meinem Radar behalte ich einen der feindlichen Plätze im Visier und tatsächlich: Eine weitere Formation Feindflieger wirft sich unseren Bombern aggressiv entgegen. Werden diese abgeschossen war alles umsonst, dann ist unser Auftrag gescheitert. Der Schwarmführer befiehlt mein Element zum Angriff, mein Rottenführer gibt den Abfangkurs vor und weist mir meine Ziele zu. Das wird eng, sehr eng! Mit vollem Nachbrennerschub jagen wir durch die Nacht, wissend, dass wir die feindlichen Flugzeuge stellen müssen, bevor sie ihre tödliche Fracht zum Einsatz bringen können. Die Bomber haben keine Möglichkeit auszuweichen, ihr Angriffszeitfenster ist dafür einfach zu eng. Wir wussten zwar, dass die gestellte Aufgabe extrem herausfordernd wird, doch jetzt befinden wir uns überraschend in einer dieser kritischen Situationen, die in wenigen Sekunden zur Niederlage führen könnten. Mit wenigen Handgriffen beschränke ich den Abtastbereich meines Radars auf die bekannte Feindposition, nur so kann ich die Feindflieger trotz ihrer Störversuche rechtzeitig erfassen. Meine Aufmerksamkeit gilt ausschließlich den Bildschirmen im Cockpit, draußen gibt es ohnehin nichts zu sehen: Alle Flugzeuge haben ihre Beleuchtung deaktiviert, die Wüste unter uns ist pechschwarz. Nur die Sterne bieten ein wenig Ablenkung von der Finsternis. Der hohe Spritverbrauch schmerzt, könnte er doch später zum Problem werden, aber um die Bomber zu retten zählt jede Sekunde. Während ich versuche die richtigen Ziele aus dem überfüllten Radarbild zu brechen, schiebt sich meine Maschine abermals durch die Schallmauer. Am Boden ist ein markerschütternder Knall zu hören, doch hier oben, in der beinahe beklemmenden Dunkelheit meines kleinen Kampfstandes, ist es nahezu still. Verdammt, das wird wirklich ein enger Hirsch! Unsere Bomber sind fast in der Reichweite der Feindjäger, ich muss jetzt handeln! „Four, status shots?“, mein Rottenführer gibt mir klar zu verstehen, dass auch seine Geduld zu Ende geht, doch mein Radar kämpft noch immer mit den Störsignalen der Gegner. „Komm schon, brenn dich durch! Mach schon!“, entfährt es mir, dann tauchen die Gegner endlich als stabiles Ziel auf dem Bildschirm auf. Aufschalten! Trigger! Zielwechsel! Trigger! Ausweichen! Die Handgriffe sitzen, ich habe jeden einzelnen davon schon tausende Male durchgeführt. Wieder jagt meine Bewaffnung simuliert durch die Nacht, doch dieses Mal reagieren unsere Gegner rechtzeitig. Vom Beschuss unter Druck gesetzt wenden sie sich von den Bombern ab und geben meinen LFKs keine Chance ihr Ziel zu erreichen. Erstmal sind die Bomber sicher, dafür kommen die Feinde jetzt uns gefährlich nahe. Sofort feuern ich und mein Rottenführer erneut, aber fliehen können wir nun nicht mehr. Mein DASS schlägt Alarm, ich bin gezwungen mich zu verteidigen. Kurven, Täuschkörper ausstoßen und nochmal. Nur noch ein paar Sekunden bis zum möglichen Einschlag! Kurven, Täuschkörper! Mein Herz schlägt rasend schnell, ich starre auf die Anzeigen und dann... ist Ruhe. Meine Abwehr war erfolgreich, das gegnerische Radar hat mich verloren und ihr Beschuss würde gefahrlos im Nachthimmel verschwinden, bis er irgendwann ohne erfasstes Ziel orientierungslos zu Boden stürzt. Zu unserem Glück zahlen die Feinde einen bitteren Preis für ihr offensives Agieren. Timeout. „All groups vanished“, bestätigt die Übungsleitung die Abschüsse. Das war knapp. Plötzlich ist er wieder da, der alarmierende Ton des Selbstschutzsystems. „Abort right, abort right!“ Durch den Kampf abgelenkt sind wir in die Reichweite einer feindlichen Flugabwehrstellung geraten. „Verdammte Scheiße!“. Verzweifelt versuche ich Abwehrmanöver einzuleiten, aber bei dieser kurzen Distanz ist es vergeblich. „You are claimed dead!“, kommt es über den Funk. Für einen kurzen Moment habe ich das Gefühl, dass die Zeit einfriert. Wäre das hier der Ernstfall, würde ich nicht mehr nach Hause zurückkehren, stattdessen würden sich die Trümmer meiner Maschine in der Wüste verteilen. Ja, es ist nur eine Übung und dennoch fühlt es sich erschreckend real an. Es ist ernst, kein Computerspiel, und erst recht kein Heldenepos. Krieg ist kein Abenteuerspielplatz, sondern schlicht das schrecklichste was sich Menschen antun können. Auf dem Heimflug denke ich immer wieder darüber nach, wie wohl meine Eltern die Nachricht meines Ablebens erhalten würden. Es bleibt schlicht Berufsrisiko, wir sind nun mal Kampfpiloten. Für heute war’s das, ich bin raus. Welcome to Red Flag!

Eine neue Welt

Leider sollte diese Ausgabe der bekannten Übung aus einem völlig unerwarteten Grund traurige Berühmtheit erlangen. Wenige Wochen zuvor, im Dezember 2019 war in Wuhan, China eine neuartige Lungenkrankheit aufgetreten, die sich bald darauf unaufhaltsam auf der ganzen Welt ausbreitete. Es war März 2020 und auch in Las Vegas erreichte uns jetzt „CoViD-19". Innerhalb weniger Tage änderte sich absolut alles. Als erste Fälle auf der Base bekannt wurden, musste die Übung augenblicklich abgebrochen werden. Beinahe zeitgleich ging Las Vegas in einen völligen Lockdown. Quasi über Nacht, war die Stadt die niemals schläft, in einen gespenstischen Tiefschlaf verfallen. Sämtliche Hotels zwangen die Gäste zur Abreise, die Casinos schlossen ihre Pforten und selbst die allgegenwärtige Reklame verschwand. Die ungeplante Rückführung von so vielen Soldaten war aber nicht sofort möglich, schließlich waren alle Transportflugzeuge längst nach Deutschland zurückgekehrt und bis entschieden werden konnte was mit uns passiert, blieben wir in der Geisterstadt. Das Westgate Hotel versorgte uns weiterhin mit Notfallverpflegung, aber ansonsten war es schlicht ausgestorben. Außer uns waren keine anderen Gäste und auch nahezu kein Personal vor Ort geblieben. Selbst die Stadt bot keinerlei Ablenkung. Die Straßen waren leer, alle Geschäfte geschlossen. Die ganze Situation wirkte regelrecht postapokalyptisch. Als wenige Tage später die Rückführung beginnen konnte, wartete eine weitere negative Überraschung auf mich. Ich hatte seit Tagen leichte Erkältungssysmptome, die sich im Nachhinein zum Glück als einfacher grippaler Infekt herausstellen sollten, aber das verdammte mich dazu, die Heimreise mit zahlreichen kranken Menschen zusammen im „Seuchenflieger" anzutreten. Mit einer FFP-2 Maske bewaffnet trafen wir auf Besatzungen im Vollschutzanzug. Noch heute bekomme ich Gänsehaut bei der Erinnerung an diese beklemmende Situation. Die Ankunft in Deutschland war nicht besser, das Land war gerade in den ersten Lockdown gegangen. Der Kölner Flughafen war weitestgehend leer, auch die Straßen der rheinischen Landeshauptstadt standen förmlich still. Keine Autos, keine Menschen. Nach der Landung wurden wir sofort in häusliche Quarantäne befohlen – solange noch keine Testergebnisse vorlagen wollte man einfach kein Risiko eingehen. Doch noch bevor wir die Quarantäne verlassen konnten, wurde klar: Der Flugbetrieb muss weiter gehen.

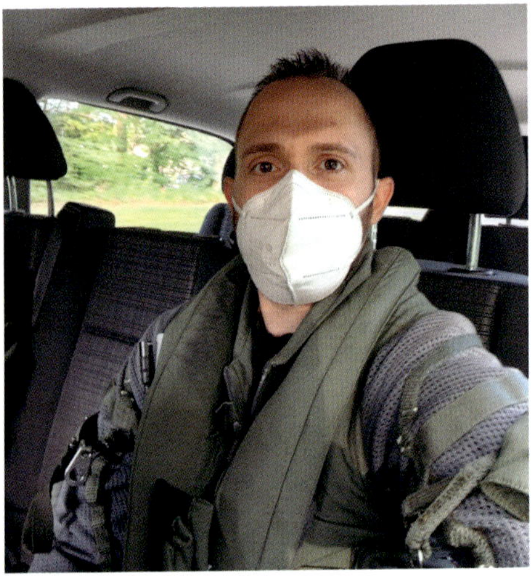

Während Corona war die FFP-2-Maske auch im Flugdienst ein ständiger Begleiter.

Vermutlich spreche ich für viele Menschen wenn ich sage: Der erste Lockdown war zwar hart, aber es war der zweite Lockdown, im Winter 2020/2021, welcher klar machte, dass die Situation kaum besser werden würde. Es galt Kontaktverbot, nächtliche Ausgangssperre und in NRW durfte man sich nicht ohne Grund vom Wohnsitz entfernen. Im Gegensatz zu den meisten anderen Menschen durfte ich aber das unglaubliche Privileg genießen, dieser tristen Hölle beinahe täglich entfliehen zu können. Der Himmel war frei und er gehörte uns.

„Melde Maschine einsatzklar!“ Die Routinemeldung des ersten Warts wirkt durch die weiße FFP-2-Maske gemurmelt beinahe unfreiwillig komisch. Viel zu Lachen gibt es dieser Tage nicht, außerhalb des Dienstes sind wir alle mehr oder weniger zu Hause eingesperrt. Das Wetter ist trist und grau, hartnäckiger Nieselregen und kalter Wind scheinen die Stimmung mit aller Macht noch weiter drücken zu wollen. Heute gibt es trotz des bevorstehenden Fluges keinen Grund für Hektik. Ich nehme mir die Zeit um mit der Bodenmannschaft ein paar warme Worte auszutauschen. „Was macht die Familie?“, „Haltet ihr durch?“, „Wie fühlt ihr euch?“. Die Stimmung ist zwar gedrückt, aber dennoch führt jeder einzelne seine Aufgabe mit kompromissloser Professionalität aus. Wie gerne würde ich die Kameraden mitnehmen, ihnen eine Auszeit von der grauen Tristesse bieten, doch der Wunsch ist vergebens. Mir bleibt nur ein einfaches „Durchhalten!“, bevor ich ins Cockpit meiner Maschine steige.

Einige Minuten später bringe ich mein Flugzeug auf der Bahn in Position. Welch ein Anblick! Die Wolken hängen tief, die Sichtweite durch den Niesel beträgt nur rund 800 Meter und die Pistenbefeuerung taucht die ganze Szenerie in ein gespenstisches Licht. Dicke Regentropfen rollen von meiner Cockpithaube. Schon kurz nach der Startfreigabe ändert sich aber ihre Flussrichtung: Während meine Maschine kräftig beschleunigt, beginnt das Wasser horizontal nach hinten abzufließen. Die Startbahn hinter mir verschwindet in dichter Gischt, dann endlich löse ich mich vom Boden. Ich bin allein unterwegs, es gibt also keinen Grund zur Zurückhaltung. In etwa einem Kilometer Höhe zünde ich die Nachbrenner und bringe meinen Eurofighter in einen steilen Steigflug. So schnell es geht möchte ich das triste Wetter unter mir lassen. Kräftig spüre ich den Druck der Rückenlehne meines Schleudersitzes zwischen den Schulterblättern und für eine Zeit lang scheint die Erdanziehungskraft unbedeutend geworden zu sein. Durch die grüne Symbolik meines Head-Up-Displays erkenne ich nur das dunkle Grau der dichten Cumulus Bewölkung, doch dann wird die Färbung zusehends heller. Schnell klappe ich mein dunkles Visier herunter, denn ich weiß was gleich folgt. Die Wolken können mich nicht halten, von Flammen getrieben löse ich mich beinahe vertikal aus ihrem Griff. Von einer Sekunde auf die andere erscheint der Himmel in kräftigem Blau und die Sonne färbt als alles dominierender Feuerball die Wolken unter mir in strahlendes Weiß. Es ist so unfassbar ruhig und friedlich hier oben. Nicht einmal der Funk stört den Augenblick, denn außer uns ist nahezu kein anderes Flugzeug am Himmel zu finden. Der Lock-Down hat die zivile Luftfahrt an den Boden gefesselt, zum ersten Mal seit Jahrzehnten ist der überfüllte deutsche Luftraum völlig frei.

„MSTANG one, cleared direct IBAGU“ Ganz ohne Kommunikation geht es nicht, aber die Direktfreigabe an den hunderte Kilometer entfernten Zielort zeugt vom fehlenden Verkehr. Während ich mit rund 900 km/h von Köln Richtung Bremen gleite, versuche ich den Augenblick mit all seinen Details aufzunehmen. Es ist so unglaublich surreal. Hier oben bewege ich mich frei durch die Nation, aber dort unten darf ich kaum in den Nachbarort fahren. Der Himmel verspricht Freiheit, am Boden lauert der Tod. Nach gut 15 Minuten Flugzeit erreiche ich den Übungsluftraum und treffe dort auf eine Maschine des TaktLwG 71 „Richthofen“ aus Wittmund. Schnell führen wir unsere Eurofighter zusammen und jagen für einige Sekunden mit nur einem Meter Abstand durch den ruhigen Morgenhimmel. Ich bin mir nicht sicher, welcher Kamerad mir gegenübersitzt, hatten wir in der Flugvorbereitung doch keinen persönlichen Kontakt. Diese scheinbare Anonymität lässt die Situation einfach noch abtrakter wirken. Dieser Mensch ist beinahe zum Greifen nahe und doch völlig unerreichbar. Corona hat die Welt fest im Griff, wir verweilen in Isolation. Und auch diese ungewöhnliche Begegnung ist nur von kurzer Dauer, wird es nach dem Trainingsprogramm doch Zeit den Heimweg anzutreten. „Good trip home and stay safe!" verabschiede ich mich von ihm, dann wende ich meine Maschine gen Südwesten. Die Heimkehr ist nur der Zeit geschuldet, Treibstoff verbleibt beinahe zu viel für eine sofortige Landung. Ich weiß, dass ich bald wieder hinabsteigen muss, aber noch gehört der Himmel mir! Soweit mich die Maschine trägt möchte ich weg von dieser Pandemie. „Maastricht Radar, MSTANG one, request Flight Level 500 and above." Die Antwort erfolgt auf eine Art und Weise, wie sie nur in dieser eigenartigen Zeit möglich ist: „MSTANG one, there is absolutely no traffic between you and Nörvenich. The sky is yours, cleared any level." Ich schiebe die Schubhebel ganz nach vorne und richte die Nase meiner Maschine gen Himmel. Trotz abnehmender Luftdichte scheint der Jet die Erde verlassen zu wollen. Der Himmel beginnt sich zu verdunkeln, das einst strahlende Blau wandelt sich langsam aber sicher in Richtung schwarz. Ganz schwarz wird er aber nicht werden, denn die Lebenserhaltungssysteme setzen Grenzen. Der Eurofighter möchte weiter steigen, aber in deutlich über 18 km Höhe sinkt der Druck in der Kabine zu weit ab. Eine vollständige Dekompression in zu großen Höhen könnte meinem Leben ein jähes Ende setzen und so verweile ich innerhalb der physiologischen Grenzen. „Impressive climb MSTANG, must be hell of a sight up there." höre ich in meinen Kopfhörern. Der fehlende Verkehr räumt genug Zeit für einfache Unterhaltungen auf dem Funk ein. „It's unbelievable. Wish you could see what I see mate", lautet meine Antwort. Ich atme ruhig und bewusst, könnte ich die Zeit doch nur anhalten. Ruhe, Frieden, Schönheit! Hier oben gibt es kein Elend, kein Leid. Keine überfüllten Kliniken, keine Ärzte die verzweifelt um das Leben ihrer Patienten kämpfen. Der Himmel bietet Corona keinen Platz. Jedem einzelnen Sinneseindruck schenke ich meine volle Aufmerksamkeit. Ich schmecke die kühle Atemluf, die mir das Environmental Control System zur Verfügung stellt. Spüre die heiße Luft, die durch die Lüftungsöffnung gegen die rund –80°C kalte Umgebungstemperatur kämpft. Höre das gedämpfte Rauschen eben jener Luft über die dünne Plexiglashaube, die mich als einzige Barriere von dem eiskalten Strom trennt. Und trotz der gegenwärtigen Situation sehe ich die Schönheit der Welt. Vielleicht können wir es dort unten im dichten Grau nicht erkennen, aber hier oben scheint die Sonne jeden Tag. Selbst wenn sie uns eine Weile nicht erreicht, können wir doch darauf vertrauen, dass sie dennoch da ist. Und auf das Wissen, dass sich auch das dunkelste Grau eines Tages verziehen wird. Die Situation bewegt mich, denn ich bin unglaublich dankbar für all die Menschen deren Job es ist, mir und meinen Kameraden diesen Flug zu ermöglichen. Ich weiß, dass ich sie leider nicht mit hier hoch bringen kann, aber ich werde ihnen von meinen Eindrücken berichten. In der Hoffnung, ein wenig Trost und Zuversicht zu spenden. Leider bleibt die Uhr nicht stehen und auch ich muss wieder in das kalte Grau hinabsteigen. Nicht aber ohne die Hoffnung, die ich hier finden durfte. Ich werde sie teilen, in dem festen Bewusstsein, dass die Sonne immer für uns scheint und das Grau eines Tages den Kampf verlieren wird. Wir werden durchhalten, wir werden noch da sein! Eines Tages werden auch die Menschen am Boden wieder frei sein und die ungetrübte Wärme der Sonne genießen können. Danke für diesen Moment, aber es ist jetzt Zeit nach Hause zu gehen.

Erdbeben

Bekanntlich sollte das boshafte C unsere Welt für lange Zeit im Griff behalten, es war aber dennoch nicht die einzige Zäsur mit weitreichenden Folgen. Als Soldat ist man gut beraten, sich stets mit dem möglichen Ernstfall auseinanderzusetzen. Themen wie eigene Verwundung und Tod, das notwendige Töten von Menschen, das Verursachen von ungewollten Kollateralschäden und andere Brocken können nicht erst im Akutfall eine Rolle spielen. Einsätze, Konflikte und Kriege bieten schier unendliche Herausforderungen für die geistige und körperliche Gesundheit der kämpfenden Truppe, so dass die damit einhergehenden, schwer verdaulichen Themen auch in Zeiten von Flugshows und spaßigen Trainingsflügen nicht vollkommen verdrängt werden sollten. Ich persönlich habe mich seit meiner Berufswahl kritisch mit diesen Themen auseinandergesetzt, trotzdem hatte ich sicherlich anderes im Sinn, als ich am Morgen des 24. Februar 2022 in den großen Besprechungssaal unserer Unterkunft auf Kreta einrückte. Am Abend zuvor hatten wir noch mit reichlich Wein bei bestem griechischen Essen auf die gelungene Kretaexkursion im Rahmen meines Generalstabslehrgangs angestoßen, aber dann hatte sich, scheinbar über Nacht, das gesamte Sicherheitsgefüge des europäischen Kontinents durch den russischen Überfall auf die Ukraine verschoben. Natürlich war dieser Angriff nur eine weitere Eskalation des mindestens seit 2014 schwelenden Konflikts und doch hatten nur die wenigsten von uns damit gerechnet, dass Vladimir Putin wirklich sein Militär entsenden und damit die Russische Föderation weitestgehend in die internationale Isolation verbannen würde. Wider aller Erwartungen war es aber nun genau so gekommen. Wir fragten uns daher, wie es wohl weiterginge? Die Befürchtung, dass Kiev binnen weniger Tage fallen würde, war unbestrittene Mehrheitsmeinung. Wir sorgten uns daher in der Hauptsache darum, wie weit dieser Krieg im Anschluss reichen würde. Das Baltikum? Polen? Stehen wir am Rande eines neuen europäischen oder durch Bündnisse gar eines weiteren Weltkrieges?

Klar war nur: Die Luftwaffe würde vermutlich äußerst zeitnah gefragt sein. Kernmerkmal von Luftstreitkräften ist stets die kurzfristige Machtprojektion über weite Distanzen. Nur Luftfahrzeuge sind in der Lage, innerhalb weniger Stunden, über Distanzen von vielen hunderten Kilometern, dauerhaft und nachhaltig Präsenz zu zeigen und wenn notwendig, Wirkung zu entfalten. Als Kompetenzerhalter war meine Einsatzbefähigungsstufe auf „Limited Combat Ready" herabgestuft worden, dennoch ging ich davon aus, dass auch ich als Personal der zweiten Reihe im Eskalationsfall gefragt sein würde. Auf Kreta konnte ich nichts an der Situation ändern, aber als ich mich wenige Tage später wieder zum Flugdienst im Taktischen Luftwaffengeschwader 31 „Boelcke" meldete, wurde das Ausmaß der Angelegenheit klar.

Wir wussten natürlich schon immer, wofür wir trainierten, aber bislang war die Bedrohung eher diffus gewesen. Die Spannungen im Osten existierten zwar, kaum jemand ging aber davon aus, dass sie sich auch tatsächlich entzünden würden. Und jetzt gab es ihn auf einmal, den Gegner. Schlagartig hatte er einen Namen, trug als Symbol den roten Stern und hatte mit Vladimir Putin ein Gesicht. Der Aggressor war keine fiktive Nation in einem fiktiven Szenario mehr, es war das russische Militär und das Szenario die Realität. Der Flugbetrieb änderte sich im Wesentlichen zwar nicht, schließlich trainierten wir ohnehin jeden Tag für einen potentiellen Ernstfall, aber nun hatte sich die Stimmung gewandelt. Die Gesichter waren ernster geworden, die Szenarien realer und die negativen Gedanken im Kopf lauter. Nur eines stand stets außer Frage: Wir würden mit aller Entschlossenheit und Konsequenz handeln, wenn uns der Feind an die Landes- oder Bündnisgrenzen zwingen würde. Um dieser völligen Eskalation vorzubeugen begann die NATO innerhalb kürzester Zeit mit den „Enhanced Vigilance Activities“ und entsandte Truppen an die gesamte Ostflanke des Bündnisgebietes. Natürlich war die Luftwaffe von Beginn an involviert und beteiligte sich unter anderem mit bodengebundener Luftverteidigung und regelmäßigen Flügen der gesamten Flotte. Und auch meine Dienste sollten schon bald gefragt sein.

Auf Grund der Aktualität und Brisanz der Thematik, ist die folgende Geschichte, im Gegensatz zu den anderen Erzählungen in diesem Buch, wesentlich freier erzählt. Um keine Rückschlüsse auf tatsächliche operative Abläufe zu ermöglichen, sind die Geschehnisse verfremdet und sollen lediglich das Gefühl vermitteln, welches mich auf diesen Flügen begleitete.

Absurd. Ein anderes Wort fällt mir für die Beschreibung der aktuellen Situation einfach nicht ein. „Es ist einfach absurd!“ denke ich, während ich mir selbst Löffel um Löffel Vollkornmüsli verfüttere. Noch sitze ich hier, an meinem heimischen Küchentisch, inmitten unserer gut behüteten Wohlstandsblase und doch weiß ich, dass ich in wenigen Stunden in einem Krisengebiet, unweit der Grenzen einer aktiven Kampfzone operieren werde. Ja, es ist weiterhin sogenannter „Friedensflugbetrieb“, dennoch steht außer Frage, warum wir dort sind: Der große Bär im Osten hat seine Krallen ausgefahren und wir sollen dafür sorgen, dass er seine Pranken nicht noch weiter gen Westen reckt. Mit diesen Gedanken setze ich mich ins Auto und fahre los, wie jeden Tag. Einsatzbriefing, Flugvorbereitung… alles vermittelt das Gefühl, dass es sich dabei um einen ganz normalen Trainingsflug handeln würde. Nur eines ist auffällig: Die Flugzeiten wollen so gar nicht zum Rest der Umläufe passen. Die Startzeit ist für die Morgenrunde reichlich spät und die Landung für den Nachmittagsumlauf fast schon ein wenig früh. Rund 6 Stunden sollen vergehen, bevor ich wieder in die Heimat zurückkehre, daher werden wir an diesem Tag mehr als nur einmal tanken müssen. Die Einsatzbefehle, „Air Task Order" (ATO) genannt, geben genau vor, wann wir wo, wieviel Kraftstoff angereicht bekommen. Und dann sind da noch die Abstimmung mit den Bodentruppen vor Ort. Wir werden uns im Rahmen von Luftnahunterstützung (CAS – Close Air Support) an ihren Übungen beteiligen. Obwohl das Szenario weiterhin ein fiktives ist, bedarf es nur geringer Vorstellungskraft, um es in die Realität zu überführen. Feindliche Truppen haben eine Großstadt umschlossen und drohen diese einzunehmen. Unsere Aufgabe ist es, den verteidigenden Landstreitkräften Feuerunterstützung zu bieten. Die Vorbereitungen dazu sind reine Routine, schließlich haben wir auch in den Jahren zuvor stets mit dem Blick auf einen möglichen Ernstfall trainiert. Jetzt ist er eben da, jedenfalls ein wenig. Während der letzten Vorbereitungen am Boden spüre ich die Anspannung in mir wachsen. Nicht aber wegen der Bedrohungslage, denn das Risiko ist trotz des in der Ukraine tobenden Krieges relativ gering. Aber der Tag wird ein langer sein und dabei viel von mir abfordern. Diverse Luftbetankungen, zu wenig Kraftstoff um ohne Unterstützung nach Hause zu kommen und als Krönung ein anspruchsvolles Szenario mit Bodenkräften, die seit Monaten vor Ort sind. Hier muss einfach alles stimmen.

Schon kurz nach dem Start melden wir uns auf der Frequenz des Einsatzführungsdienstes an. Ohne Transponder oder Kontakt zur deutschen Flugsicherung gleiten wir für die zivile Luftfahrt nahezu unsichtbar gen Osten. Kurz vor der Grenze wechseln wir zum polnischen Einsatzführungsdienst, nähern uns anschließend dem Rendezvous-Punkt mit dem ersten Tanker des Tages. Die KC-135 der US Air Force ermöglicht uns überhaupt ins Einsatzgebiet zu gelangen. Wortlos nähere ich mich dem amerikanischen Vierstrahler. Der „Stratotanker" verrichtet in seiner Grundkonfiguration bereits seit gut 70 Jahren

Die „Sword of Boelcke“ in Formation mit einer KC-135 der USAF.

seinen Dienst, dennoch bildet er noch heute das Rückgrat der amerikanischen Tankerflotte. Ich schalte mein Radar ab, entsichere mit meiner rechten Hand den Schalter des Betankungsauslegers, vergewissere mich, dass ich langsam genug geworden bin und werfe dann den kleinen Hebel nach vorn. Mit einem leichten Rucken fährt die „Probe“ genannte Kraftstoffsonde aus. Das hydraulisch getriebene Entfaltungsspiel begeistert mich noch immer. Die sanfte Eleganz, mit der sich die Sonde nach der Aktivierung entfaltet, hat fast etwas Künstlerisches. Orangene Leuchten an den Refueling Pods unterhalb der großen Tragflächen signalisieren mir die Freigabe zum Andocken, der Farbwechsel zu Grün den erfolgreichen Start des Tankvorgangs. Während ich meine Maschine sauber in Formation halte, beobachte ich, wie auf den Anzeigen Tonne um Tonne Kerosin in die Tanks fließt.

Die Signallampen beginnen zu blinken, wechseln anschließend wieder auf Orange. Ich fahre meine Betankungssonde wieder ein, löse mich zusammen mit meinem Wingman vom Tanker und ziehe weiter in Richtung des Einsatzraumes. Der Transit dorthin war wie immer unglaublich ruhig, beinahe könnte ich daher vergessen warum wir eigentlich hier sind. Als wir uns aber kurze Zeit später auf der

Frequenz des Fliegerleitoffiziers (FAC – Forward Air Controller oder JTAC – Joint Terminal Attack Controller) anmelden, zerplatzt dieser Gedanke wie eine Seifenblase: „Hunter, MSTANG, checking in as fragged.“ „MSTANG, Hunter, standby for situation update. BREAK BREAK, state your real world self defense loadout.” Im reinen Trainingsflugbetrieb wäre diese Frage niemals aufgekommen. Warum auch sollte man zwischen Trier und Karlsruhe mit scharfer Bewaffnung herumfliegen? Wir sind aber nun mal nicht zu Hause in der TRA Lauter (TRA/ED-R 205). Kaum sind die Formalitäten geklärt, wird die Stimmung zusehends hektisch. Der Mann am Boden klärt uns über die aktuelle Gefechtsentwicklung auf. Er spricht von diversen Kompanien mechanisierter Infanterie, welche durch einzelne Kampfpanzer unterstützt, die eigenen Kräfte unter Druck setzen.

Die Einweisung ist gerade erst verstummt, da erfolgt sofort der erste Feuerbefehl. Routiniert lasse ich meinen Laserzielbehälter (LDP – Laser Designator Pod) über das Schlachtfeld streifen. Nach kurzer Zeit bleibt er an einem östlichen Panzermodell hängen. „T-72, T-80 oder ein Derivat… Aus dieser Entfernung schwer zu sagen.“ sage ich zu mir selbst. Der simulierte Gegner verfügt über nahezu keine Fähigkeiten zur Fliegerabwehr, daher kann ich in einiger Distanz unbehelligt agieren. Wenn dich ein Panzer am Himmel entdeckt, weiß er genau, dass er nicht das Ziel ist. Das Zielfahrzeug in seiner Stellung hingegen ahnt nichts. Nicht als ich die Zielkoordinaten vermesse, nicht als ich meine Waffenanzeigen überprüfe, nicht als ich mich der Abwurfposition nähere und ganz sicher auch nicht als ich den signalroten „Pickle“-Schalter betätige. Die GBU-48 wird eine Weile unterwegs sein, Zeit genug um noch mehr Distanz zwischen mich und das Ziel zu bringen. Kurz vor der Einschlagszeit fokussiere ich mich wieder auf den feindlichen Panzer. 3, 2, 1… nichts. Die gelegentlichen Schüsse die immer wieder auf dem Funk zu hören sind, lassen mich beinahe vergessen, dass dies nur eine Übung ist, bei der wir unsere Effektoren nur simuliert an den Feind bringen. Die Weapon Training Facility ist dennoch unbestechlich: Die Anzeigen zeugen von meinem erfolgreichen Angriff. Der ahnungslose Panzer in seiner Stellung, er wäre Geschichte.

Nach einem weiteren erfolgreichen Angriff überlasse ich dem zweiten Eurofighter die Führung, löse mich vom Einsatzraum und lasse meine Maschine steil in den Himmel steigen. Nach einem kurzen Check-In kurve ich erneut hinter einem Tankflugzeug ein, nur erblicke ich dieses Mal vier gigantische Propeller, statt der alten Strahltriebwerke. Ein A400M der Luftwaffe steht dank Betankungsrüstsatz bereit, um unsere Stehzeit im Einsatzraum zu verlängern. Zügig befülle ich die Tanks meiner Maschine ein weiteres Mal, verabschiede mich anschließend mit einem Flügelwackeln, dann tauche ich wieder hinab ins Einsatzgebiet. Es vergehen nur wenige Sekunden bis mich der Fliegerleitoffizier hektisch um sofortige Unterstützung bittet. „MSTANG, Hunter we are taking heavy fire by several snipers located in the 4th floor of a building. Confirm ready to copy fire order?" Kurze Zeit später führt der Laser meines LDP die dritte GBU 48 mit erschreckender Präzision ins Ziel. Wäre sie echt, würde der vorgewählte Einschlagswinkel sie genau durch die Fensterfront fliegen lassen. Eine kurze Verzögerung des Zünders würde sicherstellen, dass die Ladung erst im Gebäudeinneren umsetzt und alles auf der betroffenen Etage würde im Bruchteil einer Sekunde aufhören zu sein. „MSTANG, Hunter, we are still taking fire! Request immediate reattack with 27 mike mike!" Übungskünstlichkeit? Wer weiß. Mir bleibt keine Zeit darüber nachzudenken, denn der nächste Angriff erfordert den Einsatz der Bordkanone. Wie schon hunderte Male zuvor geübt, bringe ich meine Maschine in Position, wähle den Bodenangriffsmodus der Bordkanone, dann rolle ich auf mein Ziel ein. Mit beinahe 700 km/h stürze ich mich steil aus dem Himmel. Obwohl beide Triebwerke nur im Leerlauf drehen, nimmt die Geschwindigkeit schnell weiter zu. Der Attack Computer errechnet vom Radar gefüttert eine Feuerlösung. Konzentriert platziere ich den „Pipper" auf der vierten Etage des Zielgebäudes, schiebe den Late Arm nach oben ... Plötzlich Geschrei in meinem Kopfhörer: „MSTANG abort, flare flare flare! Manpads in the area!" Meine rechte Hand reißt am Stick, mein linker kleiner Finger betätigt den Schalter für die Gegenmaßnahmen und meine Augen suchen verzweifelt nach dem todbringenden Flugkörper. Sie finden nichts. Sie können nichts finden, weil die Bedrohung nicht real existiert. Ich spüre wie sehr das Szenario Besitz von mir ergreift. Die Truppen und Fahrzeuge am Boden, der Stress, die Schreie, die Schüsse auf dem Funk. All dies lässt das Training realer wirken als ich es jemals zuvor erlebt hätte. Nicht weit von uns entfernt tobt er wirklich, der Krieg. Bringen Flugzeuge ihre tödliche Fracht ins Ziel, finden Raketen ihre Opfer, sterben Menschen im Kugelhagel, werden zerrissen, verbrennen bei lebendigem Leibe. Soldaten, Zivilisten… Junge, alte, Frauen, Kinder. Der Krieg verschont niemanden. Mein erneuter Angriff ist erfolgreich und noch während ich wieder an Höhe gewinne, bin ich froh, dass meine Waffen heute stumm bleiben dürfen. Ich will nicht töten müssen. Ich kenne niemanden im Kameradenkreis der das will. Im Cockpit ist kein Platz für blutdurstige Psychopaten, dafür ist der Job zu wichtig. Nein, ich will nicht töten müssen, aber ich würde es tun wenn es mir aufgezwungen wird. Ich würde töten um das friedliche Leben anderer zu schützen.

Nach einem letzten Angriff auf ein Seeziel wird es Zeit die Heimreise anzutreten. Nicht aber ohne noch einmal den kraftstoffspendenden A400M zu behelligen. Die Situation lässt mich einfach nicht los. Auf dem Weg zum Betankungstrack frage ich mich, wie die Welt wohl aussehen würde, hätten sich die Ukrainer nicht mit aller Macht dem russischen Angriff widersetzt und die Zweifler Lügen gestraft. Hätte Putin an der polnischen Grenze halt gemacht? Oder hätte ich heute tatsächlich Bomben im verzweifelten Kampf um Warschau geworfen. Wäre ich überhaupt noch am Leben? Oder meine Freunde? Meine Familie? Kurz frage ich mich, ob Gewaltverzicht in manchen Situationen nicht doch eine Lösung sein könnte, dann zerreißt ein durch Mark und Bein gehendes Geräusch die Stille und nimmt meinen Gedanken jeden Raum. Comm Jamming! Massivste Störgeräusche machen die Sprachkommunikation auf der Tankerfrequenz fast unmöglich. „Welcher Idiot…“, denke ich mir kurz, doch dann wird mir klar, dass im Rahmen dieser Übung keinerlei Jamming vorgesehen war. Niemand auf unserer Seite der Grenze stört den Funk. Die Signale kommen aus Kaliningrad. Instinktiv drehe ich den Funk leiser, doch aufgewühlt wie ich bin, verliere ich in dieser eigentlich ruhigen Situation ein wenig die Fassung. Natürlich verfügen wir über Mittel und Wege um dem Comm Jamming aus dem Weg zu gehen. Blitzschnelle, automatisierte Frequenzsprünge und digitale Kryptierung verbergen die eigenen Funksprüche vor dem Feind. Die Enhanced Vigilance Activities zählen aber weiterhin als Friedensflugbetrieb. Wir nutzen daher keines dieser

Verfahren, sprechen unverschlüsselt auf offenen Frequenzen. Unsere Präsenz soll die Rote Linie der NATO-Bündnisgrenzen unmissverständlich definieren, dabei aber auch deeskalierend wirken. Die Botschaft ist klar: Wir werden uns mit allen Mitteln verteidigen, wollen aber keine weitere Eskalation. Man könnte es mit reichlich Optimismus als eine Art vertrauensbildende Maßnahme begreifen. Und genau diese Geste wird jetzt schamlos ausgenutzt. Diese Situation hat Symbolcharakter, zeugt sie doch davon, dass es für einen kriegerischen Konflikt stets nur eine aktive Partei benötigt. Ein Aggressor kann eben auch dann töten, wenn er auf keine Gegenwehr trifft. Schwäche hat schließlich auch niemanden davor bewahrt mit dem Kopf in der Schultoilette zu landen. Die Tanks meiner Maschine sind noch nicht voll, das Bildnis des Schulklos noch nicht ganz von meiner inneren Leinwand getilgt, da übertönt ein weiteres aufdringliches aber wohlbekanntes Geräusch die Störtöne des Funks. Mein Selbstschutzsystem vermeldet den Beschuss durch eine russische Luftverteidigungsstellung. Etwas ungläubig starre ich auf das Display, aber die Anzeigen ergeben Sinn. Mit ihren S-400 wären die russischen Streitkräfte in der Lage, weite Teile des polnischen Luftraums abzudecken und wir befinden uns derzeit weit innerhalb der mit fast 400 km gigantischen Reichweite. Genau genommen sind wir zu nahe, um vor einem Flugkörper effektiv fliehen zu können, echte Gegenmaßnahmen habe ich auch nicht an Bord. Es gibt schlicht nichts, was ich tun könnte. Langsam wende ich meinen Blick Richtung Nord-Ost. Ich bin mir sicher, dass der Alarm lediglich die Folge eines simulierten Angriffs ist, nicht mehr als Teil eines psychologischen Katz und Maus Spiels. Dennoch kann ich mich dem Drang, nach dem „GROWLER“ genannten Flugkörper Ausschau zu halten, nicht entziehen. Auf Grund seiner Größe und der massiven Abgasfahne wäre er bei gutem Wetter bereits auf gigantische Distanzen zu erkennen. Der Himmel aber ist weiterhin ungetrübt blau. Ich atme tief durch, sitze die Situation einfach aus. Schwer vorzustellen, dass auch nur ein einziger russischer Soldat einen Lenkflugkörper auf ein deutsches Kampfflugzeug mitten im NATO-Bündnisgebiet verschießen würde. Mein Selbstschutzsystem warnt weiterhin eindringlich vor der Gefahr, doch ich bin überzeugt, dass es nicht sein kann. Dass es nicht sein darf. Nochmal atme ich ruhig und tief, dann verstummt der Alarm. Beinahe zeitgleich sind die Tanks meiner Maschine wieder auf Anschlag gefüllt. Während ich mich vom Tanker löse, frage ich mich, ob die Kameraden in der A400M die gleichen Gedanken hatten wie ich. Auch ihrem Selbstschutzsystem wird der simulierte Angriff nicht entgangen sein. Der zweite Eurofighter ist nun ebenfalls bereit für den Heimflug und während wir der untergehenden Sonne entgegen durch den polnischen Luftraum fliegen, erinnere ich mich, dass die andere Maschine ohne funktionierenden Radarwarnempfänger im Einsatzgebiet war. Friedensflugbetrieb, da werden solche temporären Defekte eben akzeptiert. Auf dem Funk sprechen wir mit keinem Wort über die vergangene Situation, dann queren wir die deutsche Grenze und passieren Berlin.

Schon bald werde ich wieder auf meiner heimischen Couch sitzen und mich über die hohen Spritpreise und die schlechte Filmauswahl der Streaminganbieter aufregen. Welch unglaubliches Privileg.

Auf der anderen Seite

Der Mensch ist ein unglaublich anpassungsfähiges Wesen. Trifft er auf akute Stressoren registriert er diese zunächst feinfühlig, um sie dann bei fortwährendem Bestehen zusehends auszublenden. Wer schon mal in die Verlegenheit geriet, ein Autobahnklo nutzen zu müssen, kennt den Effekt: Beim Betreten der Örtlichkeiten ist der Geruch beinahe erschlagend, aber nach nur wenigen Minuten ist der olfaktorische Ground Zero kaum mehr als eine leichte Unannehmlichkeit. Natürlich ist der Gestank noch da, aber das Gehirn blendet ihn weitestgehend aus. Ähnlich verhält es sich mit dem Krieg in der Ukraine. Sendete der Ausbruch des Konflikts noch Schockwellen um den Globus, so sind die aktuellen Entwicklungen fast zwei Jahre später kaum mehr als eine Randnotiz. Das Militär ist sich der Bedrohung noch sehr bewusst, in weiten Teilen der Zivilbevölkerung rückt sie aber zusehends in den Hintergrund. Sie wird schlicht ausgeblendet. Verwunderlich ist das nicht, schließlich musste Russland kontinuierlich hohe Verluste an Menschen, Material und auch kontrolliertem Gebiet hinnehmen. Aus dem blitzartigen Überfall hatte sich ein zermürbender Abnutzungskrieg entwickelt, der große Bär hatte es nicht weiter nach Westen geschafft. Unser Flugbetrieb bestand daher weiterhin zum größten Teil aus Trainingsflügen für den eventuellen Ernstfall. Genau dafür braucht es aber eine potente Feinddarstellung. Während man am Anfang seiner fliegerischen Karriere viele Trainingsflüge erhält, wird man mit fortschreitender Erfahrung zusehends auch zur Organisation dieser Trainingsgegner herangezogen. Wir nennen diese Aufgabe: „Red Lead“.

Allem Ernst zum Trotz muss doch auch immer ein klein wenig Spaß dabei sein. Unauffällig löse ich das Verbandswappen von meiner Brust und bringe ein Patch an, welches meiner bevorstehenden Aufgabe gerecht wird. Eine Su-35S prangt darauf, umrandet von dem Satz: „Highly AMRAAM aware SUPERFLANKER driver“, darunter steht in Großbuchstaben „AGGRESSOR“ Der heutige Flug dient der Ausbildung eines jüngeren Kameraden und ich werde diese auf Seiten der Feinddarstellung unterstützen. Ich bin „Red Lead“. Vor wenigen Stunden habe ich dazu bereits die zur Verfügung stehenden Kräfte über mehrere Plätze hinweg koordiniert. A4 Skyhawks, Tornados, Eurofighter und ein „Jamkite“-Learjet, werden gemeinsam, unter meiner Führung, dem Trainee das Leben ein wenig schwer machen. Zwar sind wir für die Trainingsaudienz, „Blue Air“ genannt, der Feind und doch handelt es sich alles in allem um ein symbiotisches Zusammenspiel. Hier treffen sich nicht zwei Teams, die in einem fairen Wettkampf um den Sieg streiten. Vielmehr besteht unsere Aufgabe darin bestimmte Plattformen bzw. Waffensysteme so genau wie möglich zu simulieren und der übenden Truppe die besten Trainingsmöglichkeiten zu bieten.

Die Ground Ops laufen routiniert und zügig, beim Start sehe ich noch die Maschinen der Gegenseite langsam zur Bahn rollen. Viel Zeit bleibt auch nicht, der Zeitplan drückt, schließlich müssen alle unsere Kräfte „on station“ sein, bevor die Mission beginnt. Dank der zuvor erfolgten Koordination ist nur ein Mindestmaß an Kommunikation notwendig um das Ballett am Himmel wie geplant zu orchestrieren. Einige der anderen Flugzeuge verweilen außerhalb des Gefechtsfeldes, sie werden erst mit etwas Verzögerung ins Geschehen eingreifen, doch wir anderen begeben uns in Startposition. Wir replizieren eine feindliche Patrouille die die blauen Kräfte am Eindringen in den Luftraum hindern soll. Auf dem Radar beobachte ich die letzten Vorbereitungen der Gegenseite, sehe ihre Formationen auf mich eindrehen, beinahe zeitgleich ist es soweit: VUL Time, das Gefecht beginnt.

Sofort werfen wir uns den Angreifern entgegen, müssen aber zunächst deutliche Einschränkungen in Kauf nehmen. Das Szenario liegt recht am Anfang des Ausbildungsblocks, der Schwierigkeitsgrad ist reduziert, die mir zur Verfügung stehenden Simulationsplattformen von nachgeordneter Performance. Der veraltete Flugzeugtyp den ich mit meinem Eurofighter repliziere ist bezüglich seiner Avionik in jedweder Hinsicht unterlegen, daher muss ich mich auch ein wenig zusammenreißen, um nicht gegen die Regeln zu verstoßen. Was mir aber hilft, ist meine Erfahrung. Naturgemäß kenne ich unsere Taktiken bis ins Detail und kann bestens erahnen, was die Gegenseite im Schilde führt. Ohne jemals in die Reichweite meiner eigenen Bewaffnung gekommen zu sein, vermeldet mein Radarwarnempfänger den Beschuss durch Blue Air. Genau wie erwartet. „MSTANG, abort left!“ Mit einem aggressiven Abschwung kehre ich den blauen Kräften den Rücken zu, nehme ihren Flugkörpern damit jede Chance uns zu erreichen. Dann befehlige ich die anderen Jäger ins Gefecht. Sie simulieren den Start von am Boden vorgehaltenen Alarmkräften, melden ihr „Erwachen“ an den Einsatzführungsdienst und schießen binnen weniger Sekunden in die Höhe. Die Gegenseite reagiert, feuert, weicht aus und während ich meine Formation erneut dem Gefecht zuwende, haben wir die ersten Verluste zu verzeichnen. Mein Angriff erfolgt extrem offensiv, für Vorsicht bleibt kein Raum. So früh es geht, bringe ich meine Waffen zu Einsatz, aber mir ist klar, dass es nicht reichen wird. „MSTANG you are claimed dead.“ Mit einem einfachen „copy kill” bestätige ich den Treffer und verlasse die Gefechtszone. Es ist nicht unsere Aufgabe zu gewinnen, es ist unser Auftrag den Partner zu trainieren. So wie Wölfe die ihren Jungen das Jagen zunächst an einfacher Beute beibringen, werfen wir uns als Übungsziele vor den Trainee. Dennoch ist dessen Erfolg keine Selbstverständlichkeit.

Harmlos kreise ich über meinem fiktiven Flugplatz, „Regen Field“ genannt. Wie in einem Computerspiel werde ich von diesem Ort wieder ins Gefecht eingreifen, denn um die Schlacht möglichst effizient zu bevölkern, stellen wir pro Maschine gleich mehrere Feinde da. Auch meine nächste Plattform ist kein wirklich aktuelles Muster, aber das ist auch nicht unbedingt vonnöten. Mein linker Daumen aktiviert den Funk, mein Mund sendet die verbliebenen Kräfte ins Gefecht. Die Tornados simulieren Bomber, dienen als Ablenkung, die Skyhawks kreieren durch kompromisslose Aggressivität echte Zeitprobleme für den Trainee. Und während sich dieses Gewusel entfaltet, begibt sich meine Formation klammheimlich auf die Jagd. Die Radare bleiben aus, im Tiefflug verstecken wir uns vor der Luftraumüberwachung, nähern uns den Jagdbombern die Blue Air zu schützen hat. Wie Raubkatzen bringen wir uns in Stellung, beobachten still, warten auf den richtigen Moment. Erneut betätige ich den Funk: „MSTANG, action!“ Knapp unterhalb der Schallgeschwindigkeit schießen unsere beiden Maschinen in die Höhe, ihre frisch aktivierten Radargeräte erfassen die Beute. „Jetzt haben wir euch!“ denke ich mir, als ich den Trigger betätige. Doch auch Blue Air reagiert blitzschnell, versucht uns den Weg abzuschneiden. Ich halte den Abstand so groß wie möglich, beobachte die Waffenanzeigen, sehe wie die Zeit des Einschlags immer näher kommt. Meine simulierte Bewaffnung ist lediglich halbaktiv, ich muss sie also bis ins Ziel führen. Dabei fühlt sich jede einzelne Sekunde wie eine Ewigkeit an. Wir stehen zwar unter Feuer, aber das sitzen wir jetzt aus. Wie tollwütige Raubtiere verbeißen wir uns in der Beute. Ein letzter Blick, dann endet die „time to impact“ meines Lenkflugkörpers. Beinahe zeitgleich kommt es über den Funk: „MSTANG one and two, you are claimed dead!“ Wie ich bereits sagte: Es ist nicht unser Auftrag zu gewinnen, es ist unser Auftrag andere zu trainieren. Diese Situation wird ein Highlight im Debriefing des Trainees und völlig ungeachtet dessen, ob mir der Abschuss geglückt ist oder nicht, wird es ihn auf seiner Reise voranbringen. Es ist nur eine Frage der Zeit, bis aus dem jungen Nachwuchs ein stattlicher Wolf geworden ist. Auf jeden einzelnen kommt es dabei an, denn Wölfe überleben nur im Rudel und es ist an den älteren, den Nachwuchs so gut wie möglich aufzuziehen. Wir sind eine Kampfgemeinschaft, ein Team und jeden Tag bereiten wir uns auf dem Ernstfall vor, der hoffentlich niemals eintritt.

Vorwärts

Das Berufsbild des Kampfpiloten entspricht sicherlich nicht immer dem, was die Medien daraus machen wollen. Wir sind keine wilden Hotshots, keine emotionslosen Killer, aber eben auch keine Schrottplatzwarte. Trotz unserer seltenen und fordernden Tätigkeit sind wir letztlich einfach nur Soldaten, die unserem Land dienen. Mehr noch, wir sind normale Menschen. Söhne und Töchter, Brüder und Schwestern, Väter und Mütter. Und als solche sind wir trotz der Uniformen Individuen. Einzigartige Persönlichkeiten mit individuellen Stärken und Schwächen. Wir lachen, wir streiten, wir verzweifeln, wir trauern und weinen. Und wenn es einige wenige Augenblicke fernab von Stress, Druck und Krisen zulassen, dann genießen wir auch einfach.

Ich signiere den Flugauftrag digital und schaue noch ein letztes Mal auf das Einsatzbord. Dabei streift mein Blick automatisch durch den Gefechtsstand und kurz rückt mir nochmal ins Bewusstsein, wie viele Menschen hier eigentlich arbeiten. Flugbetriebssoldaten der beiden fliegenden Staffeln und der fliegenden Gruppe bevölkern den Raum. Jeden Tag sieht man diese Gesichter, macht sich aber in der Hektik des Dienstalltages kaum Gedanken darüber, was hier gearbeitet wird. Ohne diese Menschen könnte der Platz gar nicht betrieben werden, gäbe es keine aktuellen Luftraumänderungen, kein Einsatzbord, keine Flugaufträge. Niemand würde sich mit der Technik um den Klarstand der Maschinen streiten und niemand würde ab und an noch ein paar nette Worte über die „Theke“ schieben.

Ich verlasse die Sperrzone und gehe über die große Haupttreppe nach unten. Im Erdgeschoss angekommen, beginne ich damit, meine Ausrüstung anzulegen. Wie jeden Tag hängt sie perfekt vorbereitet in meinem Regal. Der Helm mit Visieren und Maske ist gereinigt, die Weste und die Hose mit all ihren Bauteilen geprüft, die Kombi frisch gewaschen und die Notausrüstung sauber verpackt. Ich unterschreibe die Übernahme der Ausrüstung, dann reiche ich dem Soldaten des Fachbereiches R+S (Rettungssysteme) die Hand. Auch ohne sie würde der Flugbetrieb binnen kürzester Zeit zum Erliegen kommen. Um die Ausrüstung selbst in Stand zu halten, fehlen mir die notwendigen

Kenntnisse und vor allem die Zeit. Ohne die Ausrüstung aber ist das ganze Flugzeug unbrauchbar. Ebenso ohne Schleudersitz, denn auch die Verantwortung für diesen Lebensretter liegt in den Händen der Kameraden von R+S.

Warm eingepackt und mit der prall gefüllten Helmtasche in der Hand, steige ich ins Linetaxi, begrüße den Fahrer und nenne ihm die Parkposition meiner Maschine. Während der Fahrt schaue ich nochmal über meine Unterlagen, führe den angepassten Gehörschutz ein und denke darüber nach, wie viel schlechter der Tag doch wäre, müsste ich die lange Strecke zum Flugzeug mit meinem gesamten Geraffel laufen. Wie meistens höre ich zum Abschied noch einen netten Spruch, dann öffne ich die Schiebetür und verlasse den Wagen.

Da steht sie, die 30+96. Bis vor kurzem trug sie noch eines der schönsten Flugzeugdesigns, die die Luftwaffe zu bieten hatte, nannte sich „Sword of Boelcke“. Aus diversen Gründen war mir dieses Flugzeug besonders ans Herz gewachsen und obwohl das technische Personal der InstElo-Staffel jede Störung in der Vergangenheit beheben konnte, wird es für die Maschine Zeit in die EKZ (Eurofighter Kooperations Zelle) überführt zu werden. Einem Auto ähnlich ist die große Wartung fällig und für mich bedeutet es damit vorerst Abschied zu nehmen. Die Abgabe ans EKZ ist auch der Grund dafür, dass die Maschine in völlig leerer Konfiguration auf den Überführungsflug wartet. Kein Tank, keine Waffenträger und auch kein Zielbeleuchter oder CATM (Captive Air Training Missile) stören die eleganten Linien.

Wie vor jedem Flug meldet mir der erste Wart die Maschine flugklar. Obwohl ich dazu ausgebildet bin das Flugzeug im Notfall selbst für den Flug vor- und nachzubereiten, hätte ich die Demontage der Tanks und Waffenträger sicher nicht durchführen können. Ganz zu schweigen von dem immensen Zeitaufwand, den diese ständigen Arbeiten mit sich bringen würden! Nach jedem Flug wartet ja grundsätzlich eine detaillierte Analyse, Nachbereitung und Abschlussbesprechung, völlig unmöglich, müsste ich die Maschine selbst betanken oder gar den Tanklaster fahren. Wie bei jedem Flug führe ich die „Ground Ops“ zusammen mit der Bodencrew der Wartungswaffenstaffel durch. Gemeinsam beseitigen wir noch eine kleine Zickerei der Maschine, dann verabschiede ich mich mit einem militärischen Salut.

Auf dem Weg zur Last Chance rekapituliere ich noch einmal die Informationen aus dem Einsatzbriefing. Platzstati, Ausweichflugplätze, Flugroute… All das wurde mir durch die Kameraden der Flugberatung zusammengestellt. Sicherlich könnte ich mir diese Informationen zu großen Teilen auch selbst besorgen, aber es würde wieder Zeit kosten, die schlicht nicht zur Verfügung steht. Noch schwieriger wäre es an aussagekräftige Wetterdaten zu gelangen. Ohne die Kameraden der Flugwetterberatung des Geoinformationsdienstes wären manch komplexe Wetterkapriolen gar nicht verlässlich zu bewerten.

Während in der Last Chance das Personal von Cross Servicing meine Maschine ein letztes Mal gründlich überprüft, gehe ich nochmals die bevorstehende Tiefflugroute in meinem System durch. Sie wurde durch Soldaten der MPC (Mission Planning Cell) in der MSS (Mission Support System) digitalisiert und dann über die, von den Menschen der Zelle MilNw (Militärisches Nachrichtenwesen) verwahrte, PDS (Portable Data Storage) in den Eurofighter übertragen. Alle Daten sind korrekt, nichts anderes habe ich erwartet. Nach wenigen Minuten sind die letzten Checks abgeschlossen, auch hier verabschiede ich mich mit einem militärischen Gruß, dann melde ich dem Kontrollturm meine Abflugbereitschaft.

Auf meinem Weg zur Piste 25 passiere ich eine ganze Schar von Spottern, Fotografen und anderen flugzeugbegeisterten Menschen am Zaun. Ich sehe junge wie alte, Frauen und Männer. Zum Gruß hebe ich meine Hand und bekomme die Geste in zigfacher Ausfertigung zurück. Irgendwie ist es ein wenig wie beim Fußball, nur macht es wenig Sinn die Menschen am Zaun als 12. Mann zu bezeichnen. In unserem Fall sind sie ja doch eher so etwas wie ein geistiger Copilot. Genau wie beim Fußball spielen sie zwar nicht direkt mit, ihre Unterstützung geht dennoch nicht unbemerkt an uns vorbei. Es ist schön, täglich so verabschiedet zu werden. Ich vollende das Lineup und warte auf die Freigabe des Turms. Dort oben sitzen sie, wahrscheinlich zu dritt und versuchen das gelegentliche Chaos zu verwalten. Überzeugen Langen Radar von der Dringlichkeit unserer Abflüge oder übermitteln uns im Alarmrottenbetrieb die Scramble Order. Sie alle gehören zur Flugbetriebsstaffel und ermöglichen zusammen mit vielen anderen Kameraden des Flugverkehrkontrolldienstes überhaupt erst den koordinierten Flugbetrieb am Platz. „MSTANG, cleared takeoff runway 25, contact Langen Radar Channel 17, guten Flug!".

Es ist Winter, die letzten Wochen und Monate haben mich ausgezehrt und dieser Flug wird mich nicht nur weg von Nörvenich führen, er wird auch für viele Wochen der vorerst letzte sein. Aber all dem Unguten zum Trotze bin ich jetzt hier, jetzt in diesem Moment und ich werde jede Sekunde dieses Fluges genießen.

Ich schalte Radio 2 auf Kanal 17, werfe einen kontrollierenden Blick ins Cockpit und schiebe die beiden Schubhebel langsam nach vorne. Es wird ein Nachbrennerstart wie unzählige andere zuvor, aber ich werde ihn ganz bewusst als wertvolles Erlebnis zelebrieren. Beide Triebwerke pendeln sich bei 70 % NL (Drehzahl Niederdruckverdichter) ein, das Bugfahrwerk federt unter der Antriebslast ein. „Auf Wiedersehen!" denke ich kurz, dann löse ich die Bremsen und schiebe die Schubhebel gegen den vordersten Anschlag. Die Gewalt mit der die Maschine nach vorne prescht erinnert mich an meine frühen Jahre im Motorsport. Kurz flammen auch die Bilder von der Flugshow in Berlin wieder auf, als wir diese Gewalt einem begeisterten Publikum präsentieren durften. In nur 8 Sekunden bringt mich die Maschine aus dem Stand in die Luft, verbrennt dabei gut 70 Liter Kerosin und hinterlässt einen Donnerhall, den jeder der rund 1300 Soldaten und Zivilbeschäftigten auf dem Fliegerhorst Nörvenich zu hören bekommt. Jeder einzelne von ihnen ist ein kleines Zahnrad im Getriebe des Systems „Kampfflugzeug". Jeder Einzelne entscheidet täglich mit seiner Arbeit über Gelingen oder Fehlschlag unserer Aktionen. Viele sind direkt am Flugbetrieb beteiligt, andere, wie die Sanitätskräfte oder die Feuerwehr, stehen für eine mögliche Katastrophe bereit. Und wieder andere ermöglichen durch ihre Arbeit in den Vorzimmern, Schreibstuben, Geschäftszimmern, auf der Poststelle, der Pressestelle und in all den Stabsgebieten überhaupt erst den Betrieb der gesamten Dienststelle. Sie alle drehen jeden Tag in die richtige Richtung, damit meine Kameraden und ich, am Ende als letztes Zahnrad an den Kontrollen des Flugzeugs agieren können. Wir tragen das größte Risiko, erhalten im Gegenzug aber auch als Entlohnung schier unglaubliche Erlebnisse.

Ich lasse Nörvenich mit all seinen Menschen hinter mir, gleichzeitig bleiben aber auch all die schlechten Gefühle und Gedanken der letzten Wochen und Monate einfach unter mir zurück. Höher, schneller, weiter! Die Maschine scheint erneut die Grenzen der Physik verbiegen zu wollen, während sie mich zurückbringt, an den einzigen Ort an dem ich mich wirklich lebendig und frei fühle: Das tiefe Blau des beinahe unendlichen Himmels. Meine einzige Aufgabe heute ist die Überführung dieser Maschine und ich werde mich auf diesem Flug gebührend von ihr verabschieden. Die geplante Route führt mich in nur 170 m Höhe durch den Schwarzwald und das bayrische Alpenvorland bis hin nach Manching.

Nach einigen Minuten verlasse ich die Reiseflughöhe, beende den Instrumentenflug und wechsle auf die Frequenz des Einsatzführungsdienstes. Während ich mich im schnellen Sinkflug Karlsruhe nähere, kontaktiere ich meinen Jägerleitoffizier: „Loneship, MSTANG checking in as fragged", „MSTANG, Loneship 45, radar contact, area QNH 998, next 10 NM clear of stranger." Der Himmel über meiner alten Heimat ist frei, beileibe keine Selbstverständlichkeit. In den nächsten 30 Minuten werden die Soldatin am Funk und ich eng zusammenarbeiten arbeiten müssen, fast so, als säße sie mit im Cockpit. Die Reichweite meines eigenen Radars ist in so niedriger Höhe begrenzt, der Einsatzführungsdienst hingegen kann auf ein ganzes Netzwerk aus militärischen und zivilen Radarstellungen zurückgreifen. Die Stimme am Funk erweitert heute meine Augen und Ohren.

Mit wenigen Tastendrücken konfiguriere ich meine Systeme für den Tiefstflug, drehe den korrekten Luftdruck in den Höhenmesser und beginne nach einem nutzbaren Loch in der Wolkendecke zu suchen. Die Witterung ist grenzwertig, eigentlich sollte hier im Süden alles laut und klar sein. „MSTANG still VMC on top, unable to descend". Da ich mich jetzt nach Sichtflugregeln bewege, kann ich die Wolken nicht durchdringen, muss stattdessen eine ordentliche Lücke und genug Platz darunter finden. In 8500 Fuß fliege ich weiter nach Osten, wische mit meinem Blick dabei hektisch über die Wolkendecke. Meile um Meile verrinnt, doch dann ist es plötzlich da: Das „Wolkenloch vom Dienst". Ich werfe einen Blick hindurch. Die Wolkenschicht ist noch immer dick, darunter sieht es dunkel und schattig aus, dennoch ist der vertikale Platz mehr als ausreichend. Diese Chance lasse ich mir nicht entgehen! Ich erhöhe den Schub und stürze mich beinahe senkrecht in die Lücke, die Richtgeschwindigkeit für den taktischen Tiefflug liegt in Friedenszeiten bei rund 800 km/h. „MSTANG, dropping below the weather, commencing low level navigation!" „Loneship copy, next 10 NM clear of stranger".

Unter 5000' leite ich den Sturz weich aus, dann fliege ich in das baden-württembergische Mittelgebirge ein. 1500', 1000', 500'. Das „Badewannensymbol" in meinem Head Up Display warnt mich eindringlich vor dem Erreichen der Mindestflughöhe. Dank einer detaillierten Gelände- und Hindernisdatenbank weiß der Eurofighter genau, wann ich mich auf Kollisionskurs befinde. Hier unten ist das eine immens wichtige Fähigkeit, denn während in großen Höhen selbst Überschallgeschwindigkeiten gemütlich wirken, bleiben im Tiefstflug keinerlei Zweifel am horrenden Tempo. Links und rechts jagd die Landschaft an mir vorbei: Hügelketten, Dörfer, Straßen, alles rauscht blitzartig unter mir durch. Konzentriert scannt mein Blick die Umgebung vor mir, sucht nach Hindernissen, analysiert die Route. Die engen Gräben des Schwarzwaldes erinnern an eine Rennstrecke. Will ich mich konsequent darin verstecken, muss ich einer strengen Ideallinie folgen. Bis zu 9 G lasten in den Kurven auf mir, doch in dieser niedrigen Höhe bieten die Triebwerke auch ohne Nutzung des Nachbrenners mehr als genug Schub. Links, rechts, hoch und runter, wie ein Rennbob durch den Eiskanal pflüge ich durch die Furchen des Schwarzwalds. Dann endet der Graben vor mir. Es wird höchste Zeit die Hügelkette so flach wie möglich zu queren. Ich winkle den Kurs um 45° an, doch dann beginnen plötzlich die Warnlampen rot zu blinken. Auf allen Displays erscheint ein Kreuz, im Head-Up Display ein großer Pfeil und „Bitching Betty" schreit eindringlich: „Pull up! Pull up!". Mit links drücke ich die Warnung weg, ich weiß doch, dass meine gesamte Windschutzscheibe mit Fels gefüllt ist, aber das muss jetzt so sein. Für einen kurzen Moment verharre ich in der Situation, dann ziehe ich spät aber dafür steil nach oben, rolle meine Maschine mit 135° Querneigung beinahe auf den Kopf und ziehe den Stick ganz nach hinten. Die G-Kräfte scheinen mich in den Himmel katapultieren zu wollen, die Berge unter mir sehen aus als würden sie sich über mir befinden und die Landschaft erweckt den Eindruck, dass ich die Welten gewechselt hätte.

Hinter der Hügelkette ist die gesamte Landschaft in strahlend weißen Neuschnee gehüllt. Die Sonne scheint jeden Schneekristall einzeln zum Glänzen bringen zu wollen, denn am Himmel sind keine Wolken mehr zu sehen. Ich habe die Wetterfront und den Schwarzwald hinter mir gelassen und jage jetzt ostwärts durch die bayrische Landschaft. Was ein unglaublicher Anblick! Ich konnte schon soviel wunderbares sehen, aber diese Puderzuckerwelt ist an Schönheit kaum zu überbieten und ein atemberaubendes Highlight. In nordöstlicher Richtung treffe ich hinter Ulm auf die A8 und folge ihr. Die Autos und LKWs unter mir scheinen still zu stehen. Abfahrten, Brücken und Rastplätze fliegen in Sekundenbruchteilen an mir vorbei. Mein Tempo steigert sich auf knapp 900 Kilometer pro Stunde, ich befinde mich auf dem Endanflug zu meinem angenommenen Ziel. Beim Blick zur Seite verschwimmt die Landschaft zu einem undefinierbaren Streifenmuster, der Blick nach vorne formt einen kilometerlangen Tunnel. In jeder Sekunde überwinde ich rund 250 m und obwohl meine Sinne schon jetzt auf Hochtouren arbeiten, ist die ehemalige „Sword of Boelcke" noch lange nicht am Ende. Wenn es sein müsste, könnte sie in dieser niedrigen Höhe deutlich über 1300 km/h erreichen, bevor der immense Luftdruck die Flugzeugoberfläche überhitzen und Schwachstellen wie Wartungsklappen und Antennen beschädigen würde. Am Boden bin ich bei diesem Tempo erst im allerletzten Moment zu hören, nur um dann mit einem tiefen Brüllen aus dem Sichtfeld zu entfliehen. Das Ziel kommt näher! Zielstrebig löse ich mich von der A8, schlage Haken zwischen den Dörfern, dann katapultiere ich mich scharf in den Himmel. Meine linke Hand reißt die Schubhebel in den Leerlauf, mein Blick verbeißt sich im ausgewählten Übungsziel, meine Daumen wählen den Air-to-Surface-Mode der Bordkanone, dann rolle ich auf das Ziel ein. Noch einmal sehe ich die schier unbeschreibliche Schönheit der Winterlandschaft, fühle mich grenzenlos und frei. In Gedanken packe ich all die kleinlichen Sorgen und Nöte des Alltags, all den Stress und Frust den das Leben für jeden bereit hält, in dieses kleine Übungsziel. Präzise platziere ich den „Pipper" darauf, gönne mir noch einen Atemzug lang Zeit, dann betätige ich den Abzug.

„Loneship, MSTANG, mission complete! Thank you for the support, have a great weekend and talk to you soon!".

Im Februar 2023 mit der 30+96 (ehem. „Sword of Boelcke") in der EKZ Manching.

Auch die wunderbarsten Momente und schönsten Dinge gehen vorbei. Alles hat seine Zeit, alles hat ein Ende. Die 30+96 ist abgeflogen und nackt, der Schnee wird schmelzen und mein Flugdienst ist vorerst vorbei. Was aber bleibt, sind die wunderbaren Gefühle, die Bilder im Kopf und die Gewissheit während meiner wilden Reise auf der großen blauen Kugel genau da zu sein, wo ich immer sein wollte.

„Ingolstadt Tower, MSTANG, VFR south of the field for fullstop landing".

Im Cockpit: Eurofighter – dein Mitflug in Deutschlands schnellstem Flugzeug! (youtube.com)

Epilog

Jede Medaille hat zwei Seiten und nicht jeder Tag im Dienst bei der Luftwaffe ist ein Genuss. Einige meiner persönlichen Highlights, im Guten wie auch im Schlechten konnte ich in diesem Buch darbieten und dennoch ist meine Geschichte lediglich eine von vielen. Die Art und Weise wie man das Dienstgeschehen und die Erlebnisse darin wahrnimmt sind höchst

Antrittsrede als Staffelkapitän 2./31 im September 2023.

individuell und ich maße mir nicht an, für andere Kameraden zu sprechen. Gleichwohl hoffe ich Ihnen mit meiner Geschichte die Möglichkeit geboten zu haben den Weg in das Cockpit eines Eurofighter durch meine Augen und mit meiner Wahrnehmung zu sehen. Es ist mein persönlicher Traumberuf, mit all dem Licht und Schatten, den er mit sich bringt. Ob das auch für Sie gilt, müssen Sie selbst entscheiden. Ungeachtet dessen ob Sie Freund oder Kritiker, flugzeugbegeistert oder beruflich interessiert sind, gleichwohl ob Sie Ihren Weg noch vor sich oder zu großen Teilen bereits hinter sich haben, so hoffe ich, dass Sie beim Lesen genau soviel Spaß hatten, wie ich beim Schreiben.

Auch wenn die geschriebene Geschichte an dieser Stelle endet, so ist sie für mich natürlich noch nicht vorbei. Während ich diese Zeilen tippe, enden die zwei Jahre meines Generalstabslehrgangs und die Führungsakademie der Bundeswehr gibt mich frei für das nächste Kapitel meiner Laufbahn und aller Abenteuer die darin liegen. Zu meiner großen Freude wird mir die Ehre zuteil, die 2. Fliegende Staffel des Taktischen Luftwaffengeschwader 31 „Boelcke“ als Staffelkapitän führen zu dürfen. Als ich 2012 nach meiner Ausbildung in den USA den Dienst bei den „Wölfen“ antrat, hätte ich mir niemals ausmalen können, eines Tages der „Leitwolf“ zu werden. Ich freue mich unheimlich auf diese neue Herausforderung und über das in mich gesetzte Vertrauen! Wer weiß, vielleicht lohnt es sich, eines Tages auch auf die neuen Geschichten in schriftlicher Form zurückzublicken.

Bis dahin sehen wir uns hoffentlich anderweitig, in diesem Sinne,
Horrido!

KAPITEL III
Persönlichkeits-entwicklung

Einführung

Wir können nichts ändern an der Veranlagung, die uns bei der Geburt mitgegeben wurde. Die Prägungen unserer Kindheit sind bereits geprägt. Wir haben keine Macht mehr über die Dinge, die uns zu den Menschen gemacht haben, die wir heute sind. Gleichwohl stehen wir der Manifestation unseres Seins nicht machtlos gegenüber: Persönlichkeitsentwicklung ist der Schlüssel, um unsere Stärken weiter auszubauen und unsere erkannten Schwächen mitigieren zu können.

Um überhaupt in der Lage zu sein, diese Prozesse zu nutzen, bedarf es jedoch der richtigen inneren Einstellung. Die passende Attitüde ist Ausgangspunkt und zwingende Voraussetzung, um das Beste aus sich herausholen zu können. Das Sprichwort „es ist noch kein Meister vom Himmel gefallen" ist weithin bekannt und trotz seines Alters hat es in meinen Augen nichts an Relevanz verloren. Niemand wird als Kampfpilot geboren. Niemandem werden alle notwendigen Eigenschaften einfach in die Wiege gelegt. Viele Menschen besitzen dennoch das grundlegende Potential, um selbst die größten Herausforderungen meistern zu können. Es muss nur freigelegt werden!

Unabhängig davon wer wir sind und welche Eigenschaften wir an den Tisch bringen, hat ein jeder Mensch immer die Möglichkeit seine täglichen Arbeiten effizient und effektiv zu organisieren. Die Schaffung von Arbeitsabläufen die inhärent resilient gegenüber menschlichem Versagen sind, ist ein weiteres Puzzleteil um unsere persönliche Leistungsfähigkeit deutlich zu steigern. In der militärischen Fliegerei sprechen wir von „Procedures" – aber die eben jenen zu Grunde liegenden Eigenschaften lassen sich in nahezu alle Bereiche des täglichen Lebens übertragen.

Dieser Teil des Buches ist keine Garantie plötzlich erfolgreich zu werden, es ist auch keine einfache Anleitung für den Weg in das Cockpit eines Kampfflugzeugs. Aber es ist eine Toolbox, ein Hilfsmittel welches dazu beiträgt, über sich hinauswachsen und sich noch größeren Herausforderungen stellen zu können.

Wieso denn Persönlichkeitsentwicklung?

Ich bin kein Psychologe, ich habe nicht einmal Psychologie studiert. Entsprechend erhebt dieser Abschnitt meines Buches auch keinerlei wissenschaftlichen Anspruch oder versucht gar mit den vielen ausgezeichneten Fachbüchern zu dieser Thematik in Konkurrenz zu treten. Ich möchte Sie, lieber Leser, aber an meinen Erfahrungen teilhaben und nach Möglichkeit davon profitieren lassen.

In meiner fliegerischen Karriere musste ich aus Zeitnot regelmäßig auf die „TLAR"-Technik zurückgreifen. Die Abkürzung bedeutet nichts anderes als „That looks about right!" und ist ein Euphemismus für den Umstand Dinge „grob richtig zu machen". Frei nach dem Motto: Wenn es dumm aussieht aber funktioniert, ist es nicht dumm. Entlang dieser Maxime werde ich auf den folgenden Seiten einen Ratgeber aus der Praxis für die Praxis bieten. Ich werde Dinge beschreiben, die zwar möglicherweise wissenschaftlich nicht ganz korrekt oder stark vereinfach sein mögen, für mich aber schlicht funktioniert haben.

Ich war stets ein sehr selbstkritischer Mensch und habe meistens versucht mich irgendwie weiterzuentwickeln. Persönlichkeitsentwicklung war dabei der Schlüssel, der mir Zugang zu einer ganz neuen Welt geboten hat: Eine Welt in der ich die Fähigkeit besitze, Eigenschaften meiner Persönlichkeit erkennen, herleiten, zu begründen und im besten Falle sogar anpassen zu können. Aber warum sollte man das tun? Heißt es nicht immer man solle sich so lieben wie man eben ist? Ich vertrete die Auffassung, dass Selbstliebe und Persönlichkeitsentwicklung keine Gegensätze sind, sondern sich vielmehr gegenseitig bedingen. In meinen Augen ist der Versuch, die persönliche Bestform zu erreichen, oftmals ein hoher Ausdruck von gelebter Selbstliebe.

Um einen möglichst einfachen Zugang zum Thema zu finden, genügt es meines Erachtens sich zwei elementare Umstände zu verdeutlichen: Erstens: Der Großteil unserer Persönlichkeit wird in unserer frühsten Kindheit, beginnend bereits im Mutterleib, geprägt. Ein weiterer Teil in unserer frühen Jugend. Auch wenn unsere Persönlichkeit nie unveränderlich in Stein gemeißelt ist, so nimmt ihre Adaptierbarkeit im Erwachsenenalter massiv ab. Die Persönlichkeit unseres erwachsenen Seins ergibt sich also zu großen Teilen aus unserer Veranlagung und den Prägungen der ersten Lebensabschnitte. Zweitens: Kaum etwas wird so stark überschätzt, wie die Willenskraft unseres Bewusstseins. Diverse Fachbücher sprechen davon, dass der durchschnittliche Mensch nicht in der Lage ist, mehr als 15 Minuten freie Willenskraft am Tag aufzuwenden. Glauben Sie nicht? Dann tragen Sie doch einfach mal ihre Lieblingssüßigkeit durch die Gegend, während sie auf Diät sind. Viel Erfolg.

Die menschliche Psyche ist komplex und spielt sich auf unterschiedlichen Ebenen ab. Ich nutze zur Betrachtung gerne ein relativ simples Erklärmodell, welches drei Ebenen unterscheidet:

Ganz oben befindet sich das „bewusste Bewusstsein". Es ist jene Ebene in der unsere freien, rationalen Gedanken stattfinden. Diese Ebene ist als einzige befähigt, wirklich komplexe Zusammenhänge zu verstehen, nüchtern zu bewerten und rein rationale Entscheidungen zu treffen. Gleichwohl benötigt sie auch viel Konzentration und knappe Willenskraft. Daher ist sie uns manchmal gar nicht zugänglich und im ungünstigsten Falle nehmen wir diesen Umstand nicht einmal wahr.

Darunter befindet sich das „unbewusste Bewusstsein". Auch auf dieser Ebene denken wir und treffen scheinbar freie Entscheidungen. In Wirklichkeit wird unser Denken auf dieser Ebene aber durch unser Unterbewusstsein beeinflusst. Emotionen, Bedürfnisse und andere Faktoren formen unsere Gedanken. Wenn Sie abends starken Hunger verspüren und zur schnellen Sättigung in das nächstbeste Fastfood-Restaurant einkehren, war das dann wirklich eine völlig freie Entscheidung basierend auf nichts als nüchternen Fakten? Oder haben Sie vielleicht einfach gedacht: „Heute mal einen Burger um 23:00 ist eine super Lösung", weil Sie tierisch Hunger hatten und es sich einfach „richtig angefühlt" hat? Entscheidungen die auf dieser Ebene gefällt werden sind impulsiver, intuitiver, aber auch schneller als jene, die auf der Ebene des „bewussten Bewusstseins" getroffen werden können.

Die unterste Ebene ist das Unterbewusstsein. Auf dieser Ebene keimen unsere Emotionen. Erlernte Abläufe werden von hier gesteuert. Wer sich abends die Zähne putzt, muss nicht bewusst darüber nachdenken wie er die Zahnbürste zu führen hat. Fliegt ein Ball auf unser Gesicht zu, schließen wir reflexartig die Augen und versuchen auszuweichen, ohne darüber zu grübeln was in diesem Moment wohl die beste Handlungsoption wäre. Und wenn wir wirklich sauer sind, kann es sein, dass wir Dinge sinnlos zerstören, ohne auch nur eine Sekunde über unser Handeln oder die daraus resultierenden Konsequenzen nachgedacht zu haben. Entscheidungen, die auf dieser Ebene getroffen werden, sparen sich den Umweg über Gedanken. Sie sind oftmals reflexartig, blitzschnell und nur sehr schwer zu kontrollieren.

Warum also Persönlichkeitsentwicklung? Weil es uns das notwendige Werkzeug an die Hand gibt, um zu verstehen, warum wir wie handeln und denken. Folglich bietet es die Möglichkeit, das Zusammenspiel dieser drei notwendigen Bewusstseinsebenen zu optimieren. Das Cockpit eines Kampfflugzeugs ist ein Ort, an dem oftmals keine Zeit bleibt, um die oberste Bewusstseinsebene ihre Arbeit machen zu lassen, gleichwohl auch die unterste Ebene regelmäßig nicht unkontrolliert die Oberhand gewinnen darf. Das faszinierende dabei ist: Dieser Umstand lässt sich auf fast alle Bereiche des täglichen Lebens übertragen! Persönlichkeitsentwicklung hilft uns sowohl im Privat- als auch im Berufsleben. Sollten Sie die vergangenen Seiten bereits mit einem guten Gefühl angenommen haben, sind Sie bereits den ersten kleinen Schritt in Richtung dieser faszinierenden Welt gegangen.

Sich des Unbewussten bewusst werden!

Das Gehirn ermüdet schnell, wenn Entscheidungen und Handlungen durch aktive Denkprozesse eingeleitet werden müssen. Gleichzeitig denken die meisten von uns in gesprochener Sprache. Das Gros der Menschen führt beim Grübeln Mono- oder gar Dialoge im Kopf. Diese „verbale" Art Dinge geistig zu behandeln, reduziert die kognitive Verarbeitungsgeschwindigkeit jedoch auf ein gesprächsähnliches Niveau. Müssten wir jede der tausenden Entscheidungen die wir am Tag treffen, aktiv durchdenken, würden wir es vermutlich kaum vor die Tür schaffen. Unter anderem um handlungsfähiger zu sein, bedient sich das Gehirn diverser Mechanismen der Entscheidungsfindung, die unter dem Begriff „Intuition" zusammengefasst werden können. Basierend auf Erfahrungen, Traumata, Gewohnheiten, angeborenen Vorlieben und aktuellen Emotionen, sind wir in der Lage, Entscheidungen „aus dem Bauch heraus" zu treffen. Wir tun Dinge, weil sie sich „richtig anfühlen" und vermeiden Dinge, die sich „falsch anfühlen". Sich auf die eigene Intuition verlassen zu können, ist wichtig und in vielen Fällen auch richtig. Gleichwohl müssen wir uns bewusst werden, dass dieser „Intuitionskompass" kein Automatikentscheidungsfinder mit Erfolgsgarantie ist. Wenn wir ihn als Hilfsmittel verstehen und akzeptieren können, beginnen wir auf der Bewusstseinsleiter langsam nach oben zu steigen.

Intuitiv getroffene Entscheidungen können unser Leben retten. So meiden wir beispielsweise Gefahr, wenn wir Angst verspüren. Sie können uns aber auch grundlegend in die Irre führen: Haben Sie nicht auch schon einmal viel zu viele Lebensmittel eingekauft, nur weil sie Hunger verspürten? Oder einen geliebten Menschen schlecht behandelt, weil Sie beleidigt waren? Sie sehen, Intuition ist ein potentes Hilfsmittel, aber eben auch eines, das mit Vorsicht genutzt werden sollte. Ich vertrete einen eisernen Grundsatz: Der Verstand kann nicht jede Entscheidung diskursiv herleiten, aber er kann jede zu treffende Entscheidung kritisch hinterfragen! Besonders bei weitreichenden Entscheidungen bietet die oberste Bewusstseinsstufe den „Last Chance Check“ vor der Ausführung.

Bedeutet dies, dass man gelegentlich entgegen der eigenen Intuition handeln sollte? Ich meine: Ja! Und dazu müssen wir uns gegenwärtig werden, dass Einflüsse aus dem Unterbewusstsein sogar unsere scheinbar bewussten Gedanken beeinflussen können.

Sicher hatten auch Sie irgendwo in Ihrem Bekanntenkreis ein Paar, welches durch periodische Trennungs- und Versöhnungszyklen auf sich aufmerksam machte. Bei sehr unbewussten Menschen werden diese Entscheidungen rein intuitiv, meist emotionsbasiert getroffen, ohne jemals über die Konsequenzen nachgedacht zu haben. Menschen mit durchschnittlicher Bewusstseinsstufe behandeln die Trennungsentscheidung zwar diskursiv, belegen sie also mit Gedanken, lassen sich dabei aber dennoch massiv von ihren Gefühlen beeinflussen. Wer verletzt oder wütend ist, neigt dazu, die Trennungsfolgen herunterzuspielen und die Trennung als „richtig“ zu empfinden. Diese Empfindung wird mit unkritischen Gedanken untermauert und oftmals vorschnell ausgeführt. Sind die Emotionen abgekühlt, besinnt man sich. Plötzlich übernehmen positive Emotionen die Gedankenbildung und das Paar versöhnt sich wieder. Meines Erachtens nach können wir diesen Prozess der unterbewussten Einflussnahme nicht unterbinden – das wäre zumeist auch gar nicht zweckmäßig – aber wir können verstehen, dass unsere Gedanken eben nicht „frei“ sind. Wir müssen lernen, verstehen und verinnerlichen, dass unsere Gedanken nicht nur unserem Bewusstsein entspringen, sondern massiv durch unser Unterbewusstsein beeinflusst, ja manchmal sogar geformt werden.

Um dies möglichst effizient zu erreichen, empfehle ich Ihnen eine Zeit lang bewusst zu reflektieren. Beobachten Sie ihre eigenen Gedanken aufmerksam. Achten Sie darauf, wie sich Ihre Denke über bestimmte Themen, Dinge oder Menschen ändert. Am einfachsten gelingt dies mit grundlegenden Bedürfnissen, die häufig wiederkehren. Gehen Sie Lebensmittel einkaufen, wenn Sie extrem hungrig sind und versuchen Sie es erneut, wenn Ihr Magen komplett gefüllt ist. Noch offensichtlicher werden diese Mechanismen bei einem pikanten Thema: Sexualität. Nehmen Sie Ihre Gedanken im Zustand höchster sexueller Erregung bewusst wahr und achten Sie darauf, wie abrupt sich diese ändern, wenn die Erregung verfliegt. Und seien Sie mal ehrlich: Wann haben Sie das letzte Mal im völlig unerregten Zustand gedacht „Jetzt ein fremdes Genital im Gesicht wäre eigentlich ganz nett“?

Diese Prozesse wirklich erleben und erkennen zu können, bedarf einiges an Zeit und Übung. Aber wie so oft verlangt Veränderung nach Fleiß, belohnt am Ende aber auch mit einem wichtigen Erfolg: Wir sind uns dem Unbewussten bewusst geworden. Wir verstehen, dass unsere Gedanken durch unser Unterbewusstsein beeinflusst und geformt werden können. Uns ist klar, dass unsere Meinung, unsere Gedanken zu und über etwas, durch viele Faktoren beeinflusst werden können und keineswegs gefestigt sein müssen. Damit haben wir uns die Ebene des unbewussten Bewusstseins erschlossen und können weiter abtauchen. Hinab ins Unterbewusstsein.

Das Unterbewusstsein erkunden

Der Begriff des „Unterbewusstseins“ ist den meisten Menschen geläufig. Dennoch wissen viele nicht, wie sehr diese unbewusste Ebene mit der bewussten Ebene interagiert. Noch unbekannter sind aber die Mechanismen, die unser Unterbewusstsein geformt haben und jene, mit welchen wir es beeinflussen können.

Ich sage es an dieser Stelle erneut: Ich bin weder Wissenschaftler noch studierter Psychologe und ich möchte mir auch nicht anmaßen, das Wissen und die Anschauungen aller geistigen Lehrdisziplinen durchschauen und hier wiedergeben zu können. Dennoch lassen sich auf einem sehr praxisorientierten und vereinfachten Niveau genug Ableitungen treffen, die uns in unserem täglichen Leben hilfreich sein können.

Das Unterbewusstsein ist extrem komplex und auch nicht in allen Bereichen vollumfänglich erforscht. Für die Praxis lässt es sich aber auf wenige Hauptstränge zusammenfassen: Angeborene, eingeprägte und erlernte Faktoren bilden unser Unterbewusstsein und bestimmen darüber wie diese Ebene auf Situationen, Menschen und sonstige Reize reagiert.

Zu den angeborenen Faktoren gehören zum Beispiel evolutionär oder erblich bedingte Eigenschaften. Dies ist einer der Gründe, warum viele Verhaltensweisen als „typisch männlich“ oder „typisch weiblich“ katalogisiert werden können. Selbstverständlich spielt hier auch unsere Sozialisierung eine Rolle, diese zählt aber zu den erlernten Faktoren. In der Masse angeboren ist aber beispielsweise das grundlegende Paarungsverhalten der Geschlechter: Männer neigen grundsätzlich eher dazu, möglichst viele verschiedene Sexualpartnerinnen anzustreben. Frauen hingegen tendieren eher dazu, den einen, bestmöglichen, Partner finden und halten zu wollen. Dieser angeborene Faktor lässt sich evolutionär sehr einfach durch das unterschiedliche Reproduktionstempo von Männern und Frauen herleiten. Einfach ausgedrückt: Männer können hunderte Schwangerschaften im Jahr verursachen, für sie ist es daher absolut zielführend das eigene Genmaterial möglichst breit zu streuen. Die Auswahlkriterien der Sexualpartnerinnen können dabei freilich recht einfach bleiben. Frauen hingegen schaffen nur grob eine Schwangerschaft pro Jahr. Eine große Anzahl an Sexualpartnern wäre somit nicht zielführend und könnte im Gegenteil sogar dafür sorgen, dass ein wenig gewünschter Partner diese rare Gelegenheit einnimmt. Selbstverständlich handeln Männer und Frauen in der Praxis nicht unbedingt nach diesem Grundsatz. Dass Männer trotzdem eine monogame Familiengründung anstreben und Frauen Spaß an einem ausschweifenden Sexualleben haben können, wird aber erst durch geprägte und erlernte Faktoren beeinflusst. Kurzum: Unsere Sozialisierung hat hier ein gewichtiges Wörtchen mitzureden.

Um uns unseres Unterbewusstseins bewusster zu werden, ist das Verständnis für diese Zusammenhänge allerdings von großer Bedeutung. Schließlich können uns beim Erreichen unserer Ziele obsolete, evolutionäre Faktoren gehörig Steine in den Weg legen! Frauen stecken beispielsweise bei Gehaltsverhandlungen häufiger zurück, schlicht weil Ihnen die Natur weniger inhärente Kampfbereitschaft mit auf den Weg gegeben hat als ihren männlichen Kollegen. Sie müssen ihre Motivation, den Konflikt anzunehmen und zu ihren Gunsten auszutragen, daher stärker intrinsisch generieren. Keine leichte Aufgabe. Männer hingegen lassen sich immer wieder stark durch ihre Sexualität in ihrer Entscheidungsfindung beeinflussen. Beileibe kein guter Karriereberater. Diese Beispiele sind selbstverständlich bewusst plakativ gewählt, verdeutlichen die Problematik aber dennoch auf einfache Weise.

Unter eingeprägten Faktoren verstehe ich äußere Umstände, die uns langfristig beeinflusst, also geprägt, haben. Kindheitstraumata beeinflussen die Bildung des Unterbewusstseins extrem. Um diese Thematik greifbarer zu machen, empfiehlt es sich auf das Erklärmodel des „inneren Kindes" zurückzugreifen. Dieses Model versucht diese Prozesse durch eine kindliche Version unserer selbst zu erklären, die weiterhin in uns allen lebt. Sie haben als Kind oft die Erfahrung machen müssen, vermeintlich nicht gut genug zu sein? Ihnen wurde bisweilen sogar vermittelt völlig wertlos zu sein? Diese oder ähnliche Erfahrungen liegen manchmal Jahrzehnte zurück und doch: Sobald eine Situation in der Gegenwart diese Erfahrungen bedient, beginnt unser inneres Kind zu schreien. Man wird getriggert und dabei manchmal emotional bis in die frühste Kindheit zurückgeschleudert. Die Beispiele für diese Kindheitstraumata sind ebenso mannigfaltig und komplex wie ihre Auswirkungen auf unsere Gegenwart. Sie in der Tiefe zu ergründen würde den Rahmen dieses Buches völlig sprengen, daher merken Sie sich bitte einfach folgendes: Prägungen aus der Kindheit haben einen sehr großen Einfluss auf unsere Gefühle und Verhaltensweisen in der Gegenwart. Sich dieses Umstandes bewusst zu werden hilft uns, diese Traumata anzugehen, sie zu lösen oder wenigstens ihre Folgen abzumildern. Kurzum: Wer seine Kindheitstraumata und ihre Auswirkung auf sein erwachsenes Selbst erkennt und versteht, hat die Chance ihre Folgen in der Gegenwart zu mitigieren und insgesamt resilienter und leistungsfähiger zu werden.

Das bewusste Bewusstsein

Nachdem wir uns nun einen Überblick über die unteren beiden Bewusstseinsebenen verschafft haben, wird es Zeit ganz nach oben zu klettern und uns der höchsten und anspruchsvollsten Ebene zu widmen: Dem bewussten Bewusstsein.

Bereits die Namensdoppelung verdeutlicht, dass die Denkprozesse auf dieser Ebene höchste Ansprüche an Selbsterkenntnis und Abstraktionsfähigkeit stellen. Nur zu oft wähnen wir uns mit unseren Gedanken auf dieser hohen Stufe, stochern in Wahrheit aber im unbewussten Bewusstsein herum, wo unsere Gedanken durch das Unterbewusstsein beeinflusst und geformt werden können. Diese Fehlperzeption erkannt, beobachtet und verstanden zu haben, ermöglicht uns aber fast nach Belieben auf der Ebene des bewussten Bewusstseins zu agieren. Warum ist dies so wichtig? Weil wir nur hier, nur auf dieser Ebene, wirklich rationale, nüchterne und damit sachlich korrekte Entscheidungen treffen können. Manchmal ist „gut gemeint" einfach das Gegenteil von „gut gemacht", manchmal müssen wir den emotionalen Intuitionskompass konsequent zur Seite legen. Manchmal ist das Einzige was zählt, einen kühlen Kopf zu bewahren und eine rein rationale Entscheidung zu treffen.

Wie Sie sich vielleicht denken können, bleibt der Zugang zu dieser anspruchsvollen Bewusstseinsstufe immer eine Herausforderung. Er ist ausschließlich durch Willenskraft möglich und bedarf viel Aufmerksamkeit. Um dies zu verdeutlichen, nutze ich ein einfaches Beispiel, welches ich bereits in Kapitel III-3 verwendet habe: Den Lebensmitteleinkauf.

Sie befinden sich auf abendlicher Einkaufstour in Ihrem liebsten Lebensmittelfachgeschäft. Nach einem stressigen Arbeitstag knurrt Ihr Magen, aber der Einkauf muss noch vor dem Abendessen über die Bühne gebracht werden. Sie streifen durch die Gänge und spüren sofort wie Ihnen das Wasser im Mund zusammenläuft. Ihr Hirn beginnt zu arbeiten und Sie denken über die Ziele Ihrer Verpflegungsjagd nach: „Och, das wollte ich doch schon lange mal wieder haben ... Etwas zum Knabbern auf der Couch wäre noch nett. Wenn ich schon mal da bin, könnte ich dies auch kaufen." Der Einkaufswagen füllt sich zusehends und Sie fühlen sich gut, Ihre Entscheidungen treffen sie schließlich bewusst. Stop!

Als aufmerksamen Leser müssen nun Ihre Alarmglocken schrillen: Ja, die Entscheidungen wurden diskursiv auf Basis von Gedanken getroffen, aber waren das wirklich Entscheidungen des bewussten Bewusstseins? Oder haben wir uns auf der Ebene des unbewussten Bewusstseins in die Irre führen lassen? Spulen wir doch noch einmal zurück:

Nach einem stressigen Arbeitstag knurrt ihr Magen, zum Glück haben Sie sich auf den Einkauf vorbereitet und eine ordentliche Einkaufsliste zur Hand. Zielsicher streifen Sie durch die Gänge und arbeiten die Liste effizient ab. Immer wieder meldet sich Ihr Magen und Sie denken: „Och, das könnte ich eigentlich auch noch mitnehmen." Sie wissen aber auch, dass diese Gedanken schlicht durch Ihren Hunger geformt werden. Ihnen ist bewusst, dass sie gesättigt all diese Dinge gar nicht wollen würden! Sie wischen die Gedanken daher bei Seite und als Sie die Kasse erreichen, ist der Einkaufswagen nur mit Notwendigem gefüllt. Die Tour ging schnell und der Kassenzettel ist überschaubar.

Dieses Beispiel ist ebenso banal wie relevant: Im zweiten Durchgang konnten Sie Ihren Verstand für die wichtigste Aufgabe nutzen: Als „Last Chance Check" für Ihre Auswahlentscheidungen. Sie waren sich bewusst, dass Ihre Gedanken durch unterbewusste Prozesse beeinflusst werden und irreführend sind. Sie haben sie kritisch hinterfragt, abgelehnt und letztlich die rational beste Entscheidung treffen können. Und genau dies, lieber Leser, ist die Kraft des bewussten Bewusstseins. Diese wichtige Möglichkeit können wir analog für Problemstellungen jedweder Komplexität nutzen.

Halten wir also fest: Das Verständnis für unbewusste Prozesse und Ihre Einflüsse auf das unbewusste Bewusstsein, ermöglicht uns anstehende Entscheidungen kritisch zu hinterfragen und letztlich eine wirklich rationale Entscheidung zu treffen. Diese Fähigkeit ist in vielen Fällen von höchster Relevanz, insbesondere wenn es sich um schwerwiegende Entscheidungen mit langfristigen Folgen handelt.

Mit vereinten Kräften zur Entscheidung!

Nachdem wir uns nun einen Überblick über das Modell der drei Bewusstseinsstufen verschaffen und die Zusammenhänge verstehen konnten, geht es wirklich ans Eingemachte: Wie nutze ich diese Erkenntnisse denn im Alltag?

In meinen Augen wird die „Nutzung" der eigenen Psyche absolut klar, wenn wir uns nochmal die Eigenschaften der Bewusstseinsstufen ansehen:

- **Bewusstes Bewusstsein:**

Fähig hochkomplexe, rationale Entscheidungen zu treffen. Arbeitsweise ist verbal diskursiv, erfordert viel Konzentration und Willenskraft. Die Entscheidungsfindung ist sehr langsam.

▸ **Unbewusstes Bewusstsein:**
Komplexe Entscheidungen können verbal diskursiv behandelt aber teilautomatisiert getroffen werden. Die Arbeitsweise erfordert wenig Konzentration und Willenskraft. Die Entscheidungsfindung ist zumeist zügig und teilweise intuitiv.

▸ **Unterbewusstsein:**
Einfache Entscheidungen können rein intuitiv und reflexartig getroffen werden. Die Arbeitsweise ist gedankenlos und oft reaktiv, erfordert nahezu keine Konzentration oder Willenskraft. Die Entscheidungsfindung erfolgt in Sekundenbruchteilen.

Es ist durchaus möglich zu beeinflussen, wie wir unsere Bewusstseinsebenen nutzen und zu treffende Entscheidungen „einsortieren". Im Rahmen der Persönlichkeitsentwicklung ist diese Organisationsarbeit ein absolut gewichtiges Werkzeug zur Selbstoptimierung. Mit Blick auf diese Eigenschaftsübersicht sollte klar sein, dass besonders zeitkritische Entscheidungen in den Ebenen nach unten und besonders komplexe und weitreichende Entscheidungen nach oben verschoben werden sollten. Doch wie stellen wir dies an?

Am abstraktesten ist die gewollte Nutzung des Unterbewusstseins, immerhin finden die Entscheidungen hier nunmal unbewusst statt. Obwohl wir diese Ebene nicht direkt steuern können, lässt sie sich doch recht gut beeinflussen und effektiv nutzen. Der einfachste und effizienteste Weg dorthin ist das drillmäßige Üben von wiederkehrenden Abläufen. Dies ist sowohl in der Praxis, als auch rein mental, an jedem beliebigen Ort, möglich.

Bereits zu Beginn der fliegerischen Ausbildung wird jeder militärische Pilotenanwärter mit einem Begriff konfrontiert, der ihn durch seine gesamte Laufbahn verfolgen wird: Das „Chairflying". Wie es der Name bereits vermuten lässt, handelt es sich dabei um eine weitestgehend mentale Trainingsmethode, die als einziges Hilfsmittel eine Sitzgelegenheit erfordert. Die Abläufe im Cockpit werden im Geiste in Echtzeit durchgegangen, Handgriffe real in der Luft ausgeführt. Durch das wiederholte und drillmäßige Üben dieser Arbeitsabläufe entsteht ein „Muskelgedächtnis". Die Handlungen werden zusehends ins Unterbewusstsein verschoben und können fortan automatisiert, ohne Nutzung der eigenen Konzentration, ausgeführt werden. Dieser Prozess stellt somit neue freie Mentalkapazitäten für gleichzeitig auszuführende Arbeiten zur Verfügung. Dies mag für Sie vielleicht überraschend klingen, aber wenigstens unbewusst haben wir alle die Prinzipien dieser Lernmethodik bereits angewandt: Können Sie Schuhe binden oder Auto fahren? Erinnern Sie sich mal daran, wie lange Sie als Kind gebraucht haben, um ihren Fußbus zuverlässig schnüren zu können. Oder denken Sie an Ihre ersten Versuche ein Auto mit manueller Schaltung in Bewegung zu versetzen. Und wie viel Konzentration erfordert Schuhe binden oder Anfahren heute von Ihnen? Vermutlich gar keine. In diesem Fall wurden die Abläufe solange praktisch geübt, bis sie vollständig automatisiert und unterbewusst reproduzierbar waren. Wo immer aber diese praktische Übung nicht möglich ist, können Sie das „Chairflying" nutzen: Gehen Sie Situationen, Handlungen, Entscheidungsfindungen immer wieder im Kopf durch. Führen Sie alle Bewegungen aus, die Sie in bestimmten Situation ausführen würden. Führen Sie Gespräche im Kopf in Echtzeit, denken Sie sich in Situationen hinein und gehen Sie Ihre Handlungen im Detail durch. Tun Sie dies so lange, bis man Sie nachts um fünf Uhr, im Anschluss an eine harte Partynacht aus dem Bett treten und Sie die geübte Situation dennoch meistern könnten. Herzlichen Glückwunsch, Sie haben sich als bewusste Entscheidung Ihr Unterbewusstsein zu Nutze gemacht, haben Handlungen, Entscheidungsfindungen, Reaktionen dorthin verschoben und damit freie Kapazitäten für andere Dinge geschaffen!

Die Nutzung des unbewussten und des bewussten Bewusstseins ist leicht zu verstehen und dennoch in der Anwendung nicht so trivial wie es zunächst erscheinen mag. Aus meiner Sicht gilt der Grundsatz: Sind Entscheidungen von besonders großer Tragweite und müssen nicht unter Zeitdruck getroffen werden, gehören Sie unbedingt ins bewusste Bewusstsein. Sind die Folgen der Entscheidung überschaubar, oder müssen diese unter Zeitdruck getroffen werden, dürfen die unterbewussten Einflüsse im unbewussten Bewusstsein definitiv genutzt werden. Was bedeutet dies in der Praxis? Versuchen Sie ein Gespür dafür zu entwickeln, welche Entscheidungen wie kategorisiert werden müssen und handeln sie entsprechend. Konkret rate ich dazu stets zwei Prüffragen anzuwenden:

1. Ist die Entscheidung zeitkritisch?
Wenn ja, nutzen Sie Ihre Intuition. Treffen sie die Entscheidung nach bestem Wissen und Gewissen, beziehen Sie Ihr Bauchgefühl mit ein, aber ent-

scheiden Sie. Oftmals ist eine schlechte Entscheidung noch immer besser als gar keine. Wenn nein, nutzen Sie Prüffrage 2.

2. Ist die Entscheidung weitreichend und folgenschwer?
Wenn nein, können Sie auch diese Entscheidung bei Bedarf „aus dem Bauch heraus“ treffen.

Lautet die Antwort aber ja, stellen Sie die Entscheidungsfindung hinten an. Nehmen Sie sich Zeit, schlafen Sie mindestens eine Nacht darüber. Versuchen Sie die emotionale Komponente zu isolieren und auszublenden. Folgenschwere Entscheidungen müssen aus meiner Sicht unbedingt nüchtern und sachlich getroffen werden. Emotionen sind zwar nicht völlig unwichtig, aber eben volatil. Sie sind oftmals nicht verlässlich und lenken von der objektiv besten Lösung ab. Treffen Sie die schwersten Entscheidungen immer in einem kühlen Zustand. Keine Emotionen, keine Erregung, das einzige was hier zählt sind Fakten.

Zusammenfassend bedeutet das: Der wichtigste Faktor ist immer Zeit. Entscheidungen die unter extremem Zeitdruck erfolgen müssen (sofortige Reaktionen), treffen sie stets aus dem Unterbewusstsein. Bereiten Sie es durch Training auf diese möglichen Entscheidungs- und Handlungsfindung vor. Entscheidungen, die kurzfristig zu treffen sind, treffen Sie unabhängig von der Wichtigkeit aus dem unbewussten Bewusstsein. Nutzen Sie Ihre Intuition, aber prüfen Sie Ihre Entscheidung vor der Ausführung mit Ihrem Verstand. Haben Sie eine Entscheidung vor sich, die nicht zeitkritisch ist, können Sie sie im bewussten Bewusstsein behandeln. Sollte es sich um eine weitreichende, folgenschwere Entscheidung handeln, ist die Nutzung dieser obersten Bewusstseinsebene dringend angeraten.

Aus der Praxis

Durch die letzten Kapitel haben Sie das notwendige Rüstzeug erhalten, um mit Hilfe des Drei-Ebenen-Modells Ihr Bewusstsein weiter zu erkunden und ihre persönliche, psychische Leistungsfähigkeit erhöhen zu können. Um das Erlernte nochmals anschaulich zu verdeutlichen möchte ich abermals in der Geschichtenkiste kramen und einen kleinen Schwank aus dem Fliegerdasein erzählen. Also, schnappen Sie sich einen Kaffee, bringen Sie Ihren Sitz in eine aufrechte Position und lassen Sie sich beispielhaft zeigen, wie Sie die drei Ebenen Ihres Bewusstseins effektiv einsetzen können.

Bis gerade eben lief heute erstaunlich viel nach Plan: Keinerlei Verzögerungen oder gar Ausfälle, alle Trainingsanteile konnten wie beabsichtigt durchgeführt werden und auch das eher schlechte Wetter, welches in ganz Deutschland vorherrscht, war mir nicht in die Quere gekommen. Bekanntlich soll man den Tag aber ja nicht vor dem Abend loben oder anders ausgedrückt: Der Flug ist erst abgeschlossen, wenn in der Box die Triebwerke abgestellt wurden. Die letzte Trainingseinheit ist gerade vorbei, gedanklich befinde ich mich bereits auf dem Weg zurück nach Nörvenich, als plötzlich dieses Geräusch, welches jedem Eurofighter-Pilot die Nackenhaare aufstellt, die Ruhe im Cockpit auf einen Schlag zerstört. DING. Ein unschuldiger, kleiner Ton, aber fest als Trigger bei jedem von uns verankert. Der sogenannte „Attenson“ wird nur vor den schwersten Warnungen abgespielt. Einfach, kurz, prägnant, aber ich weiß sofort: Jetzt folgt nichts Gutes. „Left engine fire, left engine fire“ Für den Bruchteil einer Sekunde frage ich mich, was wohl nerviger ist: Das rote Geblinke der „Attention Getter“ oder die hektisch, schrille Stimme der liebevoll „Bitching Betty“ genannten Voice Warning. Noch bevor ich den Gedanken überhaupt zu Ende bringen kann, mache ich unterbewusst genau das, was ich schon hunderte Male in Theorie und Praxis geübt habe: Meine linke Hand umfasst den linken Schubhebel und führt ihn zielstrebig in den Leerlauf. Ein kurzer Blick auf das DWP („Dedicated Warning Panel“) bestätigt mir ein letztes Mal, dass wirklich das linke Triebwerk in Flammen steht. Dann entriegele ich den Schubhebel mit meiner rechten Hand und ziehe ihn mit der Linken zurück in die „HP Shut“ Position. Das Hochdrucktreibstoffventil schließt und das Triebwerk läuft augenblicklich herunter. Ich führe meine Linke weiter nach hinten, hebe die Sicherung des „LP Cock“ an und ziehe den kleinen Hebel ebenfalls in die „Shut“-Position. Das Schließen des Niederdrucktreibstoffventils unterbindet die Treibstoffzufuhr zum gesamten Pumpensystem. Danach wähle ich die Triebwerksanzeigen an und prüfe sie auf Anzeichen eines weiter bestehenden Brandes. Zum Glück ist davon nichts zu erkennen, denn oszillierende Triebwerkstemperaturen oder unstimmige Triebwerksanzeigen hätten den sofortigen Rettungsausschuss zur Folge gehabt. All diese kleinen Handlungen spielten sich, ohne auch nur einen Gedanken daran zu verschwenden, in weniger als fünf Sekunden ab. Das Notverfahren für einen Triebwerksbrand hatte ich so oft geübt, dass ich es nachts um 05:00 aufsagen könnte:

THROTTLE AFFECTED ENGINE – SHUT
LP COCK AFFECTED SIDE – SHUT
IF FIRE IS CONFIRMED – EJECT

Die unmittelbare Gefahr ist gebannt, aber die nächsten Schritte müssen schnell erfolgen. Mein Kopf beginnt kurz zu rattern, doch für lange Gedankenspiele ist jetzt einfach keine Zeit: Aviate – Navigate – Communicate. Dieser Leitsatz ist ebenso tief verankert wie die Notverfahren. Mein Bauch sagt mir: Bring die Kiste unter Kontrolle, bleib im Übungsluftraum, erklär Luftnotlage und dann ab nach Ramstein! Ich verlasse mich auf meine Intuition, setze überflüssige Geschwindigkeit in Höhe um, drehe die Nase meines Flugzeugs zum Zentrum des reservierten Luftraums und betätige den Funkknopf: „Mayday, Mayday, Mayday. MSTANG one declaring emergency present time. Left engine failure due to fire. Fire extinguished. POB (persons on board) 1, 30 minutes of fuel remaining.“ Ohne Verzug antwortet der Jägerleitoffizier: „MSTANG one, LONESHIP, copy emergency due to engine failure. Confirm emergency landing at Ramstein?“ Die Versuchung ist groß die Frage einfach zu bestätigen und die unangenehme Situation auf der praktisch nahe gelegenen Ramstein Air Base zu beenden. Mein geistiger „Last Chance Check“ sagt mir aber: Die Situation ist erst mal unter Kontrolle, du hast Zeit. Triff jetzt keine vorschnelle Entscheidung, sondern verschaffe dir zunächst einen Überblick. Ich schiebe die Versuchung der vermeintlich einfachen Lösung beiseite und betätige erneut den Funkknopf: „LONESHIP, MSTANG one, stand by for gameplan. Request current weather and field status of Ramstein, Spangdahlem and Büchel.“

Ich schlage die Checkliste auf und arbeite die restlichen Notverfahren ab. Die technische Lage des Flugzeuges ist jetzt wesentlich entspannter: Ja, das beschädigte Triebwerk ist ausgefallen, aber alle weiteren Systeme sind in Ordnung. Ich habe also Zeit meine Entscheidung in Ruhe abzuwägen sobald ich alle notwendigen Informationen zur Verfügung habe.

„MSTANG one, LONESHIP, status update: Ramstein is amber, ILS currently unserviceable, Büchel red, no restrictions, Spangdahlem white, no restrictions.“ Und jetzt zeigt sich, warum genau dies einer der Momente war, um sich ein wenig Zeit zu nehmen: Das Wetter in Ramstein ist zu schlecht um ohne Instrumentenlandesystem landen zu können. Die vermeintlich beste und intuitive Lösung ist bei genauerer Betrachtung gar keine. Nüchtern betrachtet ist nur eine Möglichkeit wirklich sinnvoll: Spangdahlem hat das mit Abstand beste Wetter, eine Landung ist ohne technische Hilfsmittel möglich und der Platz ist nahe genug um ihn sicher erreichen zu können. Meine Entscheidung ist gefallen. Wenige Minuten später platziere ich meinen beschädigten Flieger auf der Landebahn und noch während ich auf der Bahn ausrolle höre ich im Kopfhörer: „Halt einfach direkt an, mach alles aus und komm raus, wir sind schon fünf Minuten drüber!“ Mein erhöhter Puls zeugt noch davon, dass man manchmal fast vergisst, sich im Simulator zu befinden... Kein Flugzeug wurde beschädigt, niemand war in Gefahr, aber die Abläufe, der Stress, die Gefühle, all dies war vom realen Flug nicht zu unterscheiden. Sollte mir dieser Schadensfall jemals in der Realität begegnen, werde ich gerüstet sein.

Nun, welche Schlüsse können Sie aus dieser Geschichte ziehen? Wie können Sie diese Fertigkeiten auch in Ihrem Leben nutzen? Werfen wir nochmal einen kurzen Blick zurück auf das geschilderte Geschehen:

Die Entscheidungen die unmittelbar nach der Havarie getroffen werden mussten, waren äußerst zeitkritisch. Bleibt keine Zeit für Denkprozesse, müssen die Entscheidungen automatisiert aus dem Unterbewusstsein kommen. Damit dies möglich ist, muss es darauf vorbereitet sein. In diesem Fall hatte ich die Notverfahren immer und immer wieder drillmäßig geübt, ihre Ausführung konnte daher automatisiert und unterbewusst erfolgen.

Im Anschluss an die kritischen Notverfahren standen weitere Entscheidungen an, die unter mäßigem Zeitdruck getroffen werden mussten. Sie waren nicht kritisch, aber für ausufernde Denkprozesse blieb keine Zeit. Sie konnten durch das unbewusste Bewusstsein unter Nutzung der eigenen Intuition getroffen werden.

Die weiteren Entscheidungen waren zwar nicht mehr durch Zeitdruck geprägt, ihre Tragweite hingegen aber groß: Die Auswahl eines falschen Lösungsweges kann schnell zur Katastrophe führen. Es ist klar, dass diese Entscheidungen durch das bewusste Bewusstsein und in diesem Falle auch entgegen meiner eigenen Intuition getroffen werden mussten. In diesem Fall war nichts anderes akzeptabel als die, unter Nutzung der vorhandenen Informationen, objektiv beste Lösung.

Und genau so können Sie auch in Ihrem eigenen Berufs- und Privatleben handeln: Bereiten Sie sich auf mögliche zeitkritische Entscheidungen vor, automatisieren Sie sie. Haben Sie den Mut Entscheidungen die kurzfristig getroffen werden müssen, unter Abstützung auf Ihre Intuition zu treffen. Werden Sie sich bewusst, wann Sie sehr wichtige Entscheidungen vor sich haben, für die Ihnen etwas Zeit zur Verfügung steht und nehmen Sie sich diese Zeit. Räumen Sie Ihre Emotionen beiseite, sammeln Sie alle Fakten und treffen Sie eine objektive Entscheidung aus dem kühlen Kopf heraus. Wenn Sie dies verinnerlichen, werden Sie viele Situationen in Zukunft besser meistern können.

Sie werden Ihr Verhalten gegenüber anderen Menschen nicht mehr rein auf Ihre Emotionen stützen, sich von kritischen Situationen nicht mehr aus der Ruhe bringen und sich bei wirklich wichtigen Entscheidungen nicht vom Intuitionskompass irreführen lassen.

Die Attitüde als Basis

In den vergangenen Kapiteln haben Sie eine Möglichkeit kennengelernt, mit der Sie sich die Arbeitsweise Ihres Geistes auf einfachem Niveau selbst erschließen und nutzbar machen können. Wissen allein nützt aber nicht viel. Dem bekannten Spruch „Knowledge is power!“ stelle ich gerne einen ehemaligen Marketing-Slogan eines bekannten Reifenherstellers gegenüber: „Power is nothing without control!“

Dies wird Ihnen insbesondere auffallen, wenn Sie versuchen sich Ihr Unterbewusstsein nutzbar zu machen. Der Prozess dieser Selbstprogrammierung ist komplex, anstrengend und langwierig. Um Erfolg damit zu haben, benötigt es meines Erachtens nach drei Voraussetzungen:

1. Sie müssen wissen, dass Sie etwas ändern wollen.
2. Sie müssen wissen, wie Sie etwas ändern können.
3. Sie müssen diese Änderung umsetzen können.

Problemstellungen die rein aus dem Bewusstsein heraus behandelt werden können, sind zumeist so einfach wie ein voller Mülleimer im Haushalt:

1. Sie wissen, dass Sie gerne wieder einen leeren Mülleimer in der Wohnung hätten.
2. Sie wissen, dass Sie dazu die volle Mülltüte hinaustragen müssen.
3. Sie schnappen sich die Tüte und bringen sie in die passende Mülltonne.

Derartige Probleme anzugehen ist simpel und kurzfristig umsetzbar. Wenn wir aber auf der Ebene des Unterbewusstseins agieren, bedeutet dies: Es geht nicht darum den Müll herauszubringen, sondern uns dazu zu bringen, den Müll intrinsisch motiviert herausbringen zu wollen! Klingt irgendwie abstrakt? Ist es auch, weil es eben nur indirekt möglich ist. Es ist keine auf Gedanken basierte Entscheidung, es ist eine Neuprogrammierung des Unterbewusstseins. Diese ist eher mit einem Hausbau zu vergleichen. Zunächst müssen Sie wissen, dass Sie überhaupt ein Haus bauen wollen. Allein dies ist schon eine gewichtige Entscheidung, die man nicht zwischen Tür und Angel trifft. Dann müssen Sie auch über das notwendige „Know how" zum Hausbau verfügen und letztlich müssen Sie die nötige Ausdauer aufbringen, um diesen langwierigen Bauprozess zu einem erfolgreichen Abschluss bringen zu können.

Die Autorin Dami Charf vergleicht in ihrem Buch „Auch alte Wunden können heilen" die Funktionsweise des Unterbewusstseins mit einer Autobahn: Sie sind es gewohnt jedes Wochenende direkt von Ulm nach Flensburg zu fahren. Auf der gut ausgebauten A7 ist das ohne Umwege möglich. Wenn Sie jetzt beschließen, stattdessen künftig nach Düsseldorf reisen zu wollen, werden Sie feststellen, dass es hier noch keine Direktverbindung gibt. Um die Fahrt nach Düsseldorf so einfach wie nach Flensburg zu gestalten, müssen Sie also beginnen, eine neue Autobahn zu bauen, die direkt von Ulm nach Düsseldorf führt. Selbst wenn Sie jetzt Ihre Bagger und Walzen sofort losschicken, werden Sie sich dennoch jedes Wochenende mit der Versuchung konfrontiert sehen, einfach erneut nach Flensburg zu fahren, schlicht weil die Strecke dorthin so verführerisch einfach zu bewältigen ist.

Sie sehen, die absolute Grundvoraussetzung um diese umfangreichen, langatmigen und komplexen Prozesse überhaupt in Gang setzen und erfolgreich abschließen zu können, ist die richtige innere Einstellung. Ihre Attitüde ist die Basis Ihres künftigen Erfolgs. Dieser möchte ich mich auf den kommenden Seiten widmen.

Wenn du wirklich willst …

Wie oft habe ich gehört: „Wenn du wirklich willst, kannst du alles schaffen!“ Dieser gut gemeinte Motivationsspruch ist für mich ein hervorragendes Beispiel für „manchmal ist gut gemeint schlicht das Gegenteil von gut gemacht“. Denn er erzeugt mitunter unrealistische Zielvorstellungen die zu Frustration führen können. Nein, nicht jeder Mensch kann alles schaffen und der bloße Wille ist auch mitnichten ein Erfolgsgarant. Verstehen Sie mich nicht falsch, es ist nicht meine Absicht Ihre Motivation zu brechen, vielmehr möchte ich Sie für eine bewusste Zielsetzung sensibilisieren. Ein Mensch der beide Beine verloren hat, wird niemals in der Lage sein, sich neue Beine wachsen zu lassen, egal wie sehr er es auch möchte. Er hat aber sehr wohl die Möglichkeit unter Nutzung von hochwertigen Prothesen das Laufen neu zu erlernen. Während das Ziel, das Wachstum neuer Beine anzustreben, unweigerlich zu Frust und Demotivation führen wird, ist das bewusst gewählte Ziel, das Laufen neu zu lernen, ein lohnendes Grobziel am Horizont.

Ihr Wille ist Ihr Antrieb, Ihr Schub, aber Sie müssen die Richtung und das Ziel mit Bedacht auswählen, sonst verpufft Ihre Energie am Ausgangsort als schönes, aber sinnloses Feuerwerk. Bestandteil der notwendigen Attitüde ist also nicht nur der bloße Wille etwas erreichen zu wollen, sondern vielmehr der Wille sich umfangreich mit einer Problemstellung zu beschäftigen, sich Lösungswege zu erarbeiten und diese konsequent umsetzen zu wollen.

Im Bereich der fliegerischen Navigation hört man des Öfteren den Spruch: „Wenn du weißt wo du bist, kannst du sein wo du willst.“ Dieser

Satz hat meines Erachtens nach auch für den Bereich des „Attitude Buildings“ eine gewichtige Bedeutung: Um ein Ziel erreichen zu können, muss ich auch gewillt sein, eine schonungslose Bestandsaufnahme durchzuführen. Wo befinde ich mich? Was sind meine Möglichkeiten? Was sind Herausforderungen auf dem Weg? Was sind möglicherweise unverrückbare Hindernisse? Ich rate Ihnen daher: Hören Sie auf, leichtfertig irgendwelche weit entfernten, großen Ziele erreichen zu wollen und direkt davon zu sprechen dafür zu kämpfen. Nehmen Sie sich etwas Zeit, bestimmen Sie Ihren Standpunkt, wählen Sie Ihr Grobziel mit Bedacht und machen Sie sich die Länge des Weges klar. Wenn Sie so agieren, helfen Sie sich selbst, nicht einfach nur ein Ziel erreichen zu wollen, sondern wirklich aufrichtig gewillt zu sein, den Weg dorthin mit allen Konsequenzen zu gehen. Sollten Sie also nochmal den Spruch „Wenn du wirklich willst, versetzt du Berge“ hören, seien Sie sich bewusst, dass Sie zwar nicht tatsächlich ein Gebirge versetzen, es aber durchaus erklimmen könnten. Sie müssen nur bereit sein, Bergsteigen zu lernen und anschließend auch wirklich loszumarschieren.

Wo stehe ich?

Um einen Weg erfolgreich beschreiten zu können, muss ich wenigstens drei Dinge kennen: Das Ziel, den Startpunkt und die Marschrichtung die beide Punkte miteinander verbindet. Wir neigen dazu Ziele schnell und einfach zu definieren, immerhin geben sie uns eine ganze Reihe positiver Gefühle. Ein schönes Ziel vor Augen verleitet gerne dazu in Tagträumereien zu verfallen. Wie schön wäre es, würde ich dies und jenes bereits besitzen, viel Geld haben, mit einer bestimmten Person zusammen sein, einen bestimmten Abschluss oder Job haben… Was auch immer man als Traumziel wähnt, vermittelt einem fast direkt einen Teil der Gefühle der Zielerreichung. Diese Vorfreude ist angenehm, im Frühstadium des Prozesses der Zielerreichung aber nur eine Art emotionaler Kredit. Dieser sollte sinnvoll als Startmotivation genutzt werden, bevor er mit Zinsen zurückgezahlt werden muss. Die Vorfreude über das gesetzte Ziel weicht schließlich schneller als man denkt der Frustration über das Nichterreichen.

Sie haben sich also das letzte Kapitel zu Herzen genommen und sich selbst mit Bedacht ein lohnenswertes Ziel gesetzt. Damit haben Sie bereits das erste der drei notwendigen Dinge identifiziert. Nun müssen Sie aber zunächst ihren Ausgangspunkt aufrichtig bestimmen. Und schon an diesem Punkt trennt sich sprichwörtlich die Spreu vom Weizen. Den eigenen Ausgangspunkt zu bestimmen bedeutet letztlich nichts anderes als eine schonungslose Bestandsaufnahme durchzuführen. Wer sich auf diese Art mit sich selbst beschäftigt, wird, sofern er dies ehrlich und aufrichtig tut, unweigerlich auch mit den eigenen Schattenseiten konfrontiert. Wer wirklich wissen will wo er steht, kommt nicht umhin sich auch auf die eigenen Schwächen zu konzentrieren. Und genau dies ist ein wichtiger Bestandteil der notwendigen Attitüde. Sie müssen sich nicht einreden in allem der Beste zu sein. Sie müssen nicht davon überzeugt sein, alles zu wissen oder zu können. Sie müssen nicht davon überzeugt sein, besser als alle anderen zu sein. Nein, vielmehr müssen Sie sich auch mit Ihren eigenen Schwächen befassen können und wollen, ohne sich dadurch selbst zu zerstören. Je nach seelischer Verfassung kann diese Bestandsaufnahme schnell zum Ritt auf Messers Schneide werden, daher sollten Sie sich davor nochmal einen einfachen Grundsatz in ihr Bewusstsein rufen: Es ist völlig natürlich und menschlich, Fehler zu machen und Schwächen zu haben. Schämen Sie sich niemals dafür etwas nicht zu können, nicht zu wissen oder gar Dinge nicht auf Anhieb zu beherrschen. Wichtig ist nur bereit zu sein, an identifizierten Schwachstellen zu arbeiten. Der kritische Blick auf sich selbst ist auf dem Weg zum Erfolg in meinen Augen mindestens so wichtig, wie der Blick zum Ziel.

Niemand empfindet es als angenehm einen Fehler begangen zu haben. Immerhin offenbart dieser stets eigene Schwächen. Es ist folglich wenig überraschend, dass wir gerne dazu neigen, die Verantwortung für Fehler auf andere Personen abschieben zu wollen. An dieser Stelle sage ich ganz deutlich: Das ist Energieverschwendung! Die Energie, die Sie aufwenden um nicht zu Ihrem Fehler stehen zu müssen, könnten Sie wesentlich effektiver zur eigenen Weiterentwicklung nutzen.

In der militärischen Fliegerei streben wir eine absolut offene Fehlerkultur an. Das bedeutet: In jedem Wetter- und Einsatzbriefing gibt es einen Punkt an dem die Möglichkeit geboten wird, über kürzlich begangene Fehler oder gemachte Erfahrungen zu sprechen. Jedem von uns passieren Fehler, das gilt auch für Kampfpiloten. Es ist lediglich eine Frage der Zeit. Wenn es dann passiert ist, gibt es für uns einen Punkt im täglichen Morgenbriefing an dem man aufsteht und vor versammelter Mannschaft sagt: „I fucked it up!“. Fehlinterpretieren Sie dies aber nicht als Selbstgeißelung.

Diese Akzeptanz der eigenen Fehlbarkeit ist elementare Voraussetzung um überhaupt aus den eigenen Fehlern lernen und damit besser werden zu können! Zudem gibt es auch dem Rest des Teams die Möglichkeit aus diesen Fehlern zu lernen, damit sie diese gar nicht erst selbst machen müssen.

Das bedeutet im Klartext für Sie: Wenn Sie Erfolg haben wollen, müssen Sie sich neben dem eigentlichen Ziel mit besonderer Aufmerksamkeit auf Ihren Ausgangspunkt konzentrieren. Gehen Sie offen mit Ihren Fehlern um, seien Sie sich bewusst, dass Sie immer wieder Fehler machen und Rückschläge verkraften werden müssen. Haben Sie die Überzeugung und den Willen Ihre begangenen Fehler konfrontieren, untersuchen und ausmerzen zu wollen. Sie werden niemals den Zustand völliger Perfektion erreichen können, aber ich halte es für wichtig, stets im gesunden Maße nach diesem Zustand zu streben. Ich bin der Überzeugung: Für den Prozess der Selbstoptimierung sind Fehler ein Geschenk, zeigen sie doch stets, in welchen Bereichen man sich weiter verbessern kann. Für mich ist der schlimmste Trainingsflug daher stets der, in dem scheinbar alles perfekt gelaufen ist. Schließlich bedeutet dies nur, dass ich nichts lernen konnte.

Von Rückschlägen und Resilienz

Sicher haben Sie bereits Filme oder Serien konsumiert, in denen große Krieger stereotyp porträtiert werden. Egal ob „300, Gladiator, Vikings" oder andere, all diese Produktionen eint ein Detail der Darstellung: Die erfahrenen Kämpfer tragen Narben, während möglicher junger Nachwuchs weitgehend unbefleckt auftritt. Völlig gleich ob König Leonidas, Maximus Decimus Meridius oder Ragnar Lothbrok, sie alle tragen gut sichtbare Spuren ihrer kämpferischen Vergangenheit. Jede einzelne dieser verheilten Wunden zeugt nach außen von überwundenen Rückschlägen und geschlagenen Schlachten der Protagonisten. Als Zuschauer assoziieren wir diese optischen Merkmale mit überwiegend positiven Attributen. Sie stehen für Erfahrung, Stärke, Mut, Belastbarkeit und Siegeswillen. Ein vernarbter Krieger in gezeichneter Rüstung ringt uns nahezu automatisch Respekt und Ehrfurcht ab.

Im Gegensatz zu diesen äußeren Spuren sind unsere inneren Narben nicht auf den ersten Blick zu erkennen. Zudem lastet seelischen Verwundungen häufig eine negative Wahrnehmung an. In der Folge sind wir Menschen meist bestrebt diese inneren Zeugen unserer Vergangenheit zu verstecken. Sie werden tabuisiert, vergraben oder gar abgestritten, schließlich möchte man nicht als schwach oder gar kaputt gelten. In meinen Augen ist es aber so, dass wir unsere Narben, egal ob innen oder außen, mit einem gewissen Stolz tragen können. Sie sind stumme Zeugen überwundener Krisen, verkrafteter Rückschläge. Sie sagen ganz deutlich: Ja, ich musste einstecken, aber ich bin wieder aufgestanden. Ich bin noch immer hier. Diese Fähigkeit einzustecken und wieder aufzustehen bezeichnet man als Resilienz. Ein weiteres wichtiges Puzzleteil für eine starke Attitüde.

Um mich selbst in meinen dunkelsten Stunden motivieren zu können, habe ich mir einen Leitsatz erarbeitet, den ich an dieser Stelle mit Ihnen teilen möchte:

„Everytime life tries to push you down, it just hands you another chance to improve. For there is no higher goal than to strive for excellence."

(Immer wenn das Leben versucht dich niederzustrecken, gibt es dir lediglich eine weitere Chance dich zu verbessern. Denn es gibt kein höheres Ziel als das Streben nach Perfektion.)

Ebenso wie Sie als Mensch stets Fehler machen werden, werden Sie früher oder später scheitern. Egal ob Sie Ihre eigenen an sich selbst oder die von anderen an Sie gestellten Ansprüche verfehlen, Sie werden damit leben müssen immer wieder Ziele nicht zu erreichen und Rückschläge einzustecken. So schmerzhaft dieser Umstand auch ist, Sie sollten sich vor Augen führen, dass all diesen Tiefschlägen eine Chance innewohnt. Jedes Mal, wenn wir gefallen sind, können wir stets zwei Dinge lernen: Erstens, wir können analysieren was uns zu Fall gebracht hat und dies für die Zukunft vermeiden. Zweitens, wir können uns selbst darin üben wieder aufzustehen. Die Möglichkeit unsere Resilienz zu steigern, ist in meinen Augen eine der kostbarsten Möglichkeiten die einem das Leben zuteil werden lassen kann. Zum Verständnis möchte ich Rocky Balboa sinngemäß zitieren: „Es geht nicht darum wie hart du zuschlagen kannst. Es geht darum, wie hart du geschlagen werden kannst. Wie viel du einstecken und trotzdem weiter machen kannst!"

Ich bin mir absolut bewusst, dass viele seelische Verwundungen niemals vollständig verheilen werden. Sie zeichnen uns, hinterlassen Spuren und lassen uns bisweilen zusehends vernarben. Gleichzeitig obliegt es aber uns selbst, was wir aus diesen Wunden machen. Ich bin überzeugt, dass wir sie bei richtiger Pflege stets dazu nutzen können, uns ein dickeres Fell zuzulegen.

Während Sie also versuchen Ihre innere Einstellung, Ihre Attitüde neu zu formen, machen Sie sich bewusst klar: Insbesondere, wenn Sie anspruchsvolle Ziele verfolgen, werden Sie auf dem Weg Herausforderungen begegnen, die Sie zunächst nicht überwinden können. Sie werden straucheln, Sie werden fallen, Sie werden manchmal regelrecht zu Boden gestreckt werden. Jede einzelne dieser bitteren Situationen wird Ihnen seelische Schmerzen bereiten und versuchen Sie auszuzehren. Doch merken Sie sich eines: Es ist niemals eine Schande zu scheitern und zu stürzen, es wäre nur eine Schande nicht mehr aufzustehen! Wenn Sie sagen, dass Sie bereit sind für ein Ziel zu kämpfen, seien Sie sich darüber im Klaren, dass Sie bereit sein müssen, für dieses Ziel zu scheitern, zu stürzen und immer wieder aufs Neue aufzustehen. Wenn Sie dies verinnerlichen und damit wachsen können, erhalten Sie die Möglichkeit, jedes Mal wenn Sie wieder im Dreck liegen sollten, die Energie aufzubringen, noch einmal aufzustehen, zu lächeln und dem Leben zu sagen: „War das schon alles?"

Den Akku auf Stand halten

Die Zeit im Fluge ist absolut endlich. Von den Abermillionen durch Menschen durchgeführten Flügen haben alle eines gemeinsam: Kein einziger ist am Himmel geblieben. Bis auf wenige Ausnahmen ist der treibende Faktor dabei stets der Treibstoffverbrauch. Ohne den flüssigen Energieträger ist der unfreiwillige Bodenkontakt nur noch eine äußerst überschaubare Frage der Zeit. Parallelen zu diesem Umstand kann man auch zum Menschen ziehen: Unsere Energie ist endlich, wir erschöpfen, verlieren Leistung, kollabieren und können in schlimmster Konsequenz sogar an der Auszehrung versterben. Um dem vorzubeugen ist eine Reihe von Dingen notwendig: Trinken, Schlaf und Nahrung bilden die bestens bekannte körperliche Basis, darüber hinaus müssen wir uns aber auch seelisch von fordernden Stresssituationen erholen. Diese Lebensenergie lässt sich als einfaches Bildnis mit dem Akku eines Elektroautos vergleichen. Bei großer Leistungsentnahme leert er sich rasant, das Aufladen nimmt durchaus Zeit in Anspruch und der Ladeprozess setzt Vorkenntnisse über Ladepunkte voraus.

Sie haben sich also bewusst für ein Ziel entschieden, durch eine kritische Bestandsaufnahme Ihren Standpunkt bestimmt und eine grobe Marschrichtung identifiziert. Sie sind sich über die Länge und die Widrigkeiten des Weges im Klaren und haben sich entschieden loszumarschieren. Nun werden Sie höchstwahrscheinlich feststellen, dass das Erreichen großer Ziele keinen Sprint, ja nicht mal einen Marathon, sondern gleich einen ganzen Ironman darstellt. Sie werden daher lernen müssen, mit Ihrem inneren Akku auf diesem langen Weg hauszuhalten und ihn bei Bedarf effizient zu laden. Auch ich selbst musste bereits die Erfahrung machen, was es bedeutet, wenn der persönliche Akku kritische Tiefstände erreicht. Einmal im roten Bereich angekommen ist die Leistungsfähigkeit dahin, man beginnt sich nur noch im Notmodus durch den Tag zu schleppen. Ein Zustand, der jedweder Zielerreichung ganz offensichtlich völlig konträr entgegensteht. Aus genau diesem Grund halte ich es für immens wichtig, sich stets die eigenen Belastungsgrenzen vor Augen zu rufen. Wenn Sie große Ziele erreichen wollen, müssen Sie langfristig in der Lage sein, Spitzenleistungen zu erbringen. Dies gelingt aber nicht im Kampf gegen Körper und Geist, sondern nur in harmonischer Einheit mit diesen. Zu einer erfolgversprechenden Attitüde gehört daher in meinen Augen ebenso der Wille und die Bereitschaft auf sich selbst Acht zu geben, die eigenen Leistungsgrenzen anzuerkennen und das Wiederaufladen möglichst effizient zu gestalten.

Die Hochdruckphasen der fliegerischen Ausbildung waren stets durch außergewöhnliche Leistungsanforderungen und sehr lange Arbeitszeiten geprägt. Von Montag bis Freitag arbeiteten wir uns durch formale 12 Stunden-Tage um anschließend gute vier Stunden im notwendigen Selbststudium zu verbringen. Da konnte es durchaus vorkommen, dass völlig unwesentliche Dinge, wie zum Beispiel das Essen, schlicht vergessen wurden. Ich denke es ist ganz offensichtlich, dass diese hohe Belastung nicht ohne Unterbrechungen und solides Energiemanagement zu bewältigen gewesen wäre. Glücklicherweise konnten wir damals auf den reichhaltigen Erfahrungsschatz der älteren Klassen zurückgreifen und somit war klar: Spätestens Freitags um 18:00 fällt der Hammer! Die meisten Wochenenden gestalteten sich so, dass der Freitagabend zur Partynacht, der Samstag zum Entspannungstag und der Sonntag zum Vorbereitungsnachmittag bestimmt wurde. Diese fast schon traditionswürdige Wochenendgestaltung erfüllte – für mich damals noch völlig unbewusst – mehrere wichtige Funktionen: Nach der äußerst ereignisreichen Flugwoche und dem fünften 12 Stunden-Dienst in Folge, war man freitagabends zu meist noch schwer „auf Drehzahl". Die gesamten Eindrücke der Woche flogen wirr durch den Kopf, an ernsthafte Entspannung war nicht zu denken. Die nahezu formelle Eskalation im „Old Town" in Wichita Falls diente damit in erster Linie als Ventil. Die noch immer laufende Maschine konnte sich in einem ordentlichen Partyburnout verausgaben und der Geist auf andere, anspruchslosere Gedanken gebracht werden. Dass dabei gerne auch das ein oder andere Bier verantwortungsbewusst konsumiert wurde, besiegelte häufig den erfolgreichen „Hard Reset" des Organismus. Gut, dass der folgende Samstag dann zumeist mit leerem aber möglicherweise dickem Kopf begann. So abgelenkt und runter gebracht, konnte der folgende Entspannungstag seine ganze Wirkung entfalten: Irgendetwas gemäßigtes tun, das einem Freude bereitet, oder vielleicht auch einfach mal gar nichts! Fakt ist: Nach diesem ruhigen Tag war der Akku in der Regel wieder gut geladen. Damit diese neu gewonnene Energie nicht sofort durch den harten Aufschlag auf die nächste Woche verpuffte, wurde am Sonntagnachmittag zumeist wieder, gemütlich und ohne jeden Druck, Fahrt aufgenommen. Diese Vorkonditionierung sorgte dafür, dass man den Montag bestens vorbereitet in Angriff nehmen und meistern konnte.

Diese kompakten Zyklen zwischen Be- und Entlastung zeigen beispielhaft und anschaulich, wie effizientes Energiemanagement aussehen kann. Es setzt aber voraus, dass Sie Willens sind, die eigenen Leistungsgrenzen zu akzeptieren und Ihre Arbeit an diesen Grenzen entlang auszurichten. Wie Sie der Geschichte entnehmen können, bedarf es für eine effiziente Akkuladung in meinen Augen dreier Phasen für deren Veranschaulichung ich mir abermals das eingangs genannte Elektroauto zu Nutze mache:

▸ Phase 1: Die Distanzierung

Sie können Ihr Fahrzeug nicht auf der linken Spur einer Autobahn laden, stattdessen müssen Sie zunächst eine Abfahrt zu einem Rasthof nutzen. Ebenso können sie sich nicht erholen, wenn Ihr Kopf noch immer halb mit Arbeit und Leistungserbringung beschäftigt ist. Zugegebenermaßen, Sie müssen sich zum Zwecke der Distanzierung nicht in einer wilden Partynacht in völliger Eskalation verausgaben, aber es wäre das Mindeste sich bewusst und strikt nicht mehr mit der Arbeit zu beschäftigen. Fahren Sie den Computer herunter, klappen Sie das Buch zu, schalten Sie ihr Handy aus – was auch immer es ist, woran und womit Sie arbeiten, jetzt ist formelle Arbeitsunterbrechung angesagt.

▸ **Phase 2: Die Erholung**
Nachdem Sie Ihren Kopf freibekommen haben, also bildlich von der Autobahn abgefahren sind, geht es um den Ladeprozess. Welche Aktivitäten uns Energie schenken sind höchst individuell. Introvertierte Menschen laden zumeist alleine und in sich gekehrt, vielleicht zu Hause mit einem guten Buch. Extravertierte Persönlichkeiten hingegen benötigen oft belebte Umgebungen. Hier sind vielleicht aktive Unternehmungen mit Freunden das Äquivalent zur Schnellladesäule. Was auch immer es ist, was Sie mit Energie versorgt, es ist wichtig, dass Sie sich in Phase 2 darauf konzentrieren. Zum schnellen Laden muss der Wagen unbedingt an der Säule bleiben.

▸ **Phase 3: Die Konditionierung**
Jetzt, da Sie Ihren Kraftspeicher gefüllt haben, sollten Sie sich auf die nächste Leistungsperiode einstimmen. Mit Ihrem Auto nutzen Sie beim Auffahren auf die Autobahn schließlich auch den Beschleunigungsstreifen und springen nicht mit Tempo 30 auf die linke Spur. Nehmen Sie also zunächst ohne Druck wieder Fahrt auf. Beschäftigen Sie sich langsam mit den kommenden Vorhaben. Planen Sie den Einstieg in die neue Periode, sorgen Sie dafür, dass Sie mit einem guten Gefühl der nächsten Leistungsanforderung begegnen können.

Zusammengefasst ist es für Ihre Attitüde wichtig, die eigenen Leistungsgrenzen freundlich anerkennen und wahrnehmen zu können. Respektieren Sie diese Grenzen, richten Sie Ihr Leistungspensum entlang dieser Grenzen aus und schenken Sie dem Regenerationszyklus eben so viel Achtung, wie jeder bewussten Leistungsabgabe.

Zusammen mehr erreichen

Ihre Attitüde betrifft natürlich nicht nur Ihren Umgang mit sich selbst, sondern regelt ebenso Ihren Umgang mit anderen Menschen. Gerade in sehr leistungsdichten Gesellschaftsschichten ist daher regelmäßig eine ausgeprägte „Ellbogenmentalität“ zu entdecken. Getreu dem Motto „der Weg an die Spitze ist einsam“, wird versucht potentielle Konkurrenz auszubooten und klein zu halten. In meinen Augen ist dieser Umgang aber vor allem der gelebte Ausdruck von persönlicher Unsicherheit und Schwäche. Wer mit sich selbst nicht zufrieden ist, findet im Unterdrücken anderer oftmals eine willkommene Gelegenheit, um von den eigenen Unzulänglichkeiten abzulenken. Erklären Sie mir mal eines: Wenn Sie wirklich von sich und Ihren Fähigkeiten überzeugt wären, warum sollten Sie es dann nötig haben, andere Menschen in Ihrem Umfeld zu unterdrücken und auszubremsen?

Eine fliegende Staffel ist ein winziges Gehege, bis zum Anschlag gefüllt mit Alpha-Menschen. Jeder einzelne hat den Anspruch, in allem der Beste zu sein und würde man Kampfpiloten im Kreis aufstellen, wäre solange einer besser als der andere, bis eine Art göttliche Unendlichkeit erreicht wäre. Verzeihen Sie mir bitte diese bildliche Übertreibung, aber ich möchte sie nutzen, um einen Umstand klar herauszuarbeiten: Konkurrenz kann auf zwei Arten stattfinden: Sie kann konträr ausgetragen werden, also ein Umfeld gegenseitiger Unterdrückung schaffen, sie kann aber auch rein kompetitiv geprägt sein. Letztere ermöglicht ein Umfeld, in dem sich Menschen trotz des Konkurrenzverhältnisses in dem sie stehen, gegenseitig zu Bestleistungen motivieren. Da ein jeder beteiligter Mensch zur Bildung dieses Umfeldes beiträgt, obliegt es natürlich auch Ihnen, wie Sie ihre Konkurrenzkämpfe führen wollen. Doch warum sollten Sie Ihren eigenen Rivalen überhaupt helfen?

Sobald Sie versuchen die Leistungsfähigkeit Ihrer Konkurrenten zu reduzieren, müssen Sie dafür Ressourcen aufwenden. Ganz egal ob es sich dabei nun um Zeit oder Energie handelt, ist jedem Ressourceneinsatz eines gemeinsam: Er reduziert automatisch auch Ihre eigene Leistungsfähigkeit. Es mag zwar sein, dass Sie sich durch derartige Handlungen in einer spezifischen Vergleichsgruppe, zu einem spezifischen Zeitpunkt tatsächlich an der Leistungsspitze wiederfinden, unter dem Strich haben Sie aber dafür gesorgt, dass sowohl die Leistungsfähigkeit der gesamten Gruppe als auch Ihre eigene hinter Ihrem Potential zurück bleibt. Sie können sich sicherlich vorstellen, dass ein derartiges Verhalten in der Kampfgemeinschaft einer fliegenden Staffel keinen Platz hat. Die Problematik eines konträren Konkurrenzverhältnisses wird einfach unfassbar offensichtlich, wenn Ihr Überleben im Ernstfall von Ihren Kameraden abhängt.

Selbstverständlich sind die meisten Konkurrenzfelder denen Sie in Ihrem Privat- und Berufsleben begegnen können keine Frage von Leben und Tod, dennoch dürfte es mit diesem Vergleich ein leichtes sein zu verstehen, warum wir niemals versuchen sollten uns absichtlich in ein konträres Konkurrenzverhältnis zu begeben. Es kann und darf niemals in unserem persönlichen Interesse liegen, die eigene Leistungsfähigkeit oder die der Vergleichsgruppe bewusst oder fahrlässig zu reduzieren. Aber was dann?

Ich bin überzeugt: Ein kompetitives Konkurrenzverhältnis ist stets zu bevorzugen. Niemand kann oder weiß alles, niemand erreicht als Einzelgänger seine absolute Spitzenleistung. Ein gesunder Wettbewerbsgeist hat in meinen Augen daher gleich mehrere positive Wirkungen: Erstens vermeiden Sie Ressourcen in negativer Art und Weise gegen Ihre Mitstreiter zu verschwenden, Ihnen steht somit mehr Zeit und Energie für Ihre eigene Performance zur Verfügung. Zweitens können Sie durch den Verzicht auf Feindseligkeiten ihren geistigen Fokus auf sich selbst behalten. Sie werden dadurch in die Lage versetzt Ihr Selbstvertrauen und Ihre Selbstsicherheit zu erhöhen. Drittens besteht grundsätzlich die Möglichkeit in diesem Umfeld individuelle Schwächen gegenseitig kompensieren zu können. Wenn Sie Ihrem Konkurrenten Hilfestellung anbieten, wird er diesen Gefallen möglicherweise zurückgeben.

Natürlich besteht immer die Gefahr, dass im Gegensatz zu Ihnen Ihr Umfeld eine konträre Konkurrenz anstrebt, aber selbst dieser unangenehme Fall ändert nichts an den ersten beiden Vorteilen. Lassen Sie Ihre Konkurrenten Ihre Ressourcen doch auf Sie verschwenden, sie werden dadurch stets auch sich selbst ausbremsen. Sie hingegen behalten Ihren mentalen Fokus auf sich bezogen und sorgen somit dafür, dass Sie stets Ihre bestmögliche Leistung erbringen können. Wenn Sie wirklich Ihr Bestes abliefern, haben Sie bereits alles getan was möglich ist und können entspannt das Endresultat abwarten.

Wie ich anfangs des Kapitels bereits sagte, formt ein jedes partizipierende Individuum das Konkurrenzumfeld. Wenn Sie persönlich also aktiv ein kompetitives Verhältnis anstreben und ein konträres ablehnen, werden Sie möglicherweise Ihre Konkurrenten dazu bewegen es Ihnen gleich zu tun. Dies würde letztlich bedeuten, dass ein jeder Einzelne, also auch die Gruppe als Gesamteinheit, in die Lage versetzt wird, ihr Potential voll zu nutzen. Ein Umstand, der uns alle, egal ob im Beruf oder bei privaten Gelegenheiten voranbringt.

Zusammenfassend bleibt also zu sagen: Lernen Sie Vertrauen in Ihre eigenen Fähigkeiten zu haben und erkennen Sie, dass es niemals zweckmäßig ist Ihre Konkurrenten zu unterdrücken. Wer wirklich von sich selbst überzeugt ist, muss keine Konkurrenz fürchten. Er kann stattdessen versuchen die ihn umgebenden Menschen zu inspirieren und anzutreiben. Als Wechselwirkung wird er stets selbst zur persönlichen Höchstform auflaufen. Gruppen die in einem gesunden, kompetitiven Konkurrenzverhältnis stehen, werden am Ende immer leistungsfähiger sein als solche, die sich gegenseitig bekriegen. Ich denke es ist daher offensichtlich, dass eine fliegende Staffel trotz des ausgeprägten Konkurrenzverhältnisses ein Ort ist, an dem regelmäßig ein besonders kompetitiv geprägtes Umfeld anzutreffen ist. Gemeinsam leistet das Team und jeder einzelne darin schlicht mehr.

Die Einstellung ausbilden!

Jeder Mensch hat eine bestimmte innere Einstellung, eine Attitüde mit denen er Menschen, Sachen und Situationen begegnet. Sie ruht in der Hauptsache im Unterbewusstsein und steuert damit unsere Emotionen, beeinflusst oder formt unsere Gedanken und regelt in weiten Teilen wie wir intuitiv reagieren. Diese Attitüde neu auszubilden erfordert daher einen „Top Down Approach“: Sie benötigen Wissen, welches Ihnen ermöglicht, die Thematik diskursiv zu behandeln und durch das bewusste Bewusstsein gesteuert, Teile Ihres Unterbewusstseins gezielt neu zu programmieren. Sie werden sich zunächst zwingen müssen eine bestimmte Haltung gegenüber dem Leben einzunehmen. Ein Zwang für den Sie sich bewusst entscheiden, weil Sie wissen, dass Ihr Intuitionskompass in diesem Falle in einen Irrweg führen und Ihre bewusste Navigation dem klar überlegen sein wird. Mit voranschreitender Zeit werden Sie diese innere Einstellung immer weiter in Ihr Unterbewusstsein übernehmen und damit akzeptieren können. Es wird Ihre natürliche Einstellung werden, Ihre natürliche Art Menschen, Dingen und Situationen zu begegnen. Das notwendigste Basiswissen dazu haben Sie in den letzten Kapiteln erhalten. Um Ihnen den Einstieg noch ein wenig zu vereinfachen, fasse ich im Folgenden das Wichtigste noch einmal zusammen:

Ihre innere Einstellung, Ihre Attitüde ist Ihre Basis und Ihr Antrieb für das Erreichen Ihrer Ziele. Sie ist viel mehr als der bloße Wille ein Ziel erreichen zu wollen. Ich rate Ihnen daher folgende Punkte in Ihre Grundeinstellung zu implementieren:

- Ziele müssen mit Bedacht gewählt werden. Seien Sie bereit dafür Energie und Zeit aufzuwenden. Leichtfertige Zielauswahl führt mit hoher Wahrscheinlichkeit zu Frust und Demotivation, während eine bewusste Wahl die Chance der Zielerreichung erhöht. Setzen Sie möglichst realistische Ziele.

- Bevor Sie losmarschieren müssen Sie Ihren Standpunkt bestimmen. Haben Sie den Mut sich mit Ihren Schwächen offen auseinanderzusetzen. Schämen Sie sich niemals dafür Fehler zu machen, aus diesen können Sie am meisten lernen.

- Der Weg zu herausragenden Zielen kann bisweilen steinig und steil sein. Seien Sie bereit für Ihr Ziel zu scheitern. Stellen Sie sich stets auf Rückschläge ein, bereiten Sie sich darauf vor, treten Sie ihnen gelassen entgegen und stehen Sie wieder auf, wenn Sie gefallen sind.

- Die Erreichung eines herausragenden Zieles kann viel Zeit in Anspruch nehmen. Erkennen Sie an, dass Ihre Leistungsreserven begrenzt sind. Schließen Sie Ihren Frieden damit und versuchen Sie stets Mittel und Wege zu finden, Ihren Akku möglichst effizient wieder aufzuladen.

- Die meisten Ihrer Wege werden Sie nicht allein bestreiten können. Versuchen Sie daher auch Ihren schärfsten Konkurrenten mit einem gesunden Wettbewerbsgeist entgegenzutreten. Konzentrieren Sie sich stets auf sich und verschwenden Sie keine Energie darauf Ihre Mitstreiter auszubremsen.

Wenn Sie es schaffen, diese Grundpfeiler mit der Zeit in Ihrem Unterbewusstsein zu verankern, wird Ihnen der Weg zum Erfolg spürbar leichter fallen. Und sollten Sie ein gesetztes Ziel dennoch einmal endgültig verfehlen, dann schließen Sie den Kreis: Auch Scheitern im Großen gehört zum Leben. Sie konnten auf dem Weg Erfahrung sammeln und sich weiterentwickeln. Diese Erfahrung wird Ihnen nicht nur auf Ihren weiteren Wegen behilflich sein, sie kann Ihnen auch von niemandem mehr genommen werden.

Murphy den Kampf ansagen!

Jetzt dürfte ja eigentlich alles klar sein, oder? Sie haben nun Hilfestellung dazu erhalten wie Sie die Struktur Ihres Geistes besser verstehen könnten, einfache Erklärmodelle über Ihr Bewusstsein kennen gelernt, wissen, wie Sie sich innerlich neu auf Erfolg programmieren können und… dann gehen Dinge eben doch in die Hose. Nun, wie ich vor einigen Seiten bereits erwähnte, werden überall wo Menschen arbeiten auch Fehler gemacht. Unabhängig von der Bewusstseinsstufe, den inneren Einstellungen, den Fähigkeiten oder beliebigen anderen Faktoren, früher oder später gehen Dinge einfach schief. Das weithin bekannte „Murphy's Law" besagt, dass alles was schief gehen kann, auch schief gehen wird. Betrachtet man diese Aussage nüchtern mit Logik wird auch schnell klar, warum sie so zutreffend ist: Menschen sind niemals unfehlbar. Das bedeutet, dass es nur eine Frage der Zeit ist, bis ein Fehler geschieht. Steigert man den Beobachtungszeitraum nun gegen unendlich, steigt auch die Anzahl der zu beobachtenden Fehler gegen unendlich. Dies wiederum bedeutet, dass nach unendlich viel Zeit und einer unendlichen Anzahl an begangenen Fehlern auch alle möglichen Fehler begangen worden sein müssen. Klingt irgendwie hypothetisch? Nun ja, ich würde sagen als Kampfpilot habe ich eine sehr intensive, lange Ausbildung genossen und arbeite in einem Arbeitsumfeld, welches absolut daraufhin ausgelegt ist, Fehler zu vermeiden und mögliche Fehlerquellen zu eliminieren. Man könnte also beinahe annehmen, dass wenn jemand annähernd unfehlbar ist, dann wir Kampfpiloten. Gelächter in der Südkurve.

Haben Sie eine Ahnung wie es sich anfühlt eine Nachtmission während der Übung Red Flag noch am Boden abbrechen zu müssen, weil einem pünktlich zum Losrollen der Sicherungsstift des Schleudersitzes so unglücklich aus der Hand fällt, dass er in den Weiten des Cockpits verschwindet und nicht mehr geborgen werden kann? Können Sie sich vorstellen, wie lange Sie es sprichwörtlich auf's Brot geschmiert bekommen, wenn Ihnen beim Aussteigen ausgerechnet ein Handy so ungünstig aus der Hand fällt, dass es in den Tiefen des ECS („Environmental Control System") verschwindet und die Technische Gruppe zum Bergen das halbe Cockpit zerlegen darf? Wissen Sie wie tief man sich vergraben möchte, wenn man beim Aussteigen das Notfunkgerät auslöst, ohne Helm am Flugzeug ankommt oder nach dem Flug stumpf in der falschen Box parkt?

Glauben Sie mir, neben den vielen teuren Fehlern die man als Pilot begehen kann, gibt es auch viele Fehler die zwar gratis und ungefährlich sind, einem aber dennoch das Gefühl vermitteln, kurzzeitig der dümmste Mensch auf dem Planeten zu sein. Und bevor Sie jetzt denken das würde vielleicht nur mir so gehen muss ich sagen: Ich erinnere mich noch gut an Kameraden die zur falschen Bahn gerollt sind, bei Solos in der T-38C vergessen haben das hintere Cockpit zu schließen, das Geräusch der Kabinenhaubenenteisung für einen schwerwiegenden Defekt gehalten und deswegen einen Flug abgebrochen haben, nach dem „Rejoin" feststellen mussten, dass das vermeintliche Führungsflugzeug gar nicht zu ihrer Formation gehört. Die Liste der grotesken Peinlichkeiten ist geradezu unendlich. Sind wir Kampfpiloten also doch nur verplante Schussel? Mit Sicherheit nicht, aber das ist eben der springende Punkt: Irgendwann hat jeder Mensch einen schlechten Tag. Irgendwann ist jeder Mensch, wenigstens für einen kurzen Moment, einfach dumm.

Bedeutet das nun, dass man das Auftreten von Fehlern einfach akzeptieren muss? Ganz so aussichtslos ist es in meinen Augen dann doch nicht. Fehler werden sich nie vollständig verhindern lassen, aber sie lassen sich zu einem großen Teil vermeiden. Wenn wir uns nochmal Murphy's Law zuwenden, dann können wir feststellen, dass es lediglich besagt, dass die Dinge schief gehen werden, die schief gehen können. Und genau hier liegt in meinen Augen der Schlüssel um die eigene Leistungsfähigkeit, oder eben auch die der eigenen Mitarbeiter, systematisch zu erhöhen. Wenn wir nicht verhindern können, dass wir Fehler machen, dann müssen wir eben die Möglichkeiten diese zu begehen, mit System reduzieren. Und damit sagen wir dem lieben Murphy den Kampf an!

Einfach mal Idiot sein

Hatten Sie jemals den Eindruck nur von Idioten umgeben zu sein und sich gefragt wie all diese Deppen eigentlich überleben können? Nun, für diesen Zustand sehe ich nur zwei mögliche Gründe: Entweder Sie sind wirklich der klügste Mensch auf Erden, das ist aber schon auf Grund der Tatsache, dass tausende Menschen diese Zeile hier lesen in höchstem Maße unwahrscheinlich, oder aber, es liegt daran, dass schlicht jeder Mensch ab und an mal Idiot ist. Wenn Sie also das nächste Mal einem waschechten „Trottel“ begegnen, halten Sie kurz inne und bedenken Sie, dass Sie diese Person vielleicht einfach nur in einer kurzen „Deppenphase“ erwischt haben.

Und mit dieser Erkenntnis schauen Sie dann bitte in den Spiegel. Haben Sie nicht auch schon Fehler begangen, die wirklich einfach zu vermeiden gewesen wären? Oder im entscheidenden Moment eine Antwort gegeben, die so haarsträubend falsch war, dass Sie im Boden verschwinden wollten? Keine Bange, wir alle sind manchmal einfach ziemliche Idioten. Diese temporäre, geistige Bescheidenheit bezeichne ich liebend gern als „Sekundenschaf“. Dass Schafe den vielen komplexen Aufgaben denen wir uns Tag für Tag stellen müssen kognitiv nicht gewachsen sind, dürfte auf der Hand liegen. Was also tun? Meine Antwort lautet: Einfach mal bewusst Idiot sein.

Schauen Sie sich Ihre Aufgaben und Ihr Arbeitsumfeld genau an und überlegen Sie: Was würde wohl ein richtiger Vollidiot tun? Denn eins ist so sicher wie das Amen in der Kirche: Es kommt der Tag, da werden Sie eben jener Vollidiot ganz höchstpersönlich sein. Wenn Sie sich in ihre schwersten Zustände geistiger Umnachtung hineindenken und die Welt für einige Zeit durch die herrliche wolkige Brille kognitiver Sparsamkeit betrachten, wird Ihnen auffallen, dass in vielen Bereichen das einzige was zwischen Erfolg und Misserfolg steht, Ihre Tagesperformance ist. Eine sehr ungünstige Erkenntnis, jetzt wo wir doch gerade verinnerlicht haben, dass es um eben jene Performance ab und an einfach nicht sonderlich gut bestellt ist. Das Identifizieren dieser Fehlerquellen ist aber der erste Schritt um unsere Arbeitsleistung resilient gegen spontane Idiotie zu machen. Von daher, seien Sie einfach mal ein Idiot, versetzen Sie sich in die Lage, jede einzelne Handlung die Sie ausführen müssen, mit Schwung in die Heide zu jagen. Überlegen Sie was passiert, wenn Sie bestimmte Dinge einfach vergessen oder schlicht falsch ausführen. Wenn Sie unachtsam oder schusselig sind. Lassen Sie Ihrer Kreativität dabei freien Lauf und denken Sie dabei an das was einst Einstein sagte: „Zwei Dinge sind unendlich, das Universum und die menschliche Dummheit, aber bei dem Universum bin ich mir noch nicht ganz sicher.“

Wenn Ihnen das gelungen ist, können Sie zum nächsten Schritt übergehen und versuchen den Menschen, insbesondere den Temporäridioten, soweit möglich aus der Gleichung des Gelingens zu entfernen.

Die Natur der Risiken

Menschen machen Fehler, Fehler bedeuten Risiken. Um zu verstehen wie wir diese nach ihrem Erkennen durch die Idiotiebrille am besten minimieren können, sollten wir zunächst verstehen, dass sich Risiken grundsätzlich in zwei unterschiedliche Eigenschaften aufteilen lassen: Die Eintrittswahrscheinlichkeit und die Eintrittsfolgen. Bei komplexeren Betrachtungen sind auch weitere Eigenschaften möglich, die aber für diese Grundsatzdiskussion keine Relevanz haben.

Wie es der Name schon vermuten lässt, definiert die Eintrittswahrscheinlichkeit ausschließlich wie wahrscheinlich es ist, dass ein unerwünschtes Ereignis, also ein Risiko, tatsächlich eintritt. Dabei wird vollständig außer Acht gelassen, welche Folgen sich aus diesem Eintreten ergeben. Die Eintrittsschwere hingegen, beschäftigt sich ausschließlich mit den Folgen aus dem Eintreten eines Risikos. Egal ob das Eintreten nun zu erwarten ist oder nicht, hierbei geht es ausschließlich darum, wie gravierend die Folgen dieses Eintretens wären.

Wenn Sie diese beiden Eigenschaften auf ein einfaches, zweidimensionales XY-Diagramm übertragen, erhalten Sie die sogenannte Risikomatrix [1].

[1] Risiko matrix.

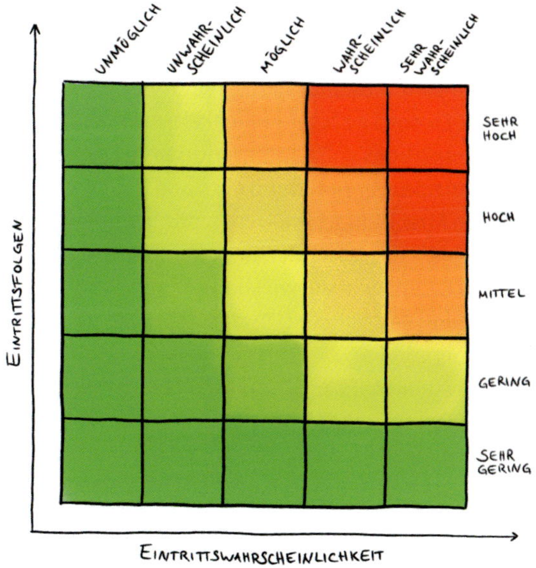

Mit Hilfe der Risikomatrix können Sie die Eintrittsfolgen und die Eintrittswahrscheinlichkeit gegeneinander abwägen und damit die Gesamtschwere eines Risikos ermitteln. Nutzen wir als einfaches Beispiel die Kollision Ihres Autos mit einem Baum. Treffen Sie den Baum mit 200 km/h sind die Eintrittsfolgen fatal. Fahren Sie gezielt auf den Baum zu, liegt die Eintrittswahrscheinlichkeit bei 100 %. Mit Hilfe der Risikomatrix erkennen Sie also, dass das Gesamtrisiko, wenn sie mit 200 km/h gezielt auf einen Baum zufahren, extrem hoch ist und Sie als Folge mit an Sicherheit grenzender Wahrscheinlichkeit sterben würden. Okay, zugegebenermaßen, ich hätte Ihnen sicher nicht erklären müssen, dass Sie nicht in einem Anfall spontaner Idiotie mit hoher Geschwindigkeit gegen Bäume fahren sollten, aber mit diesem Beispiel lässt sich selbst ein „Sekundenschlaf" adressieren. Selbstverständlich verhält es sich mit komplexeren Problemstellungen genauso. Um Ihnen die systematischen Möglichkeiten, ein Risiko zu minimieren, möglichst anschaulich näher zu bringen, bleiben wir aber zunächst beim Auto.

Da Sie also vermutlich sowohl an Ihrem Leben, als auch Ihrem Auto hängen, bestehen zwei mögliche Ansätze um beides zu retten: Sie können entweder die Eintrittswahrscheinlichkeit oder die Eintrittsfolgen minimieren. Betrachten wir beide Faktoren zunächst isoliert, könnte es so aussehen: Um die Eintrittswahrscheinlichkeit gegen Null zu reduzieren, müssen Sie eine Fahrtstrecke gänzlich ohne Bäume wählen. Das ist übrigens der Grund warum selten Bäume mitten auf Autobahnspuren gepflanzt werden. Bei einer Eintrittswahrscheinlichkeit von 0 können Sie die mögliche Folge des Unfalltodes vollständig ignorieren. Damit haben Sie auch schon das das Prinzip einer Autobahn verstanden und können weiterhin mit über 200 km/h Strecke machen – jedenfalls bis zum nächsten Stau [2].

Nun betrachten wir die Achse der Eintrittsfolgen isoliert. Da Sie in diesem Beispiel dem Baum nicht ausweichen können, empfiehlt es sich dringend die Geschwindigkeit auf quasi 0 km/h zu reduzieren. Et voilá, Sie haben das Geheimnis von Parkplätzen geknackt und erkannt, warum das Parken vor einem stabilen Baum grundsätzlich keine Gefahr für Leib und Leben darstellt. Ergo: Bei einer Eintrittsschwere die völlig zu vernachlässigen ist, kann die Eintrittswahrscheinlichkeit ignoriert werden [3].

In beiden Fällen konnte das Gesamtrisiko durch Minimierung eines einzelnen Faktors auf Null reduziert werden. Es dürfte aber einleuchtend sein, dass das Straßenverkehrsnetz eben nicht nur aus Autobahnen und

[2] Risikomatrix Wahrscheinlichkeit.

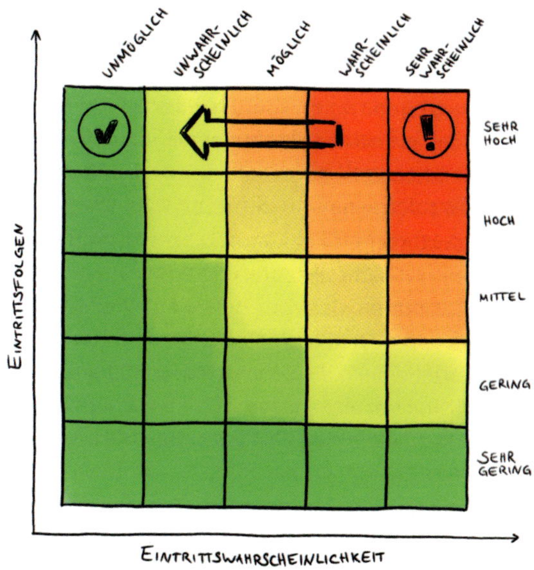

[3] Risikomatrix Folge.

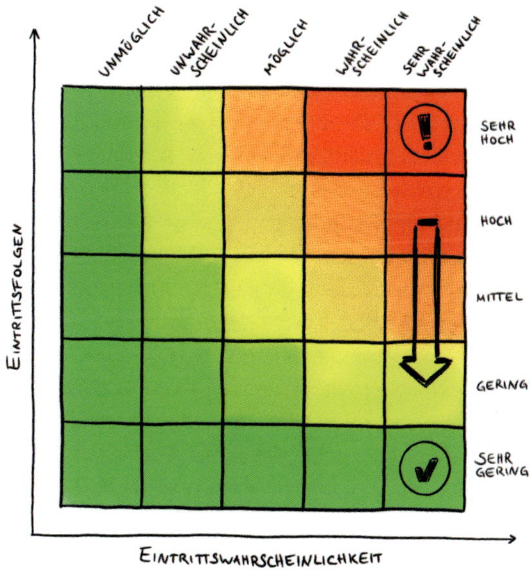

Parkplätzen besteht und echte Risiken im realen Leben regelmäßig Kompromisse erfordern. Schauen wir uns also an, was passiert, wenn wir nur begrenzte Mitigationsmittel pro Achse zur Verfügung haben.

Wenn Sie weder eine Strecke ganz ohne Bäume wählen, noch die Geschwindigkeit gegen 0 reduzieren können, dann müssen Sie, im Rahmen Ihrer Möglichkeiten, auf beide Faktoren einwirken. Sie wählen z. B. eine Straße durch eine Allee und reduzieren damit die Eintrittswahrscheinlichkeit der Baumkollision auf ein mittleres Maß. Die Kombination aus mittlerer Eintrittswahrscheinlichkeit und schwerer Eintrittsfolge würde weiterhin zu einem nicht akzeptablen Gesamtrisiko führen. Sicher würden Sie mir zustimmen, dass das Befahren einer Allee mit 200 km/h zwar kein sicheres Todesurteil bedeutet, aber definitiv riskant wäre. Daher wird nun ergänzend auch die Geschwindigkeit auf 30 km/h reduziert. Da eine Baumkollision bei diesem Tempo sicher unerfreulich, aber in aller Regel nicht tödlich wäre, sind nun auch die Eintrittsfolgen mittelmäßig [4].

Durch die Anwendung aller Mitigationsmaßnamen konnte das Gesamtrisiko ganz offensichtlich auf ein akzeptables Maß begrenzt werden. Prak-

[4] Kompromissmitigation.

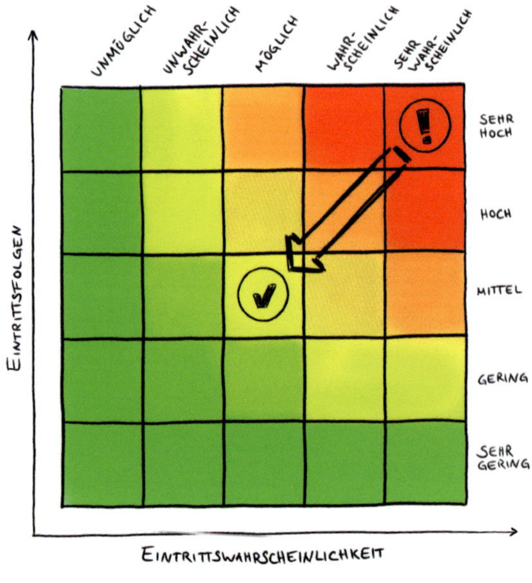

tisch ausgedrückt: Alleen sind keine besonders sicheren Straßen, dennoch befahren wir Sie mit moderatem Tempo, da wir das verbleibende Restrisiko akzeptieren können.

Wenn Sie jetzt genug von Autos, Bäumen und Diagrammen haben, dann merken Sie sich einfach eines: Jedes noch so komplexe Risiko lässt sich immer auf Eintrittswahrscheinlichkeit und Eintrittsfolgen hin untersuchen. Das Gesamtrisiko ergibt sich stets aus dem Zusammenspiel der beiden Faktoren und kann durch isoliertes oder kombiniertes Einwirken auf diese reduziert werden. Sind alle Mitigationsmaßnamen erschöpft, verbleibt möglicherweise ein Restrisiko, welches Sie hinsichtlich Akzeptabilität beurteilen müssen.

Der systematische Ansatz

Ihnen dürfte aus den vergangenen Kapiteln bewusst geblieben sein, dass es unmöglich ist Menschen das Fehlermachen auszutreiben. Entsprechend ist die menschliche Leistungsfähigkeit kein brauchbarer Ansatzpunkt, um die Eintrittswahrscheinlichkeit oder die Eintrittsfolgen eines Risikos vollständig zu reduzieren. Was also tun?

Wenn wir nicht verhindern können, dass Menschen irgendwann alles falsch machen, was sie theoretisch falsch machen könnten, bleibt uns nur diese möglichen Fehlerquellen soweit es möglich ist zu eliminieren. Mit Hilfe dieses systematischen Ansatzes können wir Arbeitsabläufe inhärent resilient gegenüber menschlichem Versagen gestalten. Lassen sich damit Risiken vollständig ausschließen? Selbstverständlich nicht. Aber das Restrisiko lässt sich auf ein akzeptables Maß reduzieren. Um Ihnen dies näher zu bringen, wenden wir unseren Blick einfach mal auf eine Rennstrecke.

Professionelle Rennfahrer gehören offensichtlich zu den fähigsten Autofahrern. Trotz Ihres hohen Ausbildungsstands müssen wir leider akzeptieren, dass Sie immer und immer wieder Unfälle verursachen werden. Ohne weitere Maßnahmen verbleibt das Restrisiko für Rennveranstaltungen mit professionellen Rennfahrern inakzeptabel hoch. Da es früher oder später zu einem Unfall mit Todesfolge kommen würde, finden heute keine offiziellen Rennen im öffentlichen Straßenverkehr mit ungeschützten Fahrzeugen mehr statt. Hier ist klar ersichtlich: Ohne Einfluss auf den Faktor Mensch, in diesem Fall den Fahrer, muss das Restrisiko durch spezifische Einflussname auf Eintrittswahrscheinlichkeit und -folgen auf ein akzeptables Maß gebracht werden. Im Detail bedeutet dies für unser Beispiel: Die Nutzung einer abgesperrten Rennstrecke mit großzügigen Auslaufzonen reduziert die Eintrittswahrscheinlichkeit eines schweren Aufpralls, im Vergleich zu einer Fahrt auf einer öffentlichen Straße, deutlich. Fahrerschutzausstattung, Spezialsitze, Überrollkäfige, Fangzäune, Kiesbetten und Reifenstapel hingegen minimieren die Eintrittsfolgen eines Aufpralls. Obwohl weiterhin davon auszugehen ist, dass es zu menschlichem Versagen kommen wird, ist die Wahrscheinlichkeit eines schweren Aufpralls gering. Und sollte es dennoch dazu kommen, sind die Folgen so niedrig, dass die meisten Fahrer unbeschadet aus ihrem Auto steigen können. Das verbleibende Restrisiko ist als Gesamtrisiko so gering, dass es als akzeptabel angesehen wird und wir uns weiterhin an gutem Motorsport erfreuen können.

Gut, vermutlich werden Sie weder in Beruf noch im Alltag regelmäßig an Motorsportveranstaltungen teilnehmen (und falls doch: Herzlichen Glückwunsch, genießen Sie es bitte!), aber das eben Vermittelte können Sie auf alle Lebensbereiche anwenden. Wenn Sie ein Risiko betrachten, beginnen Sie zunächst mit dem Faktor Mensch. Zum Beispiel durch Schulungen, Absprachen, Unterrichtungen oder Belehrungen sollte es zu weniger Fehlern kommen. Danach aber, entfernen Sie den Faktor Mensch aus der Gleichung. Gehen Sie einfach davon aus, dass der Mensch früher oder später versagen wird. Denken Sie niemals „so blöd kann doch niemand sein", denn es reicht, wenn einmal, irgendwer, irgendwann, nur für einen kurzen Augenblick, eben doch „so blöd" ist. Und an dieser Stelle möchte ich nochmal deutlich sagen: Ich habe mir schon unzählige Male gedacht, wie ich eigentlich so bescheuert sein und doch bis heute überleben konnte. Wenn Sie den Menschen aus der Betrachtung lassen, bleibt Ihnen nur noch das Handlungssystem selbst. Schauen wir uns beispielsweise den Burgergrill eines bekannten Fastfoodrestaurants an: Man möchte meinen, dass garantiert niemand so leichtsinnig wäre, seine Hand freiwillig oder unachtsam zwischen die beiden heißen Platten des gigantischen Kontaktgrills zu halten. Schon gar nicht, weil der Grill sich ja mit einem kaum zu überhörenden Warnton schließt. Ich mutmaße nun aber, dass es irgendwann doch jemandem gelungen sein muss, denn heute müssen zum Verschließen des Grills zwei Knöpfe gleichzeitig gedrückt und gehalten werden. Einer befindet sich an der linken Seite der Grillfront, der andere an der Rechten. Diese ungewöhnliche Platzierung hat zur Folge, dass es annähernd unmöglich ist den Grill zu schließen und gleichzeitig die eigene Hand dazwischen zu platzieren. Zudem zwingt die Körperhaltung den Bediener den Grill in der gesamten Breite mit seinem Körper abzusperren und erschwert es somit auch den Kollegen ihre Körperteile der Lebensmittelindustrie zuzuführen. Menschliches Versagen wird durch Optimierung des Handlungssystem in diesem Beispiel nahezu vollständig egalisiert.

Wenn Sie Arbeits- und Handlungsabläufe grundsätzlich so untersuchen, können Sie sie auf eine Art modifizieren, die sie „idiotensicher" macht. Und denken Sie immer daran, irgendwann ist jeder an der Reihe Idiot zu sein, auch Sie und ich.

Einmal mit Profis arbeiten

Ja, ich bin schuldig. Durch den Dienst in den Streitkräften habe ich mich schon oft genug dabei ertappt, genervt den Spruch: „Einmal mit Profis arbeiten! Wenigstens fünf Minuten!" zu äußern. Wieso haben wir so oft das Gefühl nur Unfähigkeit um uns zu haben? Nun, Unfähigkeit ist einfach besser wahrnehmbar. Wenn jemand seinen Job wie erwartet erledigt, ist das nicht im Ansatz so einprägsam, wie wenn dieser Job auf höchst kreative Art vermasselt wird. Da ja wie bekannt ein jeder Mensch „verpflichtet" ist, hin und wieder der „Idiotie" anheim zu fallen, entsteht eben ab und an der Eindruck, dass es um uns herum nur geistige Tiefflieger zu geben scheint.

Ist dieser Eindruck nutzlos? Mitnichten! Wenn wir ihn ganz nüchtern und emotionslos angehen, können wir ihn uns für das Zusammenarbeiten mit anderen Menschen zu Nutze machen. Ganz einfach gesagt: Wenn Sie mit anderen Menschen interagieren, wägen Sie Ihre eigenen Handlungen einfach so ab, als hätten Sie es wirklich nur mit Unfähigkeit zu tun und überlassen Sie möglichst nichts dem Zufall. Doch Vorsicht! Das bedeutet weder, dass Sie in einem Anflug von Überheblichkeit andere Menschen wie Idioten behandeln sollen, noch, dass Mikromanagement ein erfolgreicher Führungsstil wäre. Es bedeutet schlicht, dass Sie Ihre eigenen Handlungen an den Kontaktpunkten mit anderen Menschen so gestalten sollten, dass sie weitestgehend „idiotensicher" sind. Ein einfaches Beispiel:

Sie vergeben einen Auftrag an ein Handwerksunternehmen. Zur Anbahnung herrscht reger Telefon- und Mailkontakt. Nachdem alle Fragen geklärt sind, könnten Sie sich einfach darauf verlassen, dass das Unternehmen alle Informationen aus den ganzen Mails und Telefonaten in eigener Verantwortung zusammengefasst und vorliegen hat. Oftmals ist dies wahrscheinlich sogar der Fall, aber falls die Verantwortlichen gerade „Idiotieschicht“ haben, könnte das auch gewaltig daneben gehen. Betrachten Sie in diesem Falle Ihr Handeln so, also ob Sie es mit Idioten zu tun hätten, wird klar: Sie müssen die Informationslage unmissverständlich herüberbringen. Natürlich behandeln Sie weder das Unternehmen noch die Handwerker von oben herab, sondern Sie hinterfragen Ihren eigenen Anteil an der Kommunikation kritisch. Wenn Sie sich darauf verlassen, dass das Unternehmen schon alle Informationen korrekt zusammenfassen wird, akzeptieren Sie eine potentielle Fehlerquelle. Also schreiben Sie einfach nochmal eine Mail und sagen Sie: Sehr geehrte Damen und Herren, bezugnehmend auf unsere Korrespondenz, fasse ich im Folgenden nochmals alle Absprachen zusammen um etwaigen Missverständnissen vorzubeugen. Im Anschluss eine übersichtliche Auflistung der Arbeitsaufträge und schon wird Ihr Gegenüber, mit großer Wahrscheinlichkeit, auch an einem schlechten Tag in der Lage sein, alle Informationen zu berücksichtigen. Ist dies eine Erfolgsgarantie? Mit Sicherheit nicht, aber das Restrisiko wurde dennoch deutlich reduziert.

In der Zusammenfassung bedeutet das: Behandeln Sie Ihren Gegenüber niemals herablassend, vermutlich haben Sie es meistens wirklich mit Profis zu tun. Da aber auch diese hin und wieder einen schlechten Tag haben, betrachten Sie stets Ihr eigenes Handeln an der Schnittstelle kritisch und gestalten Sie es so, dass menschliches Versagen auf der Gegenseite wahrscheinlich nicht zu einem Versagen des gesamten Handlungssystems führt. Wenn Sie konsequent so handeln, dürfte der Eindruck es mehr als nur 5 Minuten mit Profis zu tun zu haben, wesentlich häufiger entstehen.

Mit „Procedures“ arbeiten

Nachdem wir uns nun hauptsächlich mit Risikominimierung nach außen beschäftigt haben, wird es nochmal Zeit sich auf uns selbst zu konzentrieren und dabei auf bereits Gelerntes zurückzugreifen. Alle bewussten Handlungen erfordern Konzentration und wir kommen immer früher oder später an den Punkt, an dem diese nicht mehr ausreicht, um fehlerfrei zu handeln. Wie Sie aber im Abschnitt über die Bewusstseinsebenen bereits gelernt haben, lassen sich Handlungen ins Unterbewusstsein verschieben und damit automatisieren. Wir erinnern uns daran, dass dies durch drillmäßiges Üben geschieht und uns freie Kapazitäten schenkt.

Diese Möglichkeit zur Automatisierung können wir auch ganz bewusst und systematisch zur Fehlervermeidung einsetzen: Schauen Sie sich das Handlungssystem in dem Sie sich bewegen müssen genau an, identifizieren Sie mögliche Risiken und etablieren Sie „Procedures“, um diese weitestgehend zu vermeiden. Ein einfaches Beispiel ist das Ausfahren des Fahrwerks vor der Landung eines Flugzeugs. In der militärischen Sichtplatzrunde mit dem Eurofighter ist das Fahrwerk auf dem kleinen Gegenanflug („inside downwind“) auszufahren. Dieses Ausfahren bedingt das manuelle Betätigen des Fahrwerkshebels und stellt zusammen mit dem Überprüfen der Geschwindigkeitslimits eine bewusste Handlung dar. Nun wäre es möglich, dass ich genau an diesem Punkt abgelenkt werde und das Ausfahren vergesse. Als Folge würde ich vermutlich erst im letzten Moment durch mein Flugzeug gewarnt werden und müsste den Anflug abbrechen. Gefährlich und unangenehm zugleich. Um diesen Fehler möglichst zuverlässig zu vermeiden, habe ich mir zwei Auffanglinien als „Procedure“ etabliert. Zusätzlich zur Handlung am normalen Ausfahrpunkt, überprüfe ich jedes Mal den Zustand des Fahrwerks in der Kurve zum Endanflug („Base turn“). Ich tue dies jedes einzelne Mal, auch wenn ich mir völlig sicher bin, das Fahrwerk bereits ausgefahren zu haben. Dazu berühre ich zunächst den Fahrwerkshebel, denn dies ist im Muskelgedächtnis verankert und eine falsche Stellung würde auch unbewusst wahrgenommen werden. Dann blicke ich auf die Kontrollanzeigen und sage laut „3 down, 3 green“ – dieses Aussprechen drängt den Fahrwerkszustand in die bewusste Wahrnehmung. Die letzte Auffanglinie befindet sich auf dem Endanflug („final“), kurz vor dem passieren der Landebahnschwelle. Auch hier schaue ich nochmals auf die Kontrollanzeigen und spreche den Fahrwerkszustand laut aus. „3 down, 3 green“. Diese drei Handlungsabläufe, also die Haupthandlung und die beiden Auffanglinien, führe ich bei jedem Flug durch. Sie sind automatisiert und erfordern daher keine Konzentration. Falls Sie jetzt der Meinung sind, dass doppelte Redundanz zu viel sei, muss ich gestehen, dass ich mich schon an der zweiten Auffanglinie gefangen und bei dieser dritten Überprüfung festgestellt habe, dass ich das Fahrwerk nie ausgefahren hatte. Warum? Weil davor soviel Ablenkung herrschte, dass ich den Prozess des Fahrwerksausfahrens nicht ungestört durchführen konnte. Vielleicht gab es z. B. Probleme mit dem Verkehr in der Platzrunde, der Turm wies mich an, die Platzrunde zu modifizieren und gleichzeitig entstand ein technischer Defekt? Warum auch immer der Fehler letztlich passierte, die doppelte Redundanz verhinderte das Eintreten einer schwerwiegenden Folge.

Für Sie bedeutet dies: Immer, wenn Sie es mit wiederkehrenden Handlungsabläufen zu tun haben, besonders wenn diese potentiell zum Eintreten einer schwerwiegenden Folge führen könnten, sollten Sie versuchen diese Handlungsabläufe zu automatisieren. Führen Sie sie dazu immer gleich aus, üben Sie dies solange, bis Sie die Handlungsabläufe vollständig automatisiert haben. Schaffen Sie sich bei besonders kritischen Tätigkeiten Auffanglinien. Checkpoints für Ihre Handlungen, die sie ebenso drillmäßig üben und damit automatisieren. Mit dieser Technik können Sie das Potenzial Ihrer Psyche besser ausschöpfen und Ihre eigene Fehleranfälligkeit maßgeblich reduzieren

Wie ein Stapel Käsescheiben

Mit den letzten Kapiteln habe ich versucht Ihnen Techniken anzubieten, die es ermöglichen, durch systematisches Vorgehen die Risiken die aus menschlichem Versagen entstehen können, deutlich zu reduzieren. Keine dieser Möglichkeiten bietet jedoch für sich genommen einen verlässlichen Schutz gegen das Eintreten einer schwerwiegenden Folge. Dennoch trägt jede einzelne einen Teil zu diesem Schutz bei und erst in Kombination miteinander entfalten diese Techniken wirklich ihre Wirkung.

Stellen Sie sich diese Techniken wie eine Scheibe Schweizer Käse vor. Sobald Sie durch die Löcher der Scheibe blicken können, wird ein Risiko realisiert, Murphy schlägt zu. Mit jeder Scheibe die sie zusätzlich auf den Stapel legen, wird es aber immer unwahrscheinlicher, dass die Löcher aufeinander liegen und Sie hindurchsehen können [5].

Lassen Sie mich daher das Vermittelte nochmals zusammenfassen:

- Gestalten Sie Handlungssysteme stets so, dass Sie gegenüber menschlichem Versagen möglichst resilient sind. Versuchen Sie bei der Prüfung immer Ihr System durch menschliche „Idiotie“ zum Versagen zu bringen.

[5] Käsescheibenmodell.

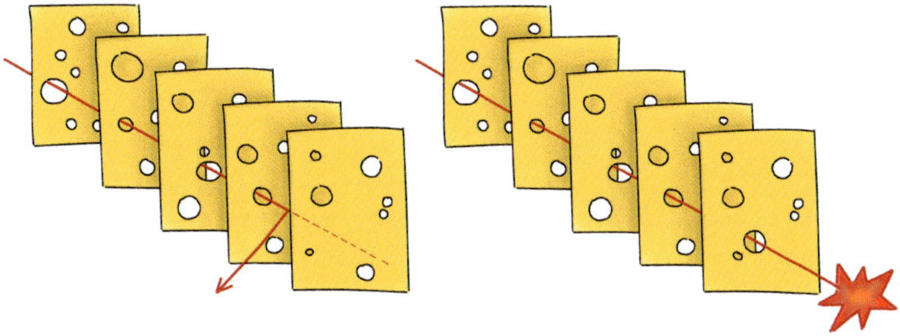

- Handeln Sie am Schnittpunkt mit anderen Menschen grundsätzlich so, dass Ihr Gegenüber nicht leistungsfähig sein muss, um das Handlungssystem am Laufen zu halten. Überlegen Sie, ob Ihr Handeln auch dann zum Erfolg führen würde, wenn Ihr Gegenüber extrem leistungsschwach wäre.

- Untersuchen Sie potentielle Risiken jeweils auf die Faktoren Eintrittswahrscheinlichkeit und Schwere. Reduzieren Sie das Restrisiko durch gezieltes Einwirken auf diese Faktoren.

- Nutzen Sie Ihr Unterbewusstsein. Führen Sie dazu „Procedures“ ein, die Sie automatisiert ausführen können. Schaffen Sie bei besonders kritischen Handlungen redundante Auffanglinien.

Wenn Sie stets genug Käsescheiben auf Ihren Stapel legen, werden Sie in der Lage sein, sowohl im Berufs- als auch im Privatleben Handlungsabläufe deutlich robuster zu gestalten. Sie werden Murphy nicht besiegen können, aber zu mindestens werden Sie es schaffen, ein respektabler Gegner für ihn zu sein.

Von Schub- und Ablagen

Oftmals sehen wir uns einer großen Anzahl an Aufgaben gleichzeitig gegenübergestellt. Völlig egal ob diese beruflich oder privat sind, ob diese nur Sie persönlich betreffen oder gleich ein ganzes Team oder eine Gruppe die Sie leiten, irgendwann kommt ein jeder Mensch an seine Grenzen.

Das betrifft garantiert auch Sie. Sie könnten ein Großmeister im Jonglieren sein, trotzdem ist irgendein Ball der letzte, den Sie auch noch kreisen lassen können. Wenn Sie also feststellen, dass man Ihnen mehr Bälle zuspielt, als sie kontrollieren können, hilft nur noch eines: Sie müssen mit Bedacht wählen, welche Bälle Sie bespielen wollen und welche nicht. Für diesen Prozess der Selbstorganisation gibt es zahlreiche Methoden, alle mit Ihren eigenen Vor- und Nachteilen. Für mich war es aber die Eisenhower-Methode, die ich durch ihre Einfachheit oftmals auf alle Bereiche meines Lebens anwenden konnte und weiterhin kann. Sobald Ihre Ressourcen zu knapp werden und Sie eine Art Aufgabentriage durchführen müssen, können Sie damit das letzte bisschen Leistungsfähigkeit aus Ihrer Arbeitsweise herausholen. Und das ohne großen Mehraufwand.

Es gibt zwar keine Hinweise darauf, dass der Namensgeber Dwight D. Eisenhower diese Methode selbst angewandt hätte und in der entsprechenden Fachliteratur ist sie auch nicht gänzlich unumstritten, dennoch war und ist sie für mich weiterhin das effektivste Tool zur einfachen und vor allem zügigen Selbstorganisation.

Die Methodik ordnet anstehende Aufgaben nach zwei Eigenschaften und teilt diese in vier Kategorien ein. Basierend auf ihrer Wichtigkeit und Dringlichkeit wird bestimmt, wie am besten mit diesen Aufgaben zu verfahren ist:

▸ Kategorie A: Wichtig und dringend

Aufgaben dieser Kategorie erhalten die höchste Priorität und sollten unverzüglich durch Sie selbst erledigt werden.

▸ Kategorie B: Wichtig aber nicht dringend

Auch Aufgaben dieser Kategorie sollten Sie auf Grund ihrer Wichtigkeit unbedingt selbst erledigen, da Ihre Ressourcen zum gegenwärtigen Zeitpunkt aber erschöpft sind, müssen Sie diese Aufgaben neu terminieren. Bestimmen Sie einen Wiedervorlagezeitpunkt und erledigen Sie die Aufgabe schließlich termingerecht selbst.

▸ Kategorie C: Nicht wichtig aber dringend

Obwohl die Aufgaben in dieser Kategorie keine besonders hohe Priorität genießen, müssen Sie zeitnah erledigt werden. Da Sie selbst keine Ressourcen dafür zur Verfügung haben, müssen Sie die Aufgabe delegieren. Dies kann bedeuten, dass Sie diese als Leiter eines Teams tatsächlich entlang Ihres Vorgesetztenverhältnisses weiterreichen, ebenso ist es aber denkbar, dass Sie, zum Beispiel im privaten Alltag, Freunde oder Familie um Hilfe bitten.

▸ Kategorie D: Nicht wichtig und nicht dringend

Wenn Aufgaben weder wichtig noch dringend sind, genießen Sie keinerlei Priorität, folglich können Sie zumeist ignoriert werden. In Abweichung von der klassisch gelehrten Eisenhower-Methodik empfehle ich aber auch Aufgaben dieser Kategorie genau zu prüfen: Nicht wichtig ist manchmal nicht das gleiche wie gänzlich unwichtig. Überlegen Sie sich vor dem völligen Ignorieren einer Aufgabe genau, ob Sie nicht doch irgendwann erledigt werden muss. Sollte dem so sein, führen Sie die Aufgabe zu einem späteren Zeitpunkt einer erneuten Prioritätsprüfung zu, oder sammeln Sie sie einfach auf einer unterminierten „to do Liste" [6].

[6] Eisenhower-Matrix.

Oftmals wird im Zusammenhang mit dieser Methode kritisch davon gesprochen, dass wichtige Aufgaben selten dringend und dringende Aufgaben selten wichtig seien. Ich möchte diesem Statement grundsätzlich beipflichten, teile aber die Auffassung nicht, dass deshalb eine Unterscheidung ausschließlich nach Wichtigkeit ausreichend sei. Obwohl tatsächlich die meisten Aufgaben in Kategorie B und C fallen gibt es Sie eben doch: Die wirklich wichtigen Jobs, für die wenig Zeit bleibt und die festgesetzten Terminsachen, die fast schon zu vernachlässigen wären. Entsprechend bin ich der Auffassung, dass eine Unterscheidung ausschließlich nach Wichtigkeit der Lebensrealität manchmal einfach nicht gerecht wird.

Ich möchte an dieser Stelle nochmal deutlich betonen: Es handelt sich bei der Einsenhower-Methode um eine Form der Selbstorganisation, die nur dann zur Anwendung kommt, wenn Ihre Leistungskapazitäten ans Limit gelangen. Es ist damit ausschließlich eine Form der Arbeitstriage. Wenn Ihre Ressourcen ausreichend sind, können Sie auf diese zusätzliche Prüfung verzichten und auch unwichtige Aufgaben selbst erledigen.

Im Flugdienst bedeutet dies für mich: Wenn ich über die notwendige Zeit und Kapazität verfüge, erledige ich alle Aufgaben der Flugvorbereitung gerne selbst. Wenn es aber wie zumeist hektisch zugeht und ich mal wieder feststellen muss, dass das Klonen zwar bereits erfunden, aber noch immer nicht in Echtzeit möglich ist, verfahre ich stets nach dem Eisenhower-Prinzip. Es muss schnell eine wichtige Entscheidung über die benötigte Konfiguration unserer Flugzeuge getroffen werden? Ich kümmere mich sofort darum. Die Mission Planning Cell hat eine wichtige Frage, aber noch viel Zeit zur Verfügung? Ich vertröste die Kameraden auf später und beantworte sie, sobald ich die notwendige Zeit finde. Die externe Unterstützung der Feinddarstellung hat zusätzliche Fragen zur Mission? Ich delegiere diese zweitrangige Aufgabe an meinen lokalen Anführer der Feinddarstellung. Der Sportoffizier fragt welche Disziplinen ich am Sportfest absolvieren möchte? Sorry, ist mir gerade egal.

Ich bin absolut überzeugt davon, dass diese Systematik grundsätzlich funktioniert. Sie befinden sich im Urlaub zu Hause und haben nicht viel zu tun? Na dann bringen Sie doch einfach mal den Müll raus oder mähen Sie den Rasen. Wenn Sie es selbst erledigen ist es immerhin gemacht. Nun könnte es aber sein, dass es stattdessen Schlag auf Schlag geht und Sie ans Limit Ihrer möglichen Arbeitsleistung kommen. Während Sie zu Hause sind, platzt eine Wasserleitung. Kümmern Sie sich augenblicklich selbst um diese wichtige und dringende Aufgabe. Sie müssen heute aber auch noch für Ihre Schwiegereltern kochen? Ja, wichtig, geht aber auch in einer Stunde. Also „terminieren“ und dann erledigen. Der Hund muss ebenfalls noch ausgeführt werden? Das ist recht dringend, aber nicht wahnsinnig wichtig. Bitten Sie doch einfach Ihren Nachwuchs darum. Und dann war da auch noch dieser Fragebogen des örtlichen Schnellimbisses zur Kundenzufriedenheit in der Post. Legen Sie diesen Vorgang doch einfach in die passende Ablage: Den Papiermüll. Und da die resultierende Aufgabe den Papiermüll herauszubringen zwar weder wichtig noch dringend ist, aber dennoch irgendwann erledigt werden sollte, können Sie ja gemäß meiner „Zusatzkategorie“ einfach Ihren Nachwuchs darum bitten, sobald er mit dem Hund zurück ist.

Die Mär vom Multitasking

Selbst wenn Sie sich gut organisieren und alle anfallenden Aufgaben in Kategorien einteilen, wird es Ihnen früher oder später passieren, dass Sie versuchen viele Dinge gleichzeitig zu erledigen. Besonders bei einer großen Anzahl an Mikroaufgaben, neigen viele Menschen dazu, in blindes Handlungschaos zu verfallen. Mit Mikroaufgaben sind „Tasks“ gemeint, die so unscheinbar sind, dass sie nicht erst betrachtet, sondern direkt ausgeführt werden. Das Problem an der Sache: Die Grenze zwischen Mikroaufgaben und „vollwertigen“ Aufgaben kann schnell verschwimmen, die Einstufung ist höchst individuell. Dieses ungewollte „Multitasking“ kann sowohl parallel, als auch sequentiell auftreten. Während ersteres dazu führt, dass wir versuchen mehrere Aufgaben nebeneinander auszuführen und keine davon richtig erledigen, bedeutet das sequentielle „Multitasking“, dass wir von einer Aufgabe zu nächsten springen, ohne auch nur eine davon wirklich abzuschließen. Diese Problematik wurde hervorragend in der Serie „Malcolm mittendrin“ porträtiert: Familienoberhaupt Hal Wilkerson versucht eine Glühbirne zu wechseln. Während er die Ersatzbirne aus dem Schrank nimmt, bricht das innen liegende Trennbrett zusammen. Um dieses zu reparieren holt er einen Schraubendreher aus einer Schublade, nur um dabei festzustellen, dass diese beim Öffnen quietscht. Die zur Abhilfe geholte Dose WD40 ist natürlich leer, also steigt er kurzerhand in sein Auto um Ersatz zu beschaffen. Leider gibt der Motor beim Start eigenartige Geräusche von sich und so begibt es sich, dass Hal, als ihn seine nach Hause kommende Frau fragt, ob er die Glühbirne gewechselt hätte, dabei ist den Motor aus seinem Auto zu entfernen und auf ihre Frage genervt mit einem „Was denkst du was ich hier tue?“ antwortet. Was können wir aus dieser sicherlich überspitzten Geschichte lernen? Hal arbeitet die ganze Zeit zügig vor sich hin, aber obwohl er über einen längeren Zeitraum unter Stress steht, hat er am Ende keine einzige Aufgabe erledigt. Wäre er entspannt auf der Couch liegen geblieben, wäre seine Arbeitsbillanz identisch. Wie Sie sehen, ist dieses sequentielle Multitasking eigentlich eine Art Notasking. Die Wahrheit ist: Bis auf wenige Ausnahmen ist das Gehirn des Menschen nicht in der Lage echtes Multitasking durchzuführen. Im Normalfall können wir also nur eine einzige Aufgabe zur selben Zeit bewältigen. Davon ausgenommen sind nur Aufgaben die bereits automatisiert wurden und unterbewusst ausgeführt werden oder Aufgaben die in verschiedenen Bereichen des Gehirns bewältigt werden. So können wir zum Beispiel mit einer Hand Zähne putzen und mit der anderen die Zahnpastatube wegräumen. Oder eben Bilder ansehen und uns dabei unterhalten.

Das was wir gemeinhin als „Multitasking" bezeichnen, ist in Wirklichkeit nichts anderes, als eine gute kreisende Aufmerksamkeitsverteilung. Im Cockpit eines Flugzeuges müssen zum Beispiel kontinuierlich Basisparameter überwacht werden. Da das menschliche Gehirn aber nicht befähigt ist, die Anzeigen für Geschwindigkeit, Höhe, Fluglage und Steuerkurs gleichzeitig zu überwachen und auch noch Korrekturen durchzuführen, werden die Anzeigen wiederholt in einer festgelegten Reihenfolge betrachtet. Dieses „kreisen lassen" der Aufmerksamkeit nennt man „Crosscheck". Ein guter Pilot ist daher nicht in der Lage all diese Parameter simultan zu überwachen, sondern diese Überwachung konsequent, systematisch und vor allem schnell durchzuführen. Dies führt zu einer weiteren Problemstellung: Diese Aufmerksamkeitsverteilung kostet uns ebenfalls neuronale Rechenleistung. Stellen Sie es sich wie eine Art Verwaltungsgebühr vor. Sobald wir mehrere Dinge in engem, zeitlichem Zusammenhang erledigen, können wir nicht mehr die volle Aufmerksamkeit verteilen. Ein Pilot der zwei Anzeigen „simultan" überwacht, schenkt also nicht jeder Anzeige 50 % Aufmerksamkeit, sondern beispielhaft nur 45 %. Die fehlenden 10 % werden bereits für die Aufmerksamkeitsverteilung selbst, in diesem Falle also den Crosscheck, benötigt.

Zusammengefasst bedeutet das: Wir können nicht nativ multitasken! Streichen Sie diese Idee aus Ihrem Kopf. In der Folge springen wir entweder zwischen Aufgaben hin und her, ohne eine davon wirklich abzuschließen, oder wir bemühen uns um gut organisierte, systematische Aufmerksamkeitsverteilung und müssen bei der Umsetzung spürbare Leistungsdefizite und beschleunigte Erschöpfung in Kauf nehmen. Aber wenn wir nicht multitasken können, was denn dann? Meine Antwort lautet: Bewusstes Singletasking!

Aufgabenmonogamie

Natürlich folgt jetzt keine super einfache Komplettlösung für Aufgabenchaos im Kopf. Erstens bin ich selbst, wider besseren Wissens, oft genug vollkommen zerstreut, zweitens gibt es diese ultra einfache Lösung in meinen Augen schlicht nicht. Was es aber gibt, ist eine Handlungsweise die in vielen Situationen etwas Struktur in den Kopf bringen kann. Wie es der Name „Singletasking" bereits vermuten lässt, beschreibt diese Technik lediglich das bewusste Fokussieren auf eine Aufgabe. Mehrere anstehende Tasks können aneinandergereiht werden, im Gegensatz zum sequentiellen Multitasking werden diese dabei aber jeweils gewissenhaft abgeschlossen, bevor zur nächsten Aufgabe übergegangen wird.

Um dies zu verdeutlichen möchte ich nochmal auf das Beispiel von Familienvater Hal aus dem letzten Kapitel zurückgreifen. Wäre er bewusst der Aufgabenmonogamie gefolgt, wären die Geschehnisse etwa so abgelaufen: Hal soll eine Glühbirne wechseln. Beim Versuch die Ersatzbirne aus dem Schränkchen zu holen bricht das innenliegende Trennbrett zusammen. Hal reagiert besonnen, packt das Trennbrett auf seine To-Do-Liste, entnimmt die Ersatzbirne und tauscht diese schließlich aus. Nachdem er die alte Birne entsorgt hat, widmet er sich dem Schränkchen. Als er den notwendigen Schraubenzieher aus einer Schublade holt, stellt er fest, dass diese quietscht, er packt auch diese Beanstandung auf seine To-Do-Liste und repariert zunächst das Trennbrett. Nach Abschluss der Arbeiten kümmert er sich um die Schublade. Das zur Reparatur notwendige WD40 ist leider leer. An dieser Stelle ist eine erneute Priorisierung notwendig. Ohne das Multifunktionsöl lässt sich die Schublade nicht instand setzen, daher beschafft er zunächst Ersatz. Die Geräusche seines Autos packt er ebenfalls auf die To-Do-Liste, beschafft zunächst das WD40 und repariert die Schublade. Als seine Frau zu Hause eintrifft, hat er nicht nur die Glühbirne ersetzt, sondern auch den Schrank und die Schublade repariert, die WD40-Bestände aufgefüllt und die Autoreperatur eingeplant. All diese Aufgaben hat er mit dem gleichen Aufwand erledigt, der ihm in der Serie zu keiner einzigen Aufgabenerfüllung gelangt hat. Zum Glück haben die Drehbuchautoren der Sendung wenig Gewichtung auf effiziente Selbstorganisation der Hauptfiguren gelegt, der Unterhaltungswert wäre mindestens übersichtlich.

Dieses Beispiel beleuchtet gleich mehrere wichtige Punkte des Singletaskings: Zunächst ist es eine bewusste Entscheidung Aufgaben vollständig abzuarbeiten bevor man sich der nächsten Aufgabe widmet. Des Weiteren ist es manchmal notwendig, Aufgaben neu zu priorisieren und in geänderter Reihenfolge abzuarbeiten. Dies ist insbesondere dann notwendig, wenn bestimmte Aufgaben noch gar nicht abgeschlossen werden können. Es ist aber auch dann dringend anzuraten, wenn Sie mit der Eisenhower-Methode feststellen, dass einige Aufgaben eine wesentlich höhere Priorisierung haben sollten oder gar müssen, als andere Aufgaben. Allen Situationen ist gemein: Arbeiten Sie bewusst! Kontrollieren Sie sich stets selbst, machen Sie Dinge lieber gleich richtig, als fünfmal halb. Fangen Sie Aufgaben nur an, wenn sie auch gewillt sind diese zu Ende zu bringen. Und wenn Sie sich entschlossen haben eine Aufgabe anzugehen, dann tun Sie es mit aller Konsequenz. Als Folge sollten Sie alsbald feststellen, dass Ihre Produktivität steigt, Ihr Energiebedarf sinkt und das Chaos im Kopf langsam schwindet.

Kopf frei!

Den angesprochenen Maßnahmen bleibt gemein, dass sie Konzentration und damit mentale Rechenleistung fordern. Die Figur des Hal handelt nicht deshalb chaotisch, weil sie nicht clever genug wäre, sondern weil sie ständig einen Vielfrontenkrieg zu Hause führt. Zu viele Baustellen, zu wenig Zeit, zu wenig Nerven. Wenn das Tischtuch zu klein für den Tisch ist, nutzt es nichts wie von Sinnen um den Tisch zu rennen und abwechselnd an allen Ecken zu zupfen, das Tuch wird niemals richtig sitzen. Was aber Abhilfe schaffen kann ist, den Kopf einfach mal ein wenig aufzuräumen. Ich gebe offen zu: Ich sehe mich immer wieder mit der gleichen Problematik konfrontiert… Eine Haussanierung, die gefühlt niemals enden will, ein fordernder Beruf, zahlreiche Projekte wie dieses Buch, Dreharbeiten und vieles mehr. Manchmal ist mein Kopf so überladen, dass ich mir einen Kaffee koche, ihn nie trinke und am Ende feststelle, dass gleich zwei volle Tassen kalter Kaffee in meiner Küche stehen. Puh.

Was mir dennoch immer wieder hilft, ist Dinge auszulagern: Ich habe irgendwann angefangen mir ganz konsequent To-Do-Listen zu schreiben. Auf welche Art genau man dies macht, ist in meinen Augen relativ unerheblich. Wichtig ist lediglich, dass man etwas Ordnung in das mentale Auftragsbuch bringt. Immer wenn neue Aufgaben anfallen die ich nicht sofort erledigen kann oder möchte, nehme ich mein Handy und schreibe die Aufgabe in meine virtuelle Arbeitsliste. Ich räume die Aufgaben damit aus meinem Kopf. Statt zu versuchen mir all die Aufgaben zu merken die Dienst- und Lebensalltag für mich bereithalten, trete ich diese Aufgabe an ein Organisationsprogramm ab. Hier kann ich sofort Priorisierung und Fristen einpflegen, mich automatisch erinnern lassen und vieles mehr. Der ganze Aufgabenschotter der mir das Hirn blockiert wandert also in die digitale Welt und in meinem Kopf bleibt nur eine einzige Aufgabe bestehen: Die Liste abzuarbeiten.

Es klingt banal, aber dieses Freiräumen des Kopfes funktioniert im Großen wie im Kleinen. Ganz egal ob Sie im Rahmen des Projektmanagements ganze Prozesse und Bearbeitungsstände verschriftlichen, oder ob Sie zwischendurch kurzfristig zu erledigende Notizen auf einen Schmierzettel schreiben, die grundsätzliche Wirkung bleibt stets die gleiche.

Im Rahmen der Flugvorbereitung führe ich wie die meisten anderen Piloten meistens einen handlichen „Schmierzettel“ mit. Alle Absprachen, Anweisungen, offene Aufgaben, etc. bringe ich sofort zu Papier. Natürlich könnte ich mir die meisten Dinge auch einfach merken, aber das würde einerseits geistige Ressourcen kosten, die ich an anderer Stelle besser einsetzen kann und zweitens bietet das Aufschreiben einen weiteren wichtigen Vorteil: Neben dem für einige Menschen äußerst befriedigenden Gefühl zahllose „Checkboxen“ abhaken zu können, hat man so stets eine Kontrollfunktion zur Hand. Wenn Sie sich anstehende Aufgaben nur merken, woher wollen Sie dann am Ende wissen, ob sie wirklich alle erledigt und nicht vielleicht doch die eine oder andere vergessen haben? Schließlich zählen Dinge die wir vergessen automatisch zu den sogenannten „unknown unknowns“, also zu den Dingen, von denen wir gar nicht wissen, dass wir sie nicht wissen. Ihr kleines Schmierblatt, oder auch die große To-Do-Liste, bleiben hingegen unbestechlich. Die gelisteten Aufgaben warten geduldig auf Erledigung und wer die Häkchen gewissenhaft setzt, weiß stets ob er sein Soll bereits erfüllt hat, oder schleunigst nachziehen sollte.

Am Ende bleibt stehen: Wenn Sie alle nicht sofort umsetzbaren „Tasks“ aufschreiben, schaffen Sie sich selbst freie Kapazitäten im Kopf, die Sie zur Aufgabenerfüllung nutzen können. Sie erstellen sich ohne großen Aufwand eine Kontrollfunktion und müssen sich nicht mehr mit dem unsicheren Gefühl herumschlagen, welches die Frage: „Habe ich wirklich an alles gedacht?“ begleitet.

Die Umgebung betrachten

Es sind leider nicht nur die Vorgänge in unserem Kopf selbst, die an unserer mentalen Kapazität nagen, sondern auch die äußeren Reize die auf uns einströmen. Unser Gehirn möchte unterhalten werden und besonders in Phasen höchster Konzentration auf monotone Aufgaben nimmt es jede gebotene Ablenkung dankbar an. Stellen Sie sich unsere geistige Aufmerksamkeit einfach wie den Kegel eines Suchscheinwerfers vor. Solange wir uns nicht auf eine spezifische Tätigkeit konzentrieren, streift dieser Lichtkegel munter durch die Umgebung und beleuchtet abwechselnd all die mehr oder minder interessanten Dinge, die es zu entdecken gäbe. Fokussieren wir uns auf etwas, so steht auch der sprichwörtliche Lichtkegel stabil auf der Sache der unsere Aufmerksamkeit gebührt. Das Problem dabei ist allerdings, dass sich ringsherum um unseren Fokuspunkt ständig irgendwelche Dinge bewegen. Es wird zunehmend schwierig den Lichtkegel im Zentrum zu halten und früher oder später wandert er einfach aus und lässt die eigentliche Aufgabe im Dunkeln verschwinden. Wie gut wir unseren Suchscheinwerfer ruhig halten können ist sicherlich individuell ausgeprägt. Einige Menschen können sich schlicht besser konzentrieren als andere. Weiterhin ist es auch möglich diese Fähigkeit durch Konzentrationsübungen gezielt auszubauen. Aber ganz egal wie: Irgendwann ist die Konzentration am Ende, irgendwann können wir den Scheinwerfer nicht mehr unter Kontrolle halten.

Wenn wir unsere Fähigkeit als Scheinwerferbediener nicht weiter ausbauen können oder wollen, bleibt aber ein weiterer Ansatz: Entfernen Sie all die Dinge, die ringsum um Aufmerksamkeit buhlen. Die in meinen Augen größte Ablenkung trägt ein jeder von uns annähernd penetrant mit sich herum. Das Smartphone ist als ultimatives Multitool nahezu unverzichtbar geworden. Es verbindet uns nicht nur mit Menschen, sondern legt den Zugang zum fast gesamten Wissen der Menschheit ebenso in unsere Handfläche, wie grenzenlose Unterhaltungsmöglichkeiten. Durch die regelmäßige Nutzung sind wir zumeist vollkommen darauf konditioniert ständig unterhalten zu werden. Beobachten Sie doch mal Menschen im Wartezimmer einer Arztpraxis. Wie viele haben spätestens 6,9 Sekunden nach dem Hinsetzen ihr Smartphone in der Hand? Ich denke es ist absolut selbsterklärlich, dass dieses Gerät schnell zum Ablenkungsfaktor Nummer eins mutiert, wenn wir uns auf eine Sache konzentrieren wollen.

Ich habe Ihnen bereits vom bewussten Singletasken erzählt, die sogenannte Sanitisierung der Arbeitsumgebung trägt durch das Schaffen der notwendigen äußeren Voraussetzungen wesentlich dazu bei. Kurzum: Werden Sie alles los, was Sie von Ihrer Arbeit ablenken kann. Schalten Sie Ihr Handy auf Stumm und bringen Sie es aus dem Zimmer, entfernen Sie Lesematerial von Ihrem Schreibtisch, schließen Sie die Tür. Das was ich Ihnen hier beschreibe ist weder kompliziert noch neu. Es ist fundamentales Basiswissen welches weithin verbreitet sein sollte und dennoch erachte ich es für wichtig, es nochmals ganz klar zu betonen: Arbeiten Sie nicht nur an der Leistungsfähigkeit Ihres Gehirns, sondern sorgen Sie auch bewusst dafür, dass die Umgebung wenig Hindernisse für diese Leistungsfähigkeit bietet. Dies ist nicht immer möglich, manchmal müssen wir die Gegebenheiten schlicht so akzeptieren wie wir sie vorfinden und damit klarkommen. Aber wenn Sie die Möglichkeit haben Ihre Umgebung kritisch zu betrachten und nach Ihren Vorstellungen zu gestalten, verstehen Sie diesen Prozess als Bestandteil Ihrer Selbstorganisation und nutzen Sie diese Chance.

Muss es immer Krügergoldrand sein?

Wir sind jetzt bereits soweit gekommen, dass wir uns anstehenden Aufgaben priorisiert, fokussiert und kontrolliert widmen können. Einen wichtigen Punkt haben wir aber noch nicht angetastet: Wieviel Ressourcen wollen wir eigentlich einer Aufgabe zuteil werden lassen. Ich sprach Anfangs dieses Buches von der „TLAR“-Technik. Diese ist dem Umstand geschuldet, dass die Ressourcenlage im Cockpit eines Kampfflugzeuges nahezu durchgängig kritisch ist. Es gibt eigentlich zwischen Ein- und Aussteigen immer viel zu viel zu tun und dafür natürlich auch viel zu wenig Zeit. Entsprechend ist der durchschnittliche Kampfpilot in seinem tiefsten Inneren eigentlich ein faules Wesen: Um den Ansturm an kleinen Aufgaben bewältigen zu können, springt er bildlich gesprochen niemals höher als er muss.

Beispielsweise lassen sich viele Dinge im Leben ja mit höchster Präzision berechnen, aber glauben Sie wirklich, ich hätte im Cockpit Zeit Differentialgleichungen aufzustellen und zu lösen? Stattdessen werden die meisten Dinge schlicht mit einfachen Faustformeln berechnet oder abgeschätzt. Dabei ist es nicht nur so, dass gerne wenig Wert auf mathematische Korrektheit gelegt wird, solange das Ergebnis „gut genug“ ist, sondern auch so, dass eine Getränkedose eine absolut respektierte Maßeinheit zur Beschreibung optischer Abstände ist. Klingt bescheuert? Ja, das ist es auf den ersten Blick auch, aber es funktioniert! Glauben Sie mir, die Maßeinheit „Getränkedose“ ist ihnen wesentlich lieber als Milliradiant, wenn sie mit über 30 000 ' pro Minute invertiert auf den Boden zurasen, Täuschkörper ausstoßen, am Radar rumspielen und gleichzeitig Ihrem Wingman mit ruhiger Stimme darauf hinweisen, dass es jetzt an der Zeit wäre dem entgegenkommenden (simulierten) Lenkflugkörper auszuweichen. Was ich damit verdeutlichen will: Oftmals ist „gut genug“ die beste Lösung.

Wenn Sie also eine Aufgabe angehen, überlegen Sie sich bitte stets, welche Ergebnisqualität eigentlich erwartet wird. Ganz egal ob durch Sie oder durch andere. Regelmäßig ist die 80 %-Lösung vollkommen ausreichend und nur in ganz seltenen Fällen bedarf es der vollkommenen 100 %-Lösung. Diese Zahlen habe ich nicht zufällig gewählt, denn Sie entstammen dem sogenannten Pareto-Prinzip. Das Pareto-Prinzip ist beinahe die Carte Blanche für jeden Faulpelz und genau darum auch so wichtig für mich. Werde ich nach meinen Stärken gefragt, führe ich regelmäßig meine innere Faulheit als Stärke an. Das mag zunächst für Verwirrung sorgen, aber Faulheit lässt sich hervorragend für gute Arbeitseffizienz nutzen: Wer faul ist, aber gleichzeitig Wert auf gute Arbeitsergebnisse legt, der wird stets bemüht sein, so effizient wie möglich zu arbeiten. Da ich mich als ausgeprägten Faulpelz verstehe, war und ist Arbeitseffizienz mein absolutes Steckenpferd. Das Pareto-Prinzip, häufig auch als 80/20-Regel bezeichnet, besagt, dass Sie 80 % des Arbeitsergebnisses mit 20 % Aufwand erreichen, für die restlichen 20 % Ergebnis aber volle 80 % Aufwand einsetzen müssen. Sie sehen also, dass Sie nach diesem Prinzip enorm viel Arbeitsleistung einsparen können, wenn sie die angestrebte Ergebnisqualität vor Arbeitsbeginn sauber definieren. Jedes Mal, wenn Sie feststellen, dass die 80 %-Lösung völlig ausreichend ist, können Sie ganze 80 % an Arbeitsleistung einsparen. Und haben dadurch mehr Kapazitäten für die Arbeiten, die unbedingt eine saubere 100 %-Lösung erfordern. Ein Waffenlehrer sagte dazu einst auf einer Großübung: „Ein Ferrari-Plan sieht zwar super aus, aber nur ein VW Golf-Plan, den wir in der verfügbaren Zeit auch umsetzen können, bringt uns ans Ziel.“

Um das Ganze etwas zu veranschaulichen, möchte ich das Pareto-Prinzip anhand der Reparatur eines Unfallschadens an einem Fahrzeug erläutern: Wird ein junges Privatfahrzeug einer Premiummarke zur Beseitigung eines Unfallschadens in die Markenwerkstatt gebracht, ist sofort klar: Hier muss es die 100 %-Lösung sein. Der Vorgang nimmt viel Zeit und Geld in Anspruch, aber der Kunde würde niemals akzeptieren, wenn es an den neu lackierten Bauteilen Farbabweichungen gäbe. Es müssen also unbedingt 100 % Arbeitsleistung für das angestrebte 100 %-Ergebnis eingeplant werden, denn die Qualität des Endergebnisses liegt absolut im Fokus.

Ganz anders verhält es sich hingegen, wenn während des 24 h-Rennens am Nürburgring ein Rennfahrzeug mit Unfallschaden die Boxengasse anläuft. Klar, sie könnten jetzt Ihren Mechanikerstolz ausleben und den Wagen gewissenhaft in den Neuzustand versetzen, nur leider ist bis zu Fertigstellung nicht nur das Rennen gelaufen, sondern auch die Konkurrenz bereits abgereist. In dieser Situation steht ganz klar Pragmatismus im Fokus. Die 80 %-Lösung ist vollkommen ausreichend, es bedarf daher auch nur 20 % Aufwand. Dass in diesem Fall Geschwindigkeit und damit Arbeitseffizienz gewichtet werden, äußert sich darin, dass verbogene Karosserieteile gerne mit Tritten und Hammerschlägen in Form gebracht werden und sich wirklich niemand für den Zustand der Lackierung interessiert.

Warum ist die Nutzung des Pareto-Prinzips in meinen Augen auch für alle Teile Ihres Lebens relevant? Weil unsere Ressourcen nun mal endlich sind. Wir müssen sie dort zum Einsatz bringen wo sie dringend benötigt werden. Wenn wir korrekt identifizieren wo 80 % Ergebnis akzeptabel sind, können wir sicherstellen, dass wir genug Arbeitsressourcen zur Bewältigung der anstehenden 100 %-Premiumaufgaben zur Verfügung haben. Oder anders ausgedrückt: Seien Sie bewusst faul um effizienter und damit auch besser arbeiten zu können.

Organisation ist das halbe Leben

Jetzt habe ich in den vergangenen Kapiteln natürlich etwas zum Trommelfeuer aus der Binsenkanone gerufen. Ich bin mir absolut im Klaren darüber, dass nichts von all dem was ich hier aufgeschrieben habe revolutionär neu oder besonders unorthodox wäre, aber genau das ist der Punkt: Man muss das Rad nicht andauernd neu erfinden. Manchmal ist es völlig ausreichend anzuerkennen, dass ein rundes Rad am besten rollt. Nur weil man nicht selbst, sondern andere Menschen dieses Rad erfunden haben, besteht noch lange kein Bedarf daran herumzubasteln. Stattdessen empfiehlt es sich, die Effizienz des runden Rades für sich zu nutzen und andere Menschen auf diese Nutzbarkeit hinzuweisen. Was ich damit sagen will: Ich bin offensichtlich kein Denker, der neue Methoden zur Selbstorganisation ersinnt, aber ich habe unzählige Methoden für mich ausprobiert und hoffe, dass ich Sie mit den letzten Seiten von meinen Erfahrungen profitieren lassen kann. Um Ihnen dies noch ein wenig zu vereinfachen, möchte ich das vermittelte nochmals kurz zusammenfassen:

- Priorisieren Sie! Immer wenn Ihre Kapazitäten knapp werden sollten Sie das Eisenhower-Modell nutzen, um eine Arbeitstriage durchzuführen. Überlegen Sie, welche Aufgaben Sie sofort selbst erledigen müssen, welche Sie terminieren, welche delegieren und welche Aufgaben Sie guten Gewissens ignorieren können.

- Streichen Sie Multitasking! Bis auf wenige Ausnahmen ist unser Hirn nicht in der Lage natives Multitasking durchzuführen. Stattdessen müssen wir unsere Aufmerksamkeit systematisch auf die gleichzeitig auftretenden Aufgaben verteilen und dabei zum Teil deutliche Leistungseinbußen in Kauf nehmen.

- Singletasken Sie bewusst! Wann immer Sie können, setzen Sie auf bewusstes Singletasking. Oftmals müssen Aufgaben nicht wirklich zeitgleich erledigt werden, konzentrieren Sie sich daher zunächst auf eine Aufgabe und bringen Sie diese gewissenhaft zu Ende, bevor Sie zur nächsten Aufgabe wechseln.

- Führen Sie Listen! Räumen Sie Ihren Kopf möglichst frei in dem Sie anstehende Aufgaben an To-Do-Listen abgeben. Sie räumen sich damit mehr Kapazitäten für die eigentliche Aufgabenerledigung frei und schaffen eine integrierte Kontrollfunktion mit der Sie immer sicherstellen können, alles erledigt zu haben.

- Sanitisieren Sie Ihre Umgebung! Sparen Sie geistige Ressourcen indem Sie Ihre Arbeitsumgebung möglichst reiz- und ablenkungsarm gestalten. Betrachten Sie die Gestaltung Ihrer Arbeitsumgebung als Bestandteil Ihrer Selbstorganisation.

- Arbeiten Sie effizient! Überlegen Sie sich, bevor Sie zu arbeiten beginnen, wie gut und detailliert das Arbeitsergebnis sein muss. Oftmals ist die 80 %-Lösung absolut ausreichend. Nach dem Pareto-Prinzip können Sie damit ganze 80 % Arbeitsleistung einsparen.

Wenn Ziele zu Projekten werden

Viele Ziele die man sich im Leben selbst setzt oder von anderen vorgesetzt bekommt, erscheinen zunächst weit entfernt. Sie können nicht kurzfristig erreicht werden, sondern benötigen viele kleine Schritte. Kurzum: Das Erreichen großer Ziele gleicht einem komplexen Projekt dessen Erfolg vom perfekten Zusammenspiel vieler einzelner Maßnahmen abhängt. Diese Projekte begegnen uns überall: Zu Hause, im Dienst, im Hobby ... Ihnen allen ist gemeinsam, dass sie sich wesentlich einfacher bewältigen lassen, wenn man ihnen organisiert begegnet.

Mal ehrlich: Machen Sie sich wirklich Gedanken über Ressourcen, Risiken und Lösungsansätze? Überlegen Sie sich stets, wie Sie Fortschritte effizient und sicher verfolgen können? Wenn Sie nicht gerade ein Projektmanager sind, lautet die Antwort vermutlich nein – zumindest war das bei mir vor einigen Jahren noch der Fall. Mit steigender Komplexität meiner Aufgaben wurde es aber notwendig, sich dem professionellen Projektmanagement zu widmen. Auch hier sei gesagt: Es gibt hervorragende Fachliteratur über dieses Thema. Sie können Projektmanagement studieren, Fernkurse besuchen und sich prüfen lassen. Ich versuche nicht diese wichtige Ausbildung in mein kleines Werk zu quetschen, aber vielleicht reicht Ihnen bereits mein persönliches „Best Of". Wenn Sie sich also zunächst einen kleinen Überblick verschaffen und an meinem „Lessons Learned" teilhaben wollen, folgen Sie mir auf den folgenden Seiten in die Welt des Projektmanagements.

Die Anatomie des Projekts

Rein anatomisch betrachtet sind Projekte meines Erachtens nach immer gleich [7].

Am Anfang hat man immer ein Ziel vor Augen. Wenigstens grob ist Ihnen immer bekannt, WAS Sie eigentlich erreichen wollen. Ansonsten wären Sie ja gar nicht erst hier. Aber schon dieser erste Schritt erfordert Aufmerksamkeit: Das Ziel sollte so früh wie möglich, so gut wie möglich definiert werden. Denken Sie an das Pareto-Prinzip: Wie gut muss oder soll das Ergebnis eigentlich sein? Versuchen Sie ein perfektes Ergebnis zu erreichen, oder ist bereits ein grober Abschluss des Projekts völlig ausreichend? Ebenso gehört zur Bestimmung des Ziels auch immer die Bestimmung des Ausgangspunkts: Wenn Sie irgendwohin wollen, müssen Sie auch wissen von wo Sie starten. Versuchen Sie auch diesen Ausgangspunkt möglichst gut zu definieren: WAS unterscheidet den Ist-Zustand denn vom beabsichtigten Soll-Zustand? Erinnern Sie sich an die vergangenen Kapitel und rufen Sie sich nochmals den Spruch „Wenn man weiß wo man ist, kann man sein wo man will“ ins Gedächtnis. Sobald Sie Start und Endpunkt Ihres Projektes definiert haben, ergibt sich in aller Regel eine vermeintlich einfache Lösung: Die kürzeste Verbindung zwischen zwei Punkten ist immer eine gerade Linie, diese Groblösung zeigt Ihnen intuitiv auf, in welche grobe Richtung Ihr Projekt laufen muss. Aber wie so oft, hält diese vermeintliche Lösung der harten Realität nicht stand. Zeit also einen Blick auf die Widerstände auf dem Weg zum Ziel zu werfen.

[7] Problem/Projektanatomie.

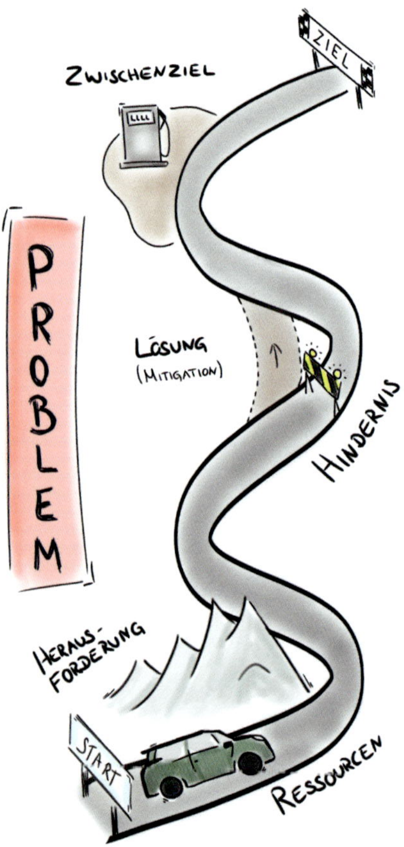

Herausforderungen sind Aspekte, die bei der Planung des Weges berücksichtigt werden müssen. Sie sind wie die Umgebung beim Straßenbau: Straßen sind nur selten gerade, weil Sie sich an den planerischen Herausforderungen, die die Umgebung an sie stellt, orientieren müssen. Wenn Sie also versuchen den möglichen Lösungsweg zu durchdenken, werden Ihnen verschiedenste Herausforderungen in den Sinn kommen, die Sie von Anfang an bedenken und bei der Wegfindung umgehen müssen.

Neben diesen Herausforderungen gibt es aber auch die harten Hindernisse. Aspekte, die eine Lösung auf dem gedachten Weg unmöglich machen. Manch ein gedachter Lösungsansatz stellt sich nun mal als Sackgasse heraus und egal wie sehr Sie es auch wollen, manche Hindernisse sind einfach unverrückbar und können nicht überwunden werden. Getreu dem Motto „Wo ein Wille ist, ist auch ein Weg“, gibt es aber häufig Möglichkeiten diesen Hindernissen durch eine Mitigation oder einen alternativen Lösungsansatz aus dem Weg zu gehen. Stellen Sie sich vor, Sie stoßen beim Straßenbau auf eine große Schlucht. Egal wie sehr Sie es auch möchten, Sie können die Straße nicht einfach durch die Schlucht bauen. Da Ihre grobe Zielrichtung aber Bestand behält, werden Sie nicht umhinkommen als Mitigation eine Brücke zu bauen. Ihre Straße wird damit aufwendiger und verläuft nicht wie ursprünglich gedacht, aber durch diesen alternativen Lösungsansatz werden Sie weiter in Richtung Ziel geführt.

Durch die Definition von Ziel, Start, Herausforderungen und Hindernissen ergibt sich der gedachte Lösungsweg. Diese Straße zum Ziel beantwortet zunächst Ihre Frage nach dem WIE.

Aber selbst, wenn Sie eine Straße zur Lösung geplant haben, bleibt noch immer die Frage WOMIT Sie diese bewältigen können. Die Beantwortung dieser W-Fragen, sollte Ihnen eine Übersicht über Ihre Ressourcen schaffen. Egal vor welchem Problem Sie stehen, egal wie komplex das Projekt ist: Sie haben immer von Anfang an Dinge auf der „Haben-Seite“, die Ihnen bei der Zielerreichung behilflich sein können. Frei nach Sun Tzu ist es ebenso wichtig sich selbst zu kennen, wie seinen Gegner. Dies trifft auch auf Projekte zu, also widmen Sie Ihrer Ressourcenlage die gleiche Aufmerksamkeit.

Nun da Sie wissen WAS Sie WIE und WOMIT erreichen wollen, müssen Sie sich auch folgende Frage beantworten: WANN möchte ich dieses Ziel erreicht haben? Daraus lassen sich nämlich häufig Zwischenziele auf der

Route ableiten. Nur wenn Sie wissen WANN Sie Ihr Endziel erreicht haben, können Sie auch bestimmen WANN Sie welche Zwischenziele erreicht haben wollen. Diese sind wie ein Rasthof an der Autobahn: Sie helfen Ihnen sich auf der Strecke zu motivieren, zu rasten und den bereits bewältigten Weg reflektieren zu können. Zwischenziele sind wichtig, um zu überwachen, ob Sie sich noch auf dem richtigen Weg befinden und um Ihre Akkus zu laden. Schenken Sie also auch dem Definieren und Etablieren dieser Zwischenziele die gebotene Aufmerksamkeit, es wird sich später während der Projektbewältigung auszahlen.

Bevor Sie nun die Reise antreten sollten Sie sich noch eine Zusatzfrage stellen: WOZU will ich das Ziel eigentlich erreichen? Ziele sind niemals Selbstzweck und die Begründung für die Reise hat oftmals einen nicht unerheblichen Einfluss auf die Umsetzung. Sie fahren ja auch nicht ins Fitnessstudio um im Fitnessstudio zu sein. Sie wollen Ihre körperliche Fitness aus einem bestimmten Grund verbessern. Vielleicht um weniger Probleme mit schwereren Gewichten zu haben? Um an einem Marathon teilnehmen zu können? Um ein besseres Körpergefühl zu erhalten? Um am Strand eine beeindruckende Figur zu haben? Jede dieser Begründungen hat Einfluss auf den Lösungsweg, deshalb ist die Frage „Wozu will ich das Ziel eigentlich erreichen?“ so ungemein wichtig. Als schönen Zusatz ist dieses WOZU ein nicht zu vernachlässigender Motivationsfaktor. Wenn Sie genau wissen warum Sie etwas erreichen wollen, fällt es Ihnen wesentlich leichter motiviert zu bleiben und das Vorhaben auch gegenüber Kritikern zu verteidigen.

Diese Projektanatomie ist so generisch gehalten, dass sie sich auf nahezu jedes denkbare Projekt, ungeachtet der Komplexität anwenden lässt. In meinen Augen sogar angewandt werden muss! Was aber auch nahezu allen Projekten gemein ist, ist der Umstand, dass diese Anatomie organisch ist. Sie lebt, ist veränderlich, flexibel. Herausforderungen und Hindernisse tauchen auf oder verlieren an Relevanz, der Weg muss immer wieder angepasst werden. Erfolgskontrollen sind spätestens an jedem Zwischenziel zwingend notwendig um einen Überblick über das Projektgelingen zu behalten. Verstehen Sie diese Projektanatomie also bitte stets als lebenden Prozess. Alle Bestandteile darin sind veränderlich und müssen immer wieder überprüft werden. Manchmal ändert sich sogar das komplette Ziel und es wäre fatal, wenn dies keinen Einfluss auf Ihre Planungen hätte.

Agil bleiben und hybrid fahren?

Als Angehöriger der Luftwaffe muss ich die Bühne, die mir dieses Buch bietet, unbedingt nutzen, um unsere absolute Lieblingsphrase hinauszuposaunen: „Flexibility is the key to airpower!". Was für die Luftwaffe gilt, hat auch im Bereich des Projektmanagements seine Relevanz. Die starke Vernetzung der modernen Welt stellt andere Anforderungen, als es die Prozesse des vergangenen Jahrtausends gemacht haben. Aus diesem Grund werden eher starre Methoden des klassischen Projektmanagements immer weiter in den Hintergrund gedrängt und durch neuere Ansätze des agilen Projektmanagements ersetzt. Diese Methoden wirken oftmals etwas chaotischer, sind aber in der Lage kurzfristig auf Lageänderungen zu reagieren. Zudem sind sie zumeist hervorragend skalierbar, es spielt also keine Rolle ob Sie ein kleines Hobbyprojekt oder eine komplexe industrielle Aufgabe vor sich haben: Mit den Methoden des agilen Projektmanagements sind Sie immer in der Lage zeitgerecht zu reagieren. Soweit die Theorie.

Wie aber leider so oft sind die ganz einfachen Antworten meistens keine wirklich richtigen. Daher möchte ich, noch bevor wir überhaupt über die Managementmethoden gesprochen haben, darauf hinweisen, dass es regelmäßig nicht möglich und auch nicht sinnvoll ist, sich ausschließlich auf moderne, agile Methoden zu verlassen. Methoden des klassischen Projektmanagements behalten auch weiterhin ihre Daseinsberechtigung und sind beispielsweise zur Aufstellung der Projektanatomie vonnöten. Ich widme mich daher beiden Welten und wähle stets einen hybriden Ansatz. Klassische Methoden helfen das gesamte Projekt zu erfassen, zu strukturieren und umfangreich in Form zu gießen, moderne agile Methoden helfen uns dabei auf Veränderungen, Herausforderungen und neue Hindernisse kurzfristig reagieren zu können. Wir werden die Straße unserer Projektbewältigung also hybrid befahren.

Von Stärken und Schwächen

Bei der Erstellung Ihrer Problem- oder Projektanatomie werden Ihnen stets negative (Herausforderungen und Hindernisse) und positive (Ressourcen) Aspekte begegnen. Aus diesen lassen sich grundsätzlich die Stärken und

Schwächen Ihrer Seite, also Ihres Unternehmens, Ihrer Arbeitsgruppe, Ihres Teams, etc. ableiten. In einem weiteren Schritt ergeben sich aus diesen dann Chancen und Risiken für Ihre Seite. Diese vier Aspekte, Stärken, Schwächen, Chancen und Risiken sind die vier Kernelemente eines der grundlegendsten Werkzeuge des klassischen Projektmanagements: Die SWOT-Analyse (Strengths, Weaknesses, Opportunities, Threats).

Mit Hilfe dieser sehr grundlegenden, generischen und flexiblen Methode können Sie bereits in der Anfangsphase Ihres Projekts versuchen sich einen guten Überblick über die Situation zu verschaffen. Ich halte diese Methodik dabei für nahezu alle Vorhaben, ungeachtet Ihrer Komplexität, für geeignet. Völlig egal ob Sie eine COMAO tief hinter feindliche Linien führen oder einen Kindergeburtstag organisieren wollen, verschaffen Sie sich zunächst einen Überblick über die genannten vier Kernelemente. Zur einfachen Übersicht empfiehlt es sich dabei, das klassische Diagrammformat zu verwenden [8]:

[8] SWOT-Analyse.

Ich rate dabei die Analyse immer aus der eigenen Perspektive durchzuführen. Das bedeutet, dass Sie sich im Kontext des Projekts zunächst fragen sollten, was Ihre konkreten Stärken und Schwächen sind. Greifen wir dazu nochmals kurz auf das Beispiel des Kindergeburtstages zurück:

Sie haben einen großen, umschlossenen Garten als Veranstaltungsort zur Verfügung, eindeutig eine Stärke. Leider können weder Sie, noch jemand in Ihrer Familie eine ordentliche Torte backen. Definitiv eine wichtige Schwäche. Daraus können Sie aber als Chance ableiten, den Kindergeburtstag ohne zusätzliche Kosten im eigenen Garten veranstalten zu können. Ein großes Risiko ist hingegen, dass Sie am Ende ohne Torte dastehen.

Je nach Komplexität Ihres Projekts gestaltet sich eine umfassende SWOT-Analyse natürlich wesentlich komplexer und langatmiger, aber gerade für kleinere private Vorhaben genügt auch hier oftmals die höchst operationelle 80 %-Lösung. Verkopfen Sie sich also bitte nicht, sondern sehen Sie die SWOT-Analyse rein als Hilfsmittel an, welches Ihnen die geistige Erfassung Ihres Projekts deutlich vereinfachen soll.

Wer gibt eigentlich den Ton an?

Völlig egal in welchem Umfeld und welcher Größenordnung Sie sich bewegen, zumeist werden Sie in Projekten jedweder Art mit anderen Menschen zutun haben. Damit Sie wissen, wie Sie jenen am besten begegnen, empfiehlt sich eine übersichtliche Stakeholder-Analyse.

Obwohl es sich vielleicht für den ein oder anderen danach anhört, sind Stakeholder nicht grundsätzlich in der Fleischverarbeitung tätig, sondern schlicht Menschen mit einem relevanten Interesse am Verlauf oder Ausgang Ihres Projekts. Bei der Analyse unterscheiden Sie dazu stets drei Dimensionen: Einfluss, Interesse und Einstellung. Visualisiert könnte Ihre Stakeholder-Analyse zum Beispiel so aussehen [9]:

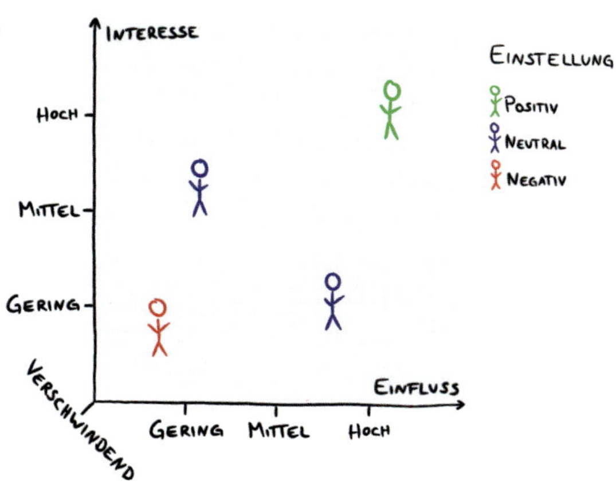

[9] Stakeholder-Analyse.

Zunächst sollte es Sie immer interessieren, wer Ihrem Projekt gegenüber wie eingestellt ist. Sind Menschen Unterstützer, Verhinderer oder einfach neutrale Beobachter? Anschließend sollten Sie prüfen wie groß der Einfluss ist, den diese Personen ausüben könnten und schließlich wie groß ihr potentielles Interesse ist, dies auch zu tun. Mit diesen Erkenntnissen bewaffnet, lassen sich die Menschen in mindestens vier Kategorien einteilen und anschließend nach ihrer jeweiligen Einstellung sortieren:

1. Hohes Interesse und hoher Einfluss
2. Hohes Interesse und niedriger Einfluss
3. Niedriges Interesse und hoher Einfluss
4. Niedriges Interesse und niedriger Einfluss

Menschen der Kategorie Vier können Sie in Ihrer Projektumsetzung getrost ignorieren, es ist äußerst unwahrscheinlich, dass sie zu einem Faktor werden.

Menschen der Kategorie Drei könnten potentiell wichtig werden, sollte sich ihr Interesse ändern. Bei positiv eingestellten Personen dieser Kategorie ist es empfehlenswert Überzeugungsarbeit zu leisten, vielleicht können Sie das Interesse dieser einflussreichen Person wecken. Ist die Person negativ eingestellt, sollten Sie sie einfach still beobachten. Solange das Interesse niedrig bleibt, haben Sie nichts zu befürchten.

Menschen der Kategorie Zwei sind in der Regel sehr aktiv, haben aber keinen großen Hebel zur Verfügung. Sie sollten grundsätzlich begleitet werden – möglicherweise können Sie Einflussmöglichkeiten für die Unterstützer finden oder das Interesse der Verhinderer dämpfen.

Alle Personen in Kategorie Eins sind absolute Schlüsselfiguren und erfordern hohe Aufmerksamkeit. Halten Sie sich an die starken Unterstützer und versuchen Sie die starken Verhinderer zu konfrontieren. Wenn Sie letztere nicht von Ihrem Kurs abbringen können, könnten sie zum Show-Stopper werden.

Und wieder diese Listen

Irgendwann werden Sie auf der Lösungsstraße Ihres Projektes aber auch Strecke machen müssen und hierbei kommt ein weiteres Werkzeug des Projektmanagements zur Anwendung. Die KANBAN-Methode* ist für mich eine der wichtigsten agilen Methoden des Projektmanagements überhaupt. Warum? Weil auch Sie beliebig skalierbar ist! Ich richte dieses Buch

*(KANBAN entstammt dem Japanischen und bedeutet „Karte“ oder „Tafel“. Anm. d. Red.)

schließlich nicht an den professionellen Projektmanager, der im Rahmen einer langfristigen Ausbildung lernt, auch die komplexesten Industrieprozesse mit einer Vielzahl an Methoden zum Erfolg zu führen, sondern an den „Otto-Normalverbraucher", dessen alltägliche Herausforderungen mal groß und komplex, manchmal aber auch kompakt und schnelllebig ausfallen. Getreu dem vielleicht etwas überzeichneten Motto „ein deutscher Offizier kann alles", bevorzuge ich Methoden die einen sehr breiten Anwendungsbereich haben. Einfache To-Do-Listen können Sie quasi jeden Tag zur Anwendung bringen, sie stoßen aber irgendwann an ihre Grenzen. Und spätestens dann hilft Ihnen ein KANBAN-Bord den Überblick zu behalten.

Wichtig ist zunächst zu verstehen, dass es sich dabei im Grunde genommen nur um eine stark aufgebohrte Luxusversion einer To-Do-Liste handelt. Da die Anzahl und Art der Kategorien immer auf den Anwendungszweck zugeschnitten werden können, ist die äußere Form des Bords nicht klar definiert. Was es aber immer ausmacht, ist die Fähigkeit, den Status einzelner Arbeiten, Aufgaben oder Prozesse übersichtlich zu visualisieren und jederzeit nachverfolgbar zu machen. Ein Grundlegendes KANBAN-Bord könnte dabei zum Beispiel so aussehen [10]:

Mit Hilfe dieses Bords können Sie jederzeit den Überblick über ihr gesamtes Projekt behalten. Ähnlich wie eine einfache To-Do-Liste lässt sich das KANBAN-Bord aber auch für einzelne, nicht zusammenhängende Aufgaben nutzen. Unterm Strich bedeutet das: Egal ob im Alltag oder im Beruf, ein KANBAN-Bord, egal ob klassisch analog oder als digitale Version auf dem Handy, passt immer und bringt im Handumdrehen Struktur in Ihre Aufgabenwelt. Sie halten das für zu aufwendig? Nun, im Rahmen der Flugvorbereitung bringe ich beinahe täglich die denkbar einfachste

[10] KANBAN-Bord.

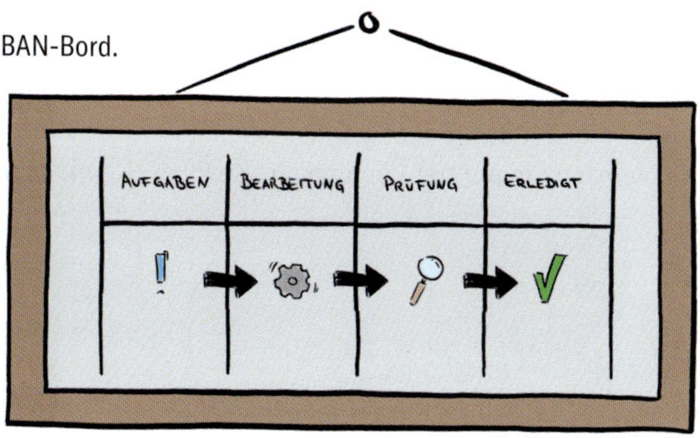

Form des Bords zur Anwendung: Auf meinem patentierten Luftverteidigungsschmierzettel im „Habichjetzthaltsoabgerissen“-Format notiere ich zunächst alle auflaufenden Aufgaben. Bei der ersten Besprechung am Planungstisch verteile ich diese und notiere mir, wer für die Aufgabe verantwortlich ist. Die Aufgabe ist damit automatisch und dennoch klar erkennbar im Status „in Bearbeitung“. Sobald mir der Verantwortliche den Vollzug der Aufgabe meldet, erhält diese einen Haken, sobald ich von der Qualität der Ergebnisse überzeugt bin, erhält sie einen zweiten. Bearbeitungsaufwand? Annähernd null. Aber selbst wenn ich spontan Idiotieschicht habe, kann ich mir sofort einen Überblick über den Stand der Arbeiten verschaffen und sicherstellen, dass ich nichts vergesse.

Um nochmals die Skalierbarkeit dieser Methode zu unterstreichen, möchte ich erwähnen, dass ich diese Methode nicht nur im Rahmen der Flugvorbereitung, sondern auch zur Überwachung der gesamten Sanierung meines Wohnhauses genutzt habe. Diesmal aber nicht auf einem kleinen Schmierblatt, sondern sauber strukturiert in digitaler Pracht. Und schon war klar zu erkennen welche Firma mit welcher Aufgabe wie weit ist, welche Aufgaben endgültig erledigt waren, welche sich in Überprüfung befanden und wo Nacharbeiten erforderlich wurden. Ihrer Fantasie und daraus resultierend der Komplexität des Bords sind dabei nahezu keine Grenzen gesetzt. Eine waffenscheinpflichtige Variante könnte also zum Beispiel so aussehen [11]:

[11] KANBAN-Bord extrem.

Lebensmanagement

Die auf den letzten Seiten vorgestellten Inhalte kratzen natürlich nur an der Oberfläche des Themenkomplexes „Projektmanagement". Wer sich hier weiter vertiefen möchte sollte unbedingt frei zugängliche Inhalte des Internets oder gleich einschlägige Fachliteratur konsumieren. Ich möchte Ihnen mit diesem kleinen Unterabschnitt des Buches lediglich eine Hilfestellung für Ihre alltäglichen Herausforderungen bieten. Mit den aufgezählten Methoden haben Sie das grundlegende Rüstzeug erhalten, um Problemstellungen und Projekte jeder Art anatomisch zu analysieren, sich einen Überblick über die Lage und alle beteiligten Personen zu beschaffen und den Überblick in der Umsetzung zu behalten. Wenn Sie also das nächste Mal auf eine Aufgabe stoßen, bei der Sie gar nicht wissen wo Sie eigentlich anfangen sollen, versuchen Sie es doch einfach mal so:

- Erfassen Sie die Anatomie des Problems! Definieren Sie dazu das gewünschte Ziel und Ihre Ausgangslage. Bedenken Sie Herausforderungen und mögliche Hindernisse auf dem Lösungsweg. Erfassen Sie Ihre eigenen Ressourcen und bestimmen Sie erreichbare Zwischenziele.

- Denken Sie SWOT! Erfassen und notieren Sie die Stärken und Schwächen Ihrer Seite im Kontext des Problems. Leiten Sie daraus mögliche Chancen und Risiken ab.

- Bestimmen Sie die Stakeholder! Identifizieren Sie möglichst alle Personen die ein Interesse am Verlauf und Ausgang ihres Projekts haben. Ordnen Sie sie nach Interesse, Einflussmöglichkeiten und Einstellung dem Projekt gegenüber. Behandeln Sie die Personen entsprechend.

- Behalten Sie den Überblick! Nutzen Sie in der Umsetzung die Möglichkeiten eines KANBAN-Bords um stets zu wissen ob sich Ihr Projekt noch auf Kurs und im Zeitplan befindet.

Vom Genießen

In nahezu allen Kapiteln habe ich nun versucht Ihnen Möglichkeiten aufzuzeigen Ihre persönliche Leistungsfähigkeit zu verbessern. Egal ob es sich um innere Reprogrammierung oder systematisches Arbeiten handelte, im Fokus stand fast ausnahmslos die Produktivität. Das kann natürlich nicht alles im Leben sein! In Kapitel III-12 habe ich bereits das Bildnis des inneren Akkus genutzt und versucht, Ihnen zu skizzieren mit welchem Schema Sie Ihr Energielevel möglichst effizient auf Stand halten können. Was ich aber noch nicht behandelt habe, ist die Möglichkeit, den Alltag ohne Änderung der äußeren Umstände als wesentlich angenehmer empfinden zu können. Ich nutze an dieser Stelle ganz bewusst nicht das Wort „gestalten“, denn wie bereits erwähnt, geht es in diesem Unterabschnitt nicht darum den Alltag zu ändern, sondern lediglich die Fähigkeit zu schärfen, aus diesem Alltag Freude zu gewinnen.

Immer wieder bin ich gefragt worden: Wie schaffst du das eigentlich alles? Flugdienst, Projekte, Lehrgänge, Führungsaufgaben ... Einige Personen wollten mir sogar das Attribut „Übermensch“ zuschreiben und so sehr ich mich davon geehrt fühle, so sehr geht diese Bezeichnung eben auch an der Realität vorbei. Sicherlich habe ich einen ausgeprägten Willen zum Erfolg und bin bereit mich durchzubeißen, wenn es mir wichtig erscheint, aber das können viele Menschen. Es sind also nicht so sehr meine Eigenschaften, die mir das Vorankommen ermöglichen, sondern im Wesentlichen sind es die Dinge, die ich in den vergangenen Jahren lernen konnte und musste. Den Anfang hat die Ausbildung bei der Bundeswehr gemacht. Zum ersten Mal wird man aus der „Wohlstandsbubble“ herausgerissen, lernt seinen Körper an die Grenzen zu bringen, Kälte, Stress, Hunger und Gefahr zu trotzen. Und das Wichtigste: Man lernt sich an den kleinsten Dingen zu erfreuen. Es ist unglaublich festzustellen, dass ein ungewürztes, völlig totgekochtes Stück Hasenfleisch das leckerste Gericht auf der ganzen Welt sein kann, wenn man zuvor eine Woche lang nichts zu Essen bekommen hat. Oder zu spüren, wie unglaublich gut sich ein einfaches Bett anfühlt, wenn man an den letzten Tagen höchstens kurz im Sitzen schlafen konnte.

Ich habe diese Beobachtungen zwar schon sehr früh angestellt, aber wirklich ergründen und ausnutzen konnte ich sie nicht. Die positiven Empfindungen waren stark nach schweren Negativerfahrungen, verblassten aber stets so schnell wie sie gekommen waren. Es gibt da draußen zahllose „Feelgood"-Methoden, viele finden sich auch im Bereich der Esoterik, aber keine einzige konnte mir wirklich dauerhaft helfen. Ich habe nun mal nicht die Zeit andauernd zu meditieren und das Anzünden von Räucherstäbchen rettet mir keinen vermurksten Tag. Ich konnte mir aber immer wieder vereinzelte Elemente abschauen, die sich für mich als umsetzbar und hilfreich erwiesen. Aber von all den verschiedenen Möglichkeiten hat sich eine Lehre als besonders nützlich erwiesen. Auf den nächsten Seiten möchte ich Ihnen zeigen, wie ich Elemente der Achtsamkeitslehre nutzen konnte um überall „Ladepunkte" für meinen inneren Akku zu finden.

Keine Pauschallösung

Als ich mir Gedanken über den Aufbau dieses Buches gemacht habe, war mir die Themenauswahl relativ schnell klar. Nicht ganz so einfach war aber zunächst die Sortierung. Das meiste Wissen was ich mir über die Jahre angeeignet habe, baut in gewisser Weise aufeinander auf. Um es anderen Menschen einfach vermittelbar zu gestalten, muss dieser logische Aufbau gewährleistet bleiben. Beim Schreiben wurde dann irgendwann klar: „Achtsamkeit" ist eigentlich der Mörtel zwischen all den Bausteinen die ich hier aufgeschüttet habe. Es ist nichts anderes als eine relativ hohe Form des Bewusstseins und damit sowohl Voraussetzung, als in polierter Form auch Ergebnis dieser ganzen Entwicklungsreise. Es war also klar, dass dieses Thema unbedingt den Abschluss dieses Buchabschnitts bilden muss, denn mit den zuvor vermittelten Kenntnissen dürfte es Ihnen ein Leichtes sein, Elemente der Achtsamkeitslehre auszuprobieren, zu erleben und vielleicht auch dauerhaft zu nutzen.

Elemente? Ja, ich spreche nur von Elementen. Denn wie so vieles was modern ist, hat die „Achtsamkeitslehre" einen regelrechten Hype erfahren. Sie wird in Seminaren und Schulungen unterrichtet, heiß debattiert und bildet sogar die Grundlage für hervorragende Bücher wie den Roman „Achtsam Morden", den ich zur Vertiefung nur empfehlen kann. Von sogenannten „Achtsamkeitslehrern" wird sie schon als mächtiges Allheilmittel für seelische Leiden, als Rundum-Sorglos-Paket gegen Stress angepriesen. Es wird suggeriert, dass der Schlüssel zur Glückseligkeit darin liegt, einfach in jeder Situation völlig achtsam zu agieren und so Stress gar keine Chance zu lassen. Angeblich ist es das wichtigste, Dingen immer völlig wertfrei zu begegnen, sich über nichts aufzuregen, nichts zu be- oder gar verurteilen. Wer der Achtsamkeitslehre folgt soll angeblich zur Ruhe in Person und damit völlig immun gegenüber Stress werden. Das klingt nett, aber ob man es glauben möchte oder nicht: Es gibt Situationen im Leben, die sind einfach stressig. Manchmal muss man diesen Stress auch schlicht annehmen und ihn aushalten. Oder glauben Sie, es macht Sinn sich minutenlang am erfüllenden Gefühl der eigenen Atemzüge zu erfreuen, wenn gerade Ihr Flugzeugtriebwerk beginnt unfreiwillig den Aggregatszustand zu wechseln? Wie so oft hat jedes Konzept Grenzen. Eine einfach Pauschalantwort auf alle mentalen Herausforderungen des Lebens kann es in meinen Augen gar nicht geben. Als Folge halte ich die Achtsamkeitslehre in Ihrer Gesamtheit für reichlich praxisfern und würde sie niemandem empfehlen der erfolgreich sein will.

Es wäre aber vermessen Lehren immer sofort vollumfänglich abzulehnen, denn die meisten davon, und seien sie noch so alternativ und abwegig, haben wenigstens einzelne Elemente die man nutzen kann. Die Achtsamkeitslehre bietet in meinen Augen gleich eine ganze Menge davon. Und genau diese Auslese, die ich mir zunutze gemacht habe, möchte ich mit Ihnen teilen. In der Hoffnung, dass Sie Ihnen ebenso nutzt, wie mir.

Eine Frage der Perspektive

Im Leben stehen wir immer wieder vor Herausforderungen, denen wir nicht aus dem Weg gehen können. Wir erfahren Leistungsdruck oder finden uns in Situationen, die uns weit aus unserer Komfortzone hinausdrücken. Das sprichwörtliche Schwimmen im kalten Wasser kostet uns viel Energie und während wir oft nichts an der Wassertemperatur ändern können, haben wir fast immer die Möglichkeit den Aufenthalt am Beckenrand super komfortabel zu gestalten. Damit Sie verstehen was ich meine, lassen Sie mich doch einfach mit einem kleinen Beispiel beginnen:

Ihr Wecker klingelt morgens um 05:30, Sie schrecken auf, fühlen sich ob der kurzen Nacht ziemlich zerknautscht und sofort steigt der Gedanke: „Warum mache ich die Scheiße eigentlich?“ in Ihnen auf. Automatisch starten Sie mit schlechter Laune in den Tag und müssen sich in den folgenden Stunden erstmal aus diesem Stimmungsloch kämpfen.

Nun, wenn Sie Ihren Job behalten wollen, werden Sie in dieser Situation nicht umhinkommen, aufzustehen. Und leider hilft auch der geilste Job der Welt nichts, denn manchmal könnte ich den Wecker auch dann fachgerecht aus dem Fenster entsorgen, wenn ein wirklich geiler Flug auf dem Plan steht. Kurzum: Die Situation ist vorgegeben, alles was wir also ändern können ist unser Umgang damit, oder eben unsere Perspektive darauf.

In der Achtsamkeitslehre geht es grundsätzlich darum, alles was man tut wirklich aufmerksam und bewusst, eben achtsam, zu tun. Wenn man im Bett liegt, dann eben auch das im Bett liegen. Viele Meditationsübungen zeigen Ihnen, wie Sie Ihr Körpergefühl verbessern können, indem Sie sich sauber auf Ihren Körper konzentrieren. Und wie bitte hilft das ganze jetzt an einem viel zu frühen und irgendwie auch stressigen Morgen? Stellen Sie sich die Situation doch einfach einmal so vor:

Ihr Wecker klingelt morgens um 05:25, sie schrecken auf, fühlen sich ob der kurzen Nacht ziemlich zerknautscht, wissen aber: Ich habe ja noch angenehme 5 Minuten! Sie drücken routiniert die „Snooze"-Taste, kuscheln sich nochmal richtig ein und konzentrieren sich auf das wohlige Gefühl. Das Bett ist weich und bequem, die Decke hält sie wunderbar warm. Sie fühlen sich geborgen und entspannt. Ihr Körper fühlt sich auf der Matratze fast schwerelos an. Schon bald stellt sich ein Gefühl der Dankbarkeit ein, denn Sie dürfen diesen Luxus jeden Tag genießen und müssen sich keine Gedanken über Ihr Nachtlager machen. Um 05:30 klingelt der Wecker ein zweites Mal und Sie beginnen den Tag mit einem guten Grundgefühl.

Hat sich an der Situation irgendetwas grundlegend geändert? Natürlich nicht! Es ist immer noch viel zu früh für jeden halbwegs normal denkenden Menschen und vielleicht ist ihr Bett auch gar nicht so super bequem wie es die Matratzenwerbung vorgegaukelt hat. Vielleicht ist es sogar eines der leidlich brauchbaren Schlafsofas der Bundeswehr. Auf jeden Fall ist die Situation noch immer ziemlich mittelprächtig und sie konnten nichts daran ändern. Was Sie aber ohne viel Aufwand geändert haben ist Ihre Perspektive darauf. Und daraus resultierend Ihre Gefühlswelt mit der Sie in den Tag starten. Oftmals ist es eben wirklich nur eine einfache Frage der Perspektive.

Die Sache mit der Dankbarkeit

Unsere Gefühlswelt ist ganz schön volatil. Wie Sie mittlerweile wissen, entstammt sie Ihrem Unterbewusstsein und lässt sich damit auch nicht direkt steuern. Sie lässt sich aber durchaus mit ein paar Kniffen ziemlich effektiv beeinflussen und einer davon entstammt ebenfalls der Achtsamkeitslehre: Es geht um die Tatsache, dass Sie nicht gleichzeitig dankbar und übellaunig sein können. Viele Alltagssituationen bieten das Potential diese Dankbarkeit auszulösen, wenn man Ihnen nur mit etwas Achtsamkeit begegnet.

Sie kommen nach einem langen und nervenaufreibenden Arbeitstag nach Hause und machen sich eine Kleinigkeit zum Abendessen. Statt diese vor dem TV schnell in sich hineinzustopfen, haben Sie die Möglichkeit sich stattdessen einfach mal fünf bis zehn Minuten für den achtsamen Verzehr der Mahlzeit zu nehmen. Ganz egal ob es sich dabei um eine Scheibe Brot, eine Tiefkühlpizza oder wirklich ein gutes Essen handelt, konzentrieren Sie sich doch einfach mal auf den Akt des Essens. Schmecken Sie bewusst, machen Sie nichts anderes als zu essen. Achten Sie darauf, wie sich der Geschmack beim Kauen ändert, achten Sie auf das Gefühl wie die gekaute Mahlzeit den Weg in Ihren Magen findet und spüren Sie, wie sich langsam ein Sättigungsgefühl einstellt. Und seien Sie sich bewusst, dass auch die Tatsache, dass Sie gerade Essen vor sich haben, ein Luxus ist, den viele Menschen nicht erleben können.

Die Situation bleibt die gleiche, Sie können und müssen sie gar nicht ändern. Die Mahlzeit mag wirklich drittklassig und der Tag außerordentlich beschissen gewesen sein, aber niemand kann Ihnen den kleinen Luxus nehmen, essen zu können und nicht hungern zu müssen. Ein Bewusstsein dafür zu haben, kann fast im Handumdrehen ein Dankbarkeitsgefühl auslösen, neben dem schlechte Emotionen einfach keinen Platz haben. Und wenn Sie sich danach auf die Couch setzen, dann tun Sie auch dies wenigstens für einige Momente achtsam. Die Couch ist bequem, Sie haben jetzt frei und in diesem kleinen Moment nichts zu tun. Dafür können und dürfen Sie dankbar sein. Diese Winzigkeit kann Ihre Laune massiv beeinflussen. Am Ende des Tages verschwinden Sie dann im Bett, spielen das gleiche Gefühlsspiel wie am Morgen und schließen den Tag mit einem guten Gefühl ab.

Diese Techniken ändern nichts an der Realität. Sie sind kein Allheilmittel und auch nicht allmächtig. Wenn Sie wirklich Probleme haben, dann sind diese auch berechtigt. Wenn Sie wirklich unter Kummer leiden, dann ist auch das in Ordnung und muss nicht mit der Brechstange wegdiskutiert werden. Aber an einem nur durchschnittlich bescheidenen Tag, können Sie ganz einfach ein kleines Stückchen Glückseeligkeit schaffen, welches Ihnen helfen wird, sich auch den nächsten Herausforderungen mit Elan zu stellen!

Unser Start/Stopp-System

Wenn Sie mit einem halbwegs modernen Fahrzeug mit Verbrennungsmotor an einer Ampel halten, passiert im Regelfall immer das gleiche: Es geht einfach aus. Das Fahrzeug tut das, weil die entwickelnden Ingenieure ihm beigebracht haben Energie zu sparen. Immerhin wollen Sie mit dem teuren magischen Saft im Tank ja Strecke und nicht nur Geräusche machen. Auch wenn diese Funktion vielleicht ein paar Nachteile hat und manch einen nerven mag, können wir uns sicherlich darauf einigen, dass sie definitiv Energie spart. Was würden Sie denn davon halten, wenn Ihr Auto statt an der Ampel auszugehen in den Drehzahlbegrenzer ballert? Das kann sicherlich zwischendurch sehr unterhaltsam sein, auf Dauer wäre es aber schlicht hirnrissig, ineffizient und nervig. Können Sie sich dann vielleicht mal selbst erklären, warum Sie im Wartezimmer, auf der Toilette oder abends auf der Couch wirklich andauernd ihr Handy in der Hand haben müssen? Aus dieser Perspektive sollte dies plötzlich ganz schön bescheuert wirken und meistens ist es das dann auch tatsächlich. Unser Hirn möchte unterhalten werden und durch die andauernde Smartphone-Nutzung sind wir auf diese omnipräsente Ablenkung konditioniert. Dabei ist das Hirn mindestens ebenso sehr auf Leerlaufphasen angewiesen. Leerlauf bedeutet in diesem Falle wirklich einfach nichts zu tun. Einfach mal ganz entspannt „Nichtsen“! Damit sind wir erneut bei der Achtsamkeitslehre.

Wenn Sie beim Arzt sitzen und warten, dann tun Sie doch einfach mal genau das: Warten. Machen Sie nichts weiter, sitzen Sie einfach da, genießen Sie die Ruhe und lassen Sie das Gehirn herunterfahren. Wenn Sie es gewohnt sind, andauernd ihr Smartphone in der Hand zu haben, wird das zunächst für ein Stressgefühl sorgen. Es ist letztlich eine Art kalter Entzug. Aber sobald Sie sich daran gewöhnt haben, werden Sie fast schlagartig feststellen, warum diese kleinen Pausen so wichtig sind. Das bewusste Nichtstun wirkt dabei fast so erholsam wie ein kurzer Powernap. Der Kopf erholt sich und beginnt all die Erlebnisse zu verarbeiten, die ihm den gesamten Tag begegnen. Das Stop & Go-System eines Autos lohnt sich nur dann, wenn es regelmäßig zur Anwendung kommt und die Standzeiten des Motors maximiert. Beim „Nichtsen" ist es genauso: Damit wir möglichst viel Erholung aus diesen kurzen Phasen ziehen können, müssen wir die Gelegenheiten zum „Abschalten" auch nutzen. Wenn Sie also auf der Toilette sind, erledigen Sie Ihr Geschäft, wenn Sie im Restaurant auf Ihre Bestellung warten, warten Sie einfach auf Ihre Bestellung und sollten Sie zu Hause einmal kurze Zeit nichts zu tun haben, machen Sie genau das und tun Sie nichts.

Ebenso wie beim Auto, kann diese Technik nicht immer zum Einsatz kommen. Manchmal müssen wir die Zeit einfach nutzen, manchmal haben wir wirklich zu viel zu tun um uns einfach kurz abzuschalten. Aber oft genug ist dem eben nicht so! Also, fragen Sie sich beim nächsten Mal kritisch, ob Sie Ihr Smartphone jetzt wirklich brauchen, oder ob Sie es nicht doch aus reiner Langeweile nutzen. Und dann schalten Sie einfach mal ab. Ihr Körper wird es Ihnen danken.

Die Sache mit den Gefühlen

Zu guter Letzt möchte ich mich noch einmal dem Thema der Gefühle widmen. Als aufmerksamer Leser wird Ihnen nicht entgangen sein, dass ich dieses Thema jetzt schon mehrfach angekratzt habe, aber ich bin der Meinung, dass es erst jetzt, ganz am Ende meines kleinen Buches wirklich zur Wirkung gelangen kann. Sie haben nun ein Modell vor Augen, woher Gefühle kommen, wissen, dass wir sie nicht direkt steuern, aber indirekt beeinflussen können. Sie sind sich im Klaren darüber, dass sie unsere Gedanken und damit unser gesamtes Handeln beeinflussen können, sind sich aber auch bewusst, dass wir die Möglichkeit haben, „über" unseren Gefühlen zu stehen. Sie besitzen mindestens die Grundbefähigung achtsam zu erkennen, dass und wie diese Gefühle unsere Gedanken und Handlungen beeinflussen. Ob dieses Wissens können Sie somit sicherstellen, dass Sie sich Ihr Handeln nicht durch Ihre Gefühle vorgeben lassen. Kurzum, wir wissen, dass wir keine Sklaven unserer Gefühlswelt sein müssen.

Wie intensiv wir Gefühle empfinden, ist im höchsten Maße individuell. Manche Menschen sind regelrecht gefühlskalt oder kennen einzelne

Gefühle überhaupt nicht. Auf der anderen Seite hingegen stehen hochsensible Menschen, die von ihrer Gefühlswelt manchmal wie von einem Tsunami überrollt werden. So unterschiedlich das Erleben der eigenen Gefühle auch sein mag, ist es meiner Erfahrung nach aber für fast alle Menschen so, dass Gefühlen eine feste Rangordnung innelíegt und sie in Konkurrenz zu einander stehen. Sehr grob betrachtet kann man dabei 7 Basisemotionen unterscheiden: Freude, Überraschung, Angst, Wut, Ekel, Trauer und Verachtung. Nach Paul Ekman, einem US-amerikanischen Psychologen, handelt es sich dabei um die einzigen Emotionen, die vollständig kulturübergreifend auftreten. Diese Basisemotionen haben dabei stets einen sehr starken Einfluss auf unser Verhalten, dienen sie evolutionär doch vorrangig einem Zweck: Unser Überleben zu sichern.

Der gängigen Lehrmeinung entsprechend ist Angst dabei die stärkste Emotion, dicht gefolgt von Wut. Der Grund ist banal: Bei drohenden Kämpfen, die nicht rational vermieden werden können, bleiben nur zwei Möglichkeiten: Fliehen oder kämpfen. Sehen wir uns in einer Konfliktsituation unterlegen, neigen wir zu starker Angst und versuchen automatisch vor dem Angreifer zu flüchten. Werden wir in einen Konflikt gezwungen und wähnen uns überlegen, tendieren wir zu Wut, denn diese steigert unsere Leistungsfähigkeit im Kampf. Als dominante Emotionen sind diese beiden mentalen Zustände stets in der Lage nachgeordnete Emotionen zu verdrängen. Das bedeutet: Wer wirklich wütend ist, kann in diesem Moment keine anderen Emotionen wie beispielsweise Trauer fühlen. Dieses sehr oberflächliche Basiswissen ist bereits ausreichend, um es uns im alltäglichen Leben zunutze machen zu können.

Ich bin der Überzeugung, dass in unserem täglichen Leben vor allem 4 dieser Basisemotionen den größten Einfluss auf uns haben: Angst, Wut, Freude und Trauer. Da jeweils zwei dieser Basisemotionen einen Gegenpool bilden, bewegt sich unser Gemütszustand jeden Tag auf diesem sehr einfachen Spielfeld [12]:

Um es nochmal deutlich zu betonen: Unsere Emotionen sind wesentlich kom-

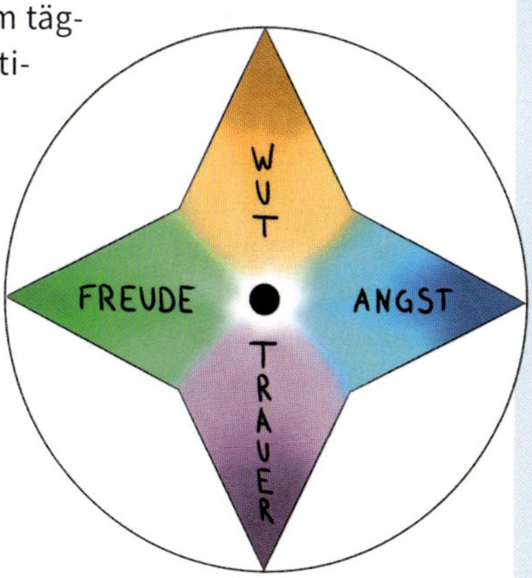

[12] Gefühlsmatrix.

plexer als ich sie hier portraitiere, aber diese Komplexität ist ebenso faszinierend, wie für meine Zwecke irrelevant. Erinnern Sie sich an „TLAR“! Nicht irrelevant ist hingegen der Fakt, dass sich unsere Stimmung durchgängig irgendwo zwischen diesen vier Emotionen aufhält. Wenn wir ausgeglichen sind, bewegen wir uns zu meist nahe der Mitte und befinden uns in einem weitestgehend unerregten Zustand. Da auf dieser Matrix Gegenpole erkenntlich sind bedeutet dies aber auch, dass sich diese Emotionen gegenseitig ausschließen. Sie können nicht gleichzeitig wütend und ängstlich sein, Sie können nicht gleichzeitig trauern und glücklich sein. Einige mögen mir an dieser Stelle widersprechen, immerhin gibt es Menschen die vor Glück weinen, oder das bittersüße Gefühl sich in einer Trauerphase dennoch für einen Menschen zu freuen. Hierbei werden aber nur einzelne Elemente der Emotionen kombiniert und keine der Emotion wirklich deutlich ausgelebt. Egal wie man es dreht und wendet, im Extremfall ist man entweder freudig oder traurig, beides zusammen funktioniert nicht.

Ebenso wichtig ist zu verstehen, dass sich diese Emotionen gegenseitig bedingen und rasch ineinander übergehen können. So passiert es beispielsweise, dass überwältigende Trauer in schäumende Wut umschlägt. Auch dies ist ein schneller Emotionswechsel, keine Kombination der beiden Gegenpole. Das Zusammenspiel dieser vier grundlegenden Basisemotionen können wir, von unserem bewussten Bewusstsein gesteuert, zu unseren Zwecken nutzen.

Emotionale Vorbereitung

Eine Anwendungsmöglichkeit, die ich besonders im Kontext des Flugdienstes auf Kampfflugzeugen regelmäßig zur Anwendung bringe, ist die emotionale Vorkonditionierung. Um meine Leistungsfähigkeit in bestimmten Situationen zu erhöhen, bringe ich mich zuvor „in Stimmung“. Das bedeutet, dass ich eine Emotion wähle, die ich der Situation zuträglich halte und mich anschließend künstlich in diesen Zustand versetze. Da sich unsere Emotionen nicht direkt steuern lassen, müssen wir uns in den passenden Zustand hineintricksen. Für mich und wahrscheinlich viele andere Menschen, klappt dies vor allem über Musik oder das gezielte Abrufen von Erinnerungen.

Wenn mich zum Beispiel hartes Luftkampftraining auf kurze Entfernungen erwartet, ist klar, dass ich vor großen körperlichen und mentalen Herausforderungen stehe. Um diesen besser begegnen zu können, versuche ich mich stets in einen Zustand konstruktiver Wut zu versetzen. Ich nutze dazu aggressive Musik oder rufe mir Erinnerungen an vergangene Konfrontationen temporär ins Bewusstsein. Das Resultat dieser Vorkonditionierung ist die Kampfbereitschaft meines Körpers. Blutdruck und Puls steigen, die Muskelspannung erhöht sich, das Schmerzempfinden wird gedämpft und die Aggressionsbereitschaft steigt. Ich fahre meine Krallen aus, damit ich auf den folgenden Kampf vorbereitet bin. Dies ist im Grunde genommen nichts anderes als eine Art Meditation, nur dass in diesem Fall nicht Gelassenheit, sondern Kampfeslust angestrebt wird.

Ein weiteres Beispiel ist die Vorbereitung auf extrem traurige Situationen. Ich bin ein sehr emotionaler Mensch und Trauer ist definitiv meine Achillesferse. Sie kann mich derart überrollen, dass ich sowohl geistig als auch körperlich handlungsunfähig werde. Damit mich diese Handlungsunfähigkeit nicht überwältigt, stelle ich mich auf erwartete Trauersituationen ein. Ich löse meine Trauer durch entsprechende Musik und Gedanken bereits vor der eigentlichen Situation im kontrollierbaren Umfeld aus. Dabei versuche ich mich tief in die erwartete Situation hineinzudenken und sie bereits vorab zu erspüren. Mit genug Konzentration lässt sich der Organismus damit bereits effektiv in einen Trauerzustand versetzen. Der Sinn dahinter ist es, mich auf den Aufprall vorzubereiten. Diese „Vortrauerleistung“ mindert die Fallhöhe ganz immens, der echte Trauerfall ist plötzlich kein Schock mehr, sondern nur eine Wiederholung des bereits Erlebten. Natürlich lässt mich die Situation auch dann nicht völlig kalt, aber es gelang mir durch diese Technik fast jedes Mal Ruhe zu bewahren, die Kontrolle zu behalten und uneingeschränkt handlungsfähig zu bleiben.

Diese Vorkonditionierung funktioniert auch auf wesentlich komplexerer Ebene. Geht es um Situationen die keine extremen Basisemotionen erfordern, versuche ich auch hier, zumeist mit Musik, mich so tief es möglich ist in das erwartete Szenario zu bringen. So habe ich mich beispielsweise mit den Klängen von den Broiler's „Tanzt du noch einmal mit mir?“ auf eine komplexe Luftverteidigungsmission auf einer Großübung eingestellt. Das Ziel war die Verteidigung des Heimatflugplatzes und umliegender Ziele gegen eine feindliche Übermacht. Was konnte da passender sein, als das Gefühl in Anbetracht des erwarteten Konflikts noch ein letztes Mal mit einer geliebten Person zu tanzen und Zeit zu verbringen? Aus dieser Emotion heraus war meine Konzentration messerscharf und die Bereitschaft, sich mit allen Mitteln dem simulierten Feind entgegenzustellen, schier grenzenlos. Ein weiteres Beispiel war der Einsatz als Feinddarstellung. Dieser Flug sah einen sehr komplexen „Gameplan" für Team Rot vor. Meine Aufgabe bestand darin, mich geschickt in die Nähe der blauen Formationen zu schmuggeln und überraschend aus kurzer Distanz zuzuschlagen. Keine einfache Aufgabe, aber Dorothy's „Raise Hell" versetzte mich in die passende Stimmung. Schließlich gehörte ich zu den „Troublemakern" und irgendwer musste ja ein wenig Hölle für die Trainingsaudienz in petto haben.

Ich könnte diese Liste der Beispiele beliebig fortsetzen, das Schema bliebe jedoch immer gleich. Ich überlege welche Emotion und welche allgemeine Stimmung der erwarteten Situation dienlich ist und strebe diese dann als vorbereitende Maßnahme durch Gedanken, Musik, Erinnerungen, etc. an. Ich erzeuge also bewusst Emotionen, lasse mich von diesen einnehmen und nutze den Effekt, den sie auf meinen Körper und meine Gedanken haben, gezielt aus. Ein recht abstrakter, aber enorm effektiver Vorgang.

Die Dämonen jagen

Neben Angst und Wut ist auch Trauer eine der Emotionen die sich massiv auf unser Verhalten und unsere Lebensqualität auswirkt. Wer unter Depressionen leidet, wird regelmäßig von einer derart übermächtigen Trauer beherrscht, dass er im Extremfall komplett handlungsunfähig wird. Viele Menschen beschreiben das Gefühl als einem Dämon gleich, der sich im Bett auf sie legt und sie niederhält. Auch ich musste die bittere Erfahrung dieses Gefühls machen. Depressionen haben verschiedenste Ursachen, manchmal sind sie anlassbezogen und haben einen konkret benennbaren Auslöser, manchmal erscheinen sie aber auch vollkommen willkürlich. Sie quälen ihr Opfer, ohne dass diese imstande wären eine mögliche Ursache zu benennen. Ganz egal woher sie letztlich rühren, ist allen Arten von Depressionen doch eines gemeinsam: Es handelt sich um ein emotionales Phänomen und Emotionen lassen sich nun mal auf mannigfaltige Weise beeinflussen. Auch wenn es vielleicht zunächst unmöglich erscheinen mag, als bewusste Menschen sind wir dem Dämon, der uns erdrücken möchte, nicht ohnmächtig ausgeliefert. Wir haben die Fähigkeit ihm den Kampf anzusagen, ihn zu jagen.

Ich möchte damit auf keinen Fall den Leidensdruck einer ausgewachsenen Depression klein reden, oder suggerieren, dass ein jeder diese in den Griff bekommen könnte, nur weil er diese Zeilen hier liest. Dennoch hoffe ich, dass meine Erfahrungen vielleicht dem ein oder anderen Menschen helfen können, seinen inneren Dämonen robust entgegenzutreten. Ich habe damals meinen Weg gefunden, habe gekämpft und nach vielen bitteren Schlachten letztlich den Krieg um mein Seelenheil gewonnen. Dazu habe ich die Funktionsweise unserer Emotionen strukturiert ausgenutzt.

Wie bereits genannt, ist Wut nach Angst die zweitstärkste Emotion, die wir Menschen verspüren können und damit in der Lage sind, nachgeordnete Emotionen wie Trauer zu verdrängen. Diese Funktionsweise kann als Waffe gegen die Depressionsdämonen ins Feld geführt werden. Aus Basisemotionen resultieren regelmäßig spezifische Verhaltensweisen. So resultiert Angst in einem Flucht- oder Schutzreflex, aus Wut folgt Aggression und Trauer verursacht eine kraftlose Apathie. Letztere ist zumeist der Grund dafür, warum uns eine Depression handlungsunfähig werden lässt, warum wir das Gefühl haben, völlig energielos zu sein und im Extremfall sogar den Lebenswillen verlieren. Der Wille kann aber im bewussten Bewusstsein gebildet werden und letztlich wollen wir alle doch nur eines: Glücklich sein! Warum also aufgeben, wenn man die inneren Dämonen auch angreifen und schlagen kann?

Meine Depression war klar anlassbezogen, immerhin lagen mein Berufs- und Privatleben, sowie meine Gesundheit beinahe zeitgleich und völlig überraschend in Trümmern. Der Kampf sollte beinahe zwei Jahre andauern, und obwohl sich die Anlässe nicht alle beseitigen ließen, konnte ich die Hoheit über meine Gefühlswelt zurückerlangen. Wut und Aggression sind keinesfalls pauschal schlechte Attribute. Wenn wir kämpfen müssen sind sie überlebensnotwendig. Wir müssen sie nur unbedingt richtig einsetzen und auf das korrekte Ziel lenken. Aber wie soll man damit etwas bekämpfen, was nicht sichtbar und zudem ein Teil von einem selbst ist? Für mich war der Schlüssel das gezielte Herbeiführen von Wut und die konstruktive Nutzung der daraus resultierenden Aggression.

Ich habe mir bestimmte Zeiträume ausgesucht und mich durch Selbststimulation wütend gemacht. Dazu habe ich intensiv über all die Dinge reflektiert, die akute Aufreger für mich waren. Mit Hilfe einer bewusst aggressiven Musikauswahl konnte der Organismus so zuverlässig in den Kampfmodus gebracht werden. Die daraus resultierende Aggression habe ich mental kanalisiert und Krafttraining als konstruktives Ventil genutzt. Dies steigert einerseits die Leistungsfähigkeit und -bereitschaft, hat aber andererseits einen noch wichtigeren Effekt: Durch Sport, insbesondere Krafttraining, werden im Gehirn die Botenstoffe Serotonin, Dopamin und Endorphine freigesetzt. Das bedeutet im Klartext: Auf die Wut folgt in diesem Fall eine Phase der Glücksempfindungen. Mit dieser Technik konnte ich mir immer wieder Luft von der erdrückenden Depressionslast verschaffen. Ein weiterer Nebeneffekt: Durch die Nutzung des Trainings als Vehikel, verbessert sich natürlich auch das Körpergefühl, die optische Erscheinung und die Leistungsfähigkeit. Dies wiederrum erhöht die Zufriedenheit und das Selbstwertgefühl.

Nach diesen Hochphasen folgte natürlich auch immer wieder ein Loch. Je nach Ursache können Depressionen nun mal unfassbar grausam und hartnäckig sein. Jede einzelne Hochphase ist aber Verschnaufpause und Hoffnungsschimmer zu gleich. Ein gewonnener Kampf, der zu gewonnenen Schlachten wird, die irgendwann in einem gewonnenen Krieg resultieren. Depressionen sind und bleiben ein ernst zu nehmendes Thema, wir können sie nicht einfach bei Seite schieben und glücklich sein. Aber wir können kämpfen. Wir können uns zur Wehr setzen! Wir können sie schlagen und uns Schritt für Schritt, Hieb um Hieb zurück ins Licht kämpfen. Diese Fähigkeit schlummert in uns allen, aber wir müssen den Willen zum Kampf aufbringen. Wir müssen aufstehen, immer wieder aufs Neue. Wissend, dass wir erneut stürzen mögen, aber im festen Vertrauen auf unsere Fähigkeiten stets wieder aufzustehen. Dabei sind wir nicht alleine, niemals.